ナノカーボンの応用と実用化
―フラーレン・ナノチューブ・グラフェンを中心に―
Advanced Applications of Nanocarbon Materials

《普及版／Popular Edition》

監修 篠原久典

シーエムシー出版

はじめに

　昨年（2010年）のグラフェンに与えられたノーベル物理学賞受賞で，今まで以上にナノカーボン（フラーレン，ナノチューブ，グラフェン）の研究開発と応用に注目が集まっている。

　最初のナノカーボンであるフラーレンの発見から20年が経ち，今年2011年はカーボンナノチューブ（CNT）の発見の20周年にあたる。この20年間にフラーレンとCNTの基礎研究はもとより，応用と実用化でも多くの発展があった。フラーレンとCNTの応用と実用化に対する期待が近年，ますます高まってきている。また，ノーベル賞を契機に，グラフェンの応用に向けての研究開発も急速に進んできている。

　一方で，ナノカーボンの研究開発は極めて広範囲にわたるため，これからナノカーボンの研究開発に参画しようとするとき，ナノカーボンの応用研究と実用化の現状を概観することが難しいとの声をよく耳にする。また，すでにフラーレンやCNTの研究開発を実際に進めている研究者や技術者にとっても，あまりに多くの論文や解説書のため，自身の専門分野以外の最近の発展を把握することが，ますます困難になってきているのが現状である。

　ナノカーボンの研究開発に関しては現在までに，多くの優れた内外のモノグラフや解説書がすでに出版されてきた。ただ残念なことに，これらの本はナノカーボン研究の基礎科学の解説に重点があり，応用と実用化に関しての記述は少なく，ナノカーボンが実際にどのような分野および市場で活躍しているか，あるいは，どのようなビジネス戦略で研究開発が進められているかを知ることはできない。一冊で最近のナノカーボンの応用研究と実用化の全体像を掴むことができるモノグラフがあれば，大学の研究室や民間企業の実際の開発現場で，あるいは関連のビジネス・シーンで，極めて有用と思われる。

　また，ナノカーボンの実用化が進めば進むほど，その安全性と社会受容は重要な課題である。これは，現場の研究者・技術者あるいは消費者の安全に取ってはもちろんのこと，企業戦略にも大きく影響を及ぼす。本書では，ナノカーボン材料の安全性，標準化と社会受容に関して独立した章を設けて，丁寧に解説している。ナノカーボンが21世紀の社会と産業を支える基盤材料となるために，これはなんとしても整備しておかなくてはならない。

　本書は，ナノカーボンの応用研究開発と実用化，企業戦略および安全性に焦点をしぼったモノグラフであるが，執筆陣はナノカーボン研究開発あるいはビジネスの各分野の第一線で活躍している，現在考えられる最高の執筆者と自負をしている。本書がナノカーボンの更なる応用と実用化に結びつくことになれば，幸いである。

　最後に，本書を出版するにあたって，㈱シーエムシー出版編集部の深澤郁恵さんには大変にお世話になった。その編集者としての理解と熱心で辛抱強い編集作業に，心より感謝します。

　2011年7月

名古屋大学大学院理学研究科
名古屋大学高等研究院

篠原久典

普及版の刊行にあたって

　本書は2011年に『ナノカーボンの応用と実用化－フラーレン・ナノチューブ・グラフェンを中心に－』として刊行されました。普及版の刊行にあたり，内容は当時のままであり加筆・訂正などの手は加えておりませんので，ご了承ください。

2017年10月

シーエムシー出版　編集部

執筆者一覧 （執筆順）

篠 原 久 典　名古屋大学　大学院理学研究科　教授；名古屋大学　高等研究院　教授

有 川 峯 幸　フロンティアカーボン㈱　代表取締役社長

瀧 本 裕 治　東洋炭素㈱　技術開発本部　新カーボン技術開発部　応用技術開発グ
　　　　　　　ループ　主任研究員

井 上 　 崇　東洋炭素㈱　技術開発本部　新カーボン技術開発部　応用技術開発グ
　　　　　　　ループ　主務研究員

岡 田 洋 史　東北大学　大学院理学研究科　化学専攻　無機化学研究室　助教

笠 間 泰 彦　イデア・インターナショナル㈱　代表取締役

三 宅 邦 仁　住友化学㈱　筑波研究所　主席研究員

増 野 匡 彦　慶應義塾大学　薬学部　医薬品化学講座　教授

乾 　 重 樹　大阪大学　大学院医学系研究科　皮膚・毛髪再生医学寄付講座　准教授

山 名 修 一　ビタミンC60バイオリサーチ㈱　代表取締役社長

北 口 順 治　三菱商事㈱　地球環境事業開発部門　CEOオフィス　R＆Dユニッ
　　　　　　　トマネージャー

橋 本 　 剛　㈱名城ナノカーボン　代表取締役

佐 藤 謙 一　東レ㈱　化成品研究所　ケミカル研究室　主任研究員

角 田 裕 三　㈲スミタ化学技術研究所　代表取締役

宮 田 耕 充　名古屋大学　物質科学国際研究センター　助教

浅 利 琢 磨　パナソニック㈱　先行デバイス開発センター　プロジェクトリーダー

林 　 卓 哉　信州大学　工学部　電気電子工学科　准教授

岩 井 大 介　㈱富士通研究所　R＆D戦略本部　シニアマネージャー

秋 庭 英 治　クラレリビング㈱　研究開発部　部長

長谷川 雅 考　㈱産業技術総合研究所　ナノチューブ応用研究センター　ナノ物質
　　　　　　　コーティングチーム　研究チーム長

永 瀬 雅 夫	徳島大学　大学院ソシオテクノサイエンス研究部　教授
塚 越 一 仁	㈱物質・材料研究機構　国際ナノアーキテクトニクス研究拠点　主任研究官；JST-CREST
宮 崎 久 生	㈱物質・材料研究機構　国際ナノアーキテクトニクス研究拠点
小 高 隼 介	㈱物質・材料研究機構　国際ナノアーキテクトニクス研究拠点
村 上 睦 明	㈱カネカ　新規事業開発部；大阪大学　招聘教授
後 藤 拓 也	三菱ガス化学㈱　東京研究所　主任研究員
小 林 俊 之	ソニー㈱　先端マテリアル研究所
日 浦 英 文	日本電気㈱（NEC）　グリーンイノベーション研究所　主任研究員；㈱物質・材料研究機構　国際ナノアーキテクトニクス研究拠点
Michael V. Lee	㈱物質・材料研究機構　国際ナノアーキテクトニクス研究拠点　研究員；JST-CREST
大 淵 真 理	㈱富士通研究所　主任研究員
白 石 誠 司	大阪大学　大学院基礎工学研究科　システム創成専攻　電子光科学領域　教授
阿 多 誠 文	㈱産業技術総合研究所　ナノシステム研究部門　ナノテクノロジー戦略室
永 井 裕 崇	名古屋大学　大学院医学系研究科　生体反応病理学
豊 國 伸 哉	名古屋大学　大学院医学系研究科　生体反応病理学　教授
市 原 　 学	名古屋大学　大学院医学系研究科　環境労働衛生学　准教授
栁 下 皓 男	JFE テクノリサーチ㈱　ビジネスコンサルティング本部　調査研究第一部　主任研究員
大 塚 研 一	JFE テクノリサーチ㈱　ビジネスコンサルティング本部　調査研究第一部　主幹研究員

執筆者の所属表記は，2011年当時のものを使用しております。

目　　次

第1章　ナノカーボン研究の展開と実用化に向けて　　**篠原久典**

1　ナノカーボン研究のはじまりと展開
　………………………………… 1
2　ナノカーボンは応用されなくては …… 3

3　グラフェンは，どうか？ ……………… 4
4　ナノカーボンを安全に実用化するために
　………………………………… 6

第2章　フラーレン

1　工業生産と応用展開………**有川峯幸**… 8
　1.1　フラーレン製品の種類 ……………… 8
　1.2　フラーレンの工業生産 ……………… 9
　1.3　フラーレンの応用展開 …………… 10
2　ナノカーボン原料・材料
　…………………**瀧本裕治，井上　崇**… 19
　2.1　はじめに …………………………… 19
　2.2　フラーレン，カーボンナノチューブ
　　　の基礎 …………………………… 19
　2.3　アーク放電法によるナノカーボン
　　　製造用の原料 …………………… 20
　2.4　ナノカーボンの分離・精製 ……… 25
　2.5　ナノカーボンの新しい合成方法と
　　　その原料 ………………………… 26
　2.6　おわりに …………………………… 27
3　C_{60} 内包フラーレン：生成と分離
　……………**岡田洋史，笠間泰彦**… 30
　3.1　はじめに …………………………… 30
　3.2　非金属原子内包 C_{60} フラーレン … 37
　3.3　おわりに …………………………… 38
4　有機薄膜太陽電池…………**三宅邦仁**… 41
　4.1　有機薄膜太陽電池の開発動向 …… 41
　4.2　当社の有機薄膜太陽電池開発状況… 46
　4.3　今後の展開 ………………………… 48

5　金属内包フラーレンの造影剤応用
　………………………………**篠原久典**… 50
　5.1　はじめに ………………………… 50
　5.2　MRI 造影剤と Gd 金属内包フラー
　　　レン ……………………………… 51
　5.3　Gd 内包フラーレンの合成と分離… 53
　5.4　$Gd@C_{82}(OH)_{40}$ の合成と MRI 造影
　　　能 ………………………………… 53
　5.5　ケージ構造の強化を狙った新規フラ
　　　レノールの合成 ………………… 56
　5.6　発展を続ける金属内包フラーレンの
　　　造影剤への応用研究 …………… 57
　5.7　おわりに ………………………… 59
6　フラーレンの抗炎症効果…**増野匡彦**… 61
　6.1　はじめに ………………………… 61
　6.2　フラーレン及びその誘導体の化学的
　　　性質と生理活性 ………………… 62
　6.3　展望 ……………………………… 65
7　フラーレンの臨床試験………**乾　重樹**… 66
　7.1　はじめに ………………………… 66
　7.2　臨床試験：フラーレンの尋常性ざ瘡
　　　（ニキビ）に対する効果 ……… 67
　7.3　フラーレンの毛成長に対する効果… 70
　7.4　展望 ……………………………… 70

I

8 化粧品……………………**山名修一**… 72
　8.1 今やスキンケア化粧品成分の定番
　　　………………………………… 72
　8.2 女性が化粧品に求めている機能は
　　　何と言っても美白 ……………… 72
　8.3 美白用の高機能化粧品には抗酸化
　　　成分が欠かせない ……………… 73
　8.4 フリーラジカル・活性酸素がメラ
　　　ニン産生細胞を活性化する ……… 73
　8.5 抗酸化成分フラーレンの製品化への
　　　障壁 ………………………………… 74
　8.6 フラーレン配合成分 Radical Sponge®
　　　の登場 ……………………………… 74

　8.7 フラーレンの化粧品成分としての
　　　有効性 ……………………………… 75
　8.8 シワにも効く。ガイドライン準拠の
　　　臨床試験で確認 ………………… 79
　8.9 安全性に関する整備された情報 … 80
　8.10 おわりに ………………………… 81
9 フラーレンのビジネス展開…**北口順治**… 83
　9.1 三菱商事のフラーレンビジネスの
　　　歴史 ………………………………… 83
　9.2 三菱商事の戦略 ………………… 84
　9.3 ビジネス ………………………… 86
　9.4 おわりに ………………………… 91

第3章　カーボンナノチューブ

1 カーボンナノチューブの合成・販売
　………………………**橋本　剛**… 92
　1.1 CNT の種類 ……………………… 92
　1.2 CNT の合成法 …………………… 95
　1.3 CNT の販売 ……………………… 96
2 CNT 透明導電フィルム……**佐藤謙一** 103
　2.1 はじめに ………………………… 103
　2.2 ITO フィルムについて ………… 104
　2.3 CNT 利用透明導電フィルム開発の
　　　モチベーション ………………… 104
　2.4 CNT を用いた透明導電フィルム開発
　　　に必要な技術 …………………… 105
　2.5 高品質な CNT およびその製造技術
　　　について ………………………… 105
　2.6 CNT 分散化技術………………… 107
　2.7 ドーピング方法 ………………… 109
　2.8 CNT 分散液塗工方法…………… 109
　2.9 今後の展開と期待 ……………… 110
3 CNT 透明導電塗料…………**角田裕三**… 112

　3.1 はじめに ………………………… 112
　3.2 CNT 透明導電塗料の調製と評価… 113
　3.3 おわりに ………………………… 120
4 電子デバイス（薄膜トランジスタ）
　………………………**宮田耕充**… 122
　4.1 はじめに ………………………… 122
　4.2 ナノチューブ試料の特徴 ……… 123
　4.3 ナノチューブの分散・分離法 …… 124
　4.4 ナノチューブの製膜法 ………… 126
　4.5 トランジスタ特性 ……………… 127
　4.6 おわりに ………………………… 129
5 キャパシタ…………………**浅利琢磨**… 131
　5.1 キャパシタとは ………………… 131
　5.2 カーボンナノチューブ（CNT）を
　　　電極に使用したキャパシタ ……… 132
　5.3 今後の課題 ……………………… 138
6 リチウムイオン二次電池…**林　卓哉**… 140
　6.1 はじめに ………………………… 140
　6.2 カーボンナノチューブのリチウム

イオン二次電池への利用 ………… 141

6.3 カーボンナノチューブのその他の
蓄電池への応用 ………… 146

6.4 おわりに ………………………… 146

7 放熱・配線応用 ……………**岩井大介**… 148

7.1 はじめに ………………………… 148

7.2 カーボンナノチューブの配向合成
技術 ……………………………… 148

7.3 放熱応用 ………………………… 149

7.4 おわりに ………………………… 156

8 カーボンナノチューブのコーティングに
よる導電繊維「CNTEC」…**秋庭英治**… 157

8.1 はじめに ………………………… 157

8.2 CNT 分散液 ……………………… 157

8.3 CNT コーティング導電繊維 ……… 157

8.4 導電繊維「CNTEC」応用製品 … 159

8.5 安全性 …………………………… 163

8.6 おわりに ………………………… 164

第4章 グラフェン

1 大面積低温合成 …………**長谷川雅考**… 166

2 SiC 上のグラフェン成長…**永瀬雅夫**… 174

2.1 SiC 上グラフェンの特徴 ………… 174

2.2 SiC 上グラフェンの成長機構 …… 175

2.3 SiC 上グラフェンの評価技術 …… 178

2.4 今後の課題 ……………………… 183

3 電子デバイス "SiC 上グラフェンでの
電界効果素子の試作と評価"
……**塚越一仁，宮崎久生，小高隼介**… 185

3.1 グラフェン基板 ………………… 185

3.2 表面構造依存伝導の検出用グラフェン
電界効果素子 …………………… 185

3.3 おわりに ………………………… 193

4 グラファイト系炭素の合成と物性
…………………………**村上睦明**… 195

4.1 はじめに ………………………… 195

4.2 グラフェンとグラファイト ……… 195

4.3 高分子から作製する高品質グラファ
イト ……………………………… 197

4.4 高品質グラファイトシート
(Graphinity®) とその応用 ……… 199

4.5 グラファイトブロック（GB）とその
応用 ……………………………… 201

4.6 おわりに ………………………… 203

5 酸化グラフェン …………**後藤拓也**… 205

5.1 はじめに ………………………… 205

5.2 酸化グラフェンの合成 ………… 206

5.3 酸化グラフェンの構造と特徴 …… 206

5.4 酸化グラフェンの還元 ………… 207

5.5 酸化グラフェンの応用 ………… 209

5.6 おわりに ………………………… 212

6 透明導電性フィルム ……**小林俊之**… 214

6.1 はじめに ………………………… 214

6.2 グラフェン透明導電膜の成膜
方法 ……………………………… 214

6.3 グラフェンの光学特性 ………… 218

6.4 グラフェンの電気伝導特性 …… 221

6.5 グラフェン透明導電膜の特長 …… 221

6.6 おわりに ………………………… 222

7 絶縁体上へのグラフェンの直接形成
日浦英文，Michael V. Lee，塚越一仁
………………………………… 225

7.1 はじめに ………………………… 225

7.2 新規グラフェン成長技術：液相グラ
フェン成長法の原理 …………… 226

7.3 液相グラフェン成長法の実験方法

　　　　　　　　……………… 227
　7.4　絶縁体上グラフェンの観察と評価
　　　　　　　　……………… 229
　7.5　液相グラフェン成長法の特長とその
　　　　応用可能性 ……………… 233
　7.6　おわりに ……………… 234

　8　LSI 配線技術……………… **大淵真理**… 236
　8.1　はじめに ……………… 236
　8.2　Cu 配線置き換えの可能性 ……… 237
　8.3　多層グラフェン合成技術 ……… 238
　8.4　おわりに ……………… 241
　9　スピンデバイス…………… **白石誠司**… 244

第5章　ナノカーボン材料の安全性

　1　ナノカーボンの社会受容：総論
　　　　　……………… **阿多誠文**… 251
　1.1　はじめに ……………… 251
　1.2　日本のナノテクノロジー研究開発の
　　　　背景 ……………… 252
　1.3　ナノテクノロジーと科学的不確実性
　　　　　……………… 253
　1.4　ナノテクノロジー研究開発の現状… 255
　1.5　ナノ EHS に関する取り組み ……… 257
　1.6　今後の課題と展開 ……………… 260
　1.7　PEN が担う社会との双方向コミュニ
　　　　ケーション ……………… 261
　1.8　おわりに ……………… 262
　2　ナノカーボンの細胞毒性・発癌性
　　　　……………… **永井裕崇, 豊國伸哉** … 265
　2.1　ナノカーボンの種類とその安全性
　　　　について ……………… 265
　2.2　アスベスト問題とその発癌メカニ
　　　　ズム ……………… 265
　2.3　カーボンナノチューブの毒性評価の
　　　　難しさについて ……………… 268
　2.4　カーボンナノチューブの細胞毒性
　　　　について：マクロファージを中心に
　　　　　……………… 269
　2.5　カーボンナノチューブの細胞毒性につ

　　　　いて：上皮細胞／中皮細胞を中心に
　　　　　……………… 270
　2.6　おわりに ……………… 272
　3　生体影響評価……………… **市原　学**… 274
　3.1　はじめに ……………… 274
　3.2　フラーレンの安全性評価 ……… 274
　3.3　カーボンナノチューブの安全性評価
　　　　　……………… 276
　3.4　おわりに ……………… 281
　4　工業標準化と国際的な動向
　　　　　……………… **栁下皓男**… 284
　4.1　はじめに ……………… 284
　4.2　ナノテクノロジー国際標準化協議を
　　　　英国が提唱 ……………… 284
　4.3　TC229 の体制と業務範囲 ……… 285
　4.4　日本におけるナノテクノロジー国際
　　　　標準化の取組み ……………… 287
　4.5　TC229 におけるナノカーボン関連
　　　　審議の状況 ……………… 287
　4.6　おわりに ……………… 294
　5　安全管理……………… **大塚研一** … 296
　5.1　はじめに ……………… 296
　5.2　ナノカーボンの有害性 ……… 297
　5.3　ナノカーボンの暴露可能性 ……… 298
　5.4　ナノカーボンの安全管理 ……… 300
　5.5　おわりに ……………… 301

第1章　ナノカーボン研究の展開と実用化に向けて

篠原久典[*]

1　ナノカーボン研究のはじまりと展開

　ナノサイエンスとナノテクノロジーのフロント・ランナーといわれているナノカーボン[1]は，今や電子デバイス，燃料電池，パネルディスプレイ材料，ガス吸着あるいはMRIの造影剤などへの広範囲の応用・実用化研究が急速に進んでいる。また，ナノカーボン（図1）の基礎研究と研究開発は極めて広範囲にわたる。互いに密接に関連するフラーレン[2,3]とカーボンナノチューブ[4~6]の研究開発は1990年の大量合成法の発見以後，急激に進展してきた。また，グラフェン[7~9]の基礎と応用研究[10]もここ数年，爆発的に進展している。この間，膨大な数の論文，総説，解説あるいは学術書が出版され，新聞やテレビなどのマスコミでも大きく報道されてきた。フラーレンやカーボンナノチューブは高等学校の理科の教科書にも取りあげられ，幾つかの大学や大学院の入試問題にも出題された。今や，ナノカーボンは理工系の学生の必須事項にもなってきている。

　ナノカーボン（ここでは主に，フラーレン，カーボンナノチューブ，グラフェンをさす）物質の研究・開発の歴史はセレンディピティ（serendipity：偶然の発見）が大きな役割を果たし

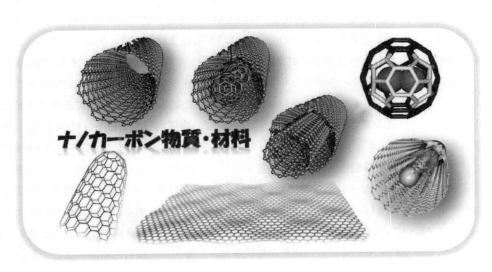

図1　ナノカーボン（金属内包フラーレン，カーボンナノチューブ，ピーポッド，グラフェン）のバリエーション

---

[*]　Hisanori Shinohara　名古屋大学　大学院理学研究科　教授；名古屋大学　高等研究院　教授

た[11]。フラーレンとカーボンナノチューブはそれぞれ 1985 年[2]，1991 年[4] に最初のナノカーボン物質として発見，報告された物質であり，グラファイト層の1層が，それぞれ，籠状と筒状に閉じた炭素の第3の同素体である。フラーレンは宇宙から来る特殊な紫外スペクトルを発する炭素クラスターを調べる過程で，炭素クラスター中に特異的に生成することが発見された[3]。一方，単層カーボンナノチューブはフラーレンの内部空間に金属を内包させようとする研究の過程で生成した堆積物を，電子顕微鏡で観察しているときに発見された[5,6]。フラーレンの存在は実験的発見の論文以前にも大澤映二[12] によって予想されていたし，カーボンナノチューブもほぼ同様の物質が電子顕微鏡で観察されていたりしたが[13]，系統的な研究に発展したのは，この2つの偶然の発見が契機となった。

　また，1998 年に発見されたピーポッド（peapod）は，カーボンナノチューブとフラーレンのハイブリッド物質である。レーザー蒸発法などで単層カーボンナノチューブを生成する際には，必ずフラーレンが同時に生成する。ピーポッドは当初，単層カーボンナノチューブを観察していた際に偶然発見された[14]。以上のようにナノカーボン物質は，本来目的としていたものとは別に偶然生成したものであり，研究におけるセレンディピティの重要性を示すものである。

　さらに，2004 年には，ノボゼロフとガイムらが HOPG（highly-oriented pyrolytic graphite）をスコッチテープで剥がす作業を繰り返すことにより，1枚のグラファイトであるグラフェン（graphene）を世界に先駆けて単離することに成功した[7]。表面の実験で必要な HOPG の綺麗な面を得るために，スコッチテープで剥離することは，長い間，多くの表面科学者の常套手段であった。しかし，剥がされた方の薄いグラファイトに着目してグラフェンの単離を試みて成功したのは，彼らが最初であった。この大発見も，常識を破った実験（実に簡単な実験であるが）で，セレンディピティと言えるであろう。グラフェンは理想的な2次元物質であることから，2次元の凝縮系物理における多くの理論予言が実証され，その結果，ノボゼロフとガイムは 2010 年度のノーベル物理学賞を，発見・単離から6年という超スピードで獲得したことは記憶に新しい。

　以上のようにナノカーボンの進展はセレンディピティ的な偶然の発見を契機に急速に進展してきたが，その応用研究の展開も驚くほど早い。たとえば，金属内包フラーレンは MRI 造影剤への応用[15,16] が，カーボンナノチューブはフィールド・エミッション・ディスプレイへの応用が[17]，また，グラフェンは透明導電性フィルムへの応用が[18]，基礎研究が十分に行われる前から開始された。これは，21 世紀になってからの，全く新しい研究開発のタイプ[1] であると思う。つまり，ナノカーボンの研究開発は，基礎研究→応用研究→実用化，の伝統的な研究開発のプロセスを踏まず，3つのフェーズがほぼ同時に進行している。これは，それだけ研究開発の速度が速く，競争も激しいことを意味している。この研究開発競争は，アカデミアはもちろんのこと，民間企業においても熾烈である。

第1章　ナノカーボン研究の展開と実用化に向けて

2　ナノカーボンは応用されなくては

　ナノカーボンが，世界中のこれだけ多くの研究者・技術者，ビジネスマン，あるいは企業経営者に注目される最も大きな要因は，そのナノスケール物質・材料としての新規性と大きな可能性だけでなく，カーボンがもつ普遍性と環境にやさしいグリーンな材料であることが大きい。現に，フラーレンは燃焼法によるトンレベルでの大量合成（第2章1節参照）に成功[19]して以来，化粧品，各種スポーツ用品，潤滑剤や補強材での実用化が次々に行われた。さらに，有機薄膜太陽電池などのデバイス応用や，医薬品やMRI（magnetic resonance imaging）を始めとする造影剤などのバイオメデイカル分野への応用が急速に進んでいる。とくにフラーレンの有機薄膜太陽電池応用は，これからのエネルギー・電力問題と関連して，ますます重要な課題になってきており，大きな期待を担うことになった。

　カーボンナノチューブの応用範囲も非常に広く，リチウムイオン2次電池，透明導電性フィルム，放熱・配線，あるいは導電繊維への実用化が始まっている。また，カーボンナノチューブの最大の特徴である特異な材料物性が遺憾なく発揮される，薄膜トランジスタ（TFT: thin-layer field-effect transistor）などの電子デバイスへの応用も近年，急速に進んでいる。カーボンナノチューブのTFTは既に，アモルファスシリコン・トランジスタの移動度（mobility）を遥かに超えていて，現在は多結晶シリコン・トランジスタの移動度と同程度の性能が得られている（第3章4節参照）[20]。将来は，現状のシリコントランジスタに置き換えられる期待が掛っている。

　一方で，カーボンナノチューブの合成において，太さやカイラリティ（chirality）を十分に制御した成長は未だに行われていない。これは，考えると不思議なことである。カーボンナノチューブの応用研究や実用化が次々に進んでいる中，選択的な合成という最も基礎的な部分が十分ではない，というのは物質科学では珍しい。逆に言えば，それだけカーボンナノチューブのカイラリティを完全に制御した選択合成は難しく，また，現在でもチャレンジングな研究テーマなのである。

　カーボンナノチューブは様々な直径とカイラリティを持つため，それを区別するために2整数 m,n（$m \geq n$）によって一義的に決定している[21]。この m,n の組をカイラル指数と呼び，例えば $(m,n)=(10,0)$ とした場合，約0.8ナノメートルの直径を持ち，円周方向に対して並行なものと決定できる。ナノチューブはカイラル指数（m,n）に対し $m-n$ が3の倍数のときは金属的な，それ以外は半導体的なバンドギャップを持つなど，わずかなカイラリティの違いで性質が大きく変わる[21]。カーボンナノチューブの生成において，直径を制御することにはある程度の成果を見せているが，直径を±1 Åに限定してもなお，様々なカイラリティが存在することが分かっている。現状では，特定のカイラリティを有するナノチューブを創製する研究は（ごくわずかなカイラリティを持つナノチューブを除いて）まだ達成されていない。これが，今後のカーボンナノチューブ研究の大きな課題である。

　実は，カイラリティ制御には，生成段階における選択的合成と，精製の段階で特定のカイラリ

3

ティをもつカーボンナノチューブを分離する，2通りのアプローチが考えられる。フラーレン分離に用いられている後者の場合，ナノチューブが単独では溶媒に不溶であり，長さなども異なることから，単純に液体クロマトグラフィーのような手法だけでは難しい。溶液でナノチューブを取り扱う場合，界面活性剤やDNAによって表面を親水基で覆うことで，水溶性にする手法が一般的である[22]。界面活性剤の官能基やDNAの種類など，分散剤とカーボンナノチューブの相互作用により，カイラリティが分離できる可能性が指摘されている。また前者の場合，ナノチューブのような1次元物質の生成は，その先端であるキャップ状構造ができた時点でカイラリティが決定し，生成の途中でカイラリティが変化することは稀だと考えられる。そのため，特定のカイラリティのナノチューブを得るためには，生成の初期段階をいかに制御するかが鍵となる。この前駆体生成を自己組織化によって達成できれば，カイラリティが制御されたカーボンナノチューブを効率よく合成できるであろう。

　幸い，近年になって開発された，密度勾配超遠心法[23]やゲル・クロマトグラフィー法[24,25]によって，ある程度のカイラリティ分離や半導体・金属分離が行われるようになった。予想通り，完全に分離された純半導体カーボンナノチューブを用いたTFTは，多結晶シリコン・トランジスタの移動度と同程度の高い性能を示している[20]。一方で，カイラリティを十分に制御した成長が行われないと応用研究から実用化ができない，という訳ではないので，上に述べたようなカーボンナノチューブの実用化研究は急速に進んでいる。特に，幾つかの化学気相成長（CVD: chemical vapor deposition）法を用いた合成法で，純度の高いカーボンナノチューブがキログラム量で得られている。

3　グラフェンは，どうか？

　構造的にカーボンナノチューブと親子関係にあるグラフェンの応用はどうであろうか？

　グラフェンへのノーベル賞は，理想的な2次元物質（図2）として示した，（室温での）量子ホール効果やスピン・ホール効果などの基礎物性の観測に対して与えられた[7,8]。キムらは，グラフェンデバイスで$300,000\,cm^2/Vs$にも達する移動度を室温で観測した[9]。このような驚くべき室温における量子物性は，グラフェンの特異な電子状態によるものである。また，質量ゼロのデイラック粒子（massless Dirac fermion）を通じて，ニュートリノ物理のような素粒子物理学と凝縮系物理学に共通の基盤があることを実験的に実証した功績は，極めて大きい。現に，グラフェンにはノーベル賞以前から，多くの素粒子物理学者が興味を持っていた。

　グラフェンでも，フラーレンやカーボンナノチューブの場合と同様に，基礎研究と応用・実用化が並行して急速に進んでいる。特に，透明導電性フィルム，トランジスタやスピンデバイスなどの電子デバイス応用から始まった。その特異な2次元性から，グラフェンの導電性フィルムへの応用は，先発隊のカーボンナノチューブと性能を競っている。韓国のサムソンは2010年には既に，30インチの透明導電性パネルを作製してITOに匹敵するシート抵抗と透明度を得ている。

第1章　ナノカーボン研究の展開と実用化に向けて

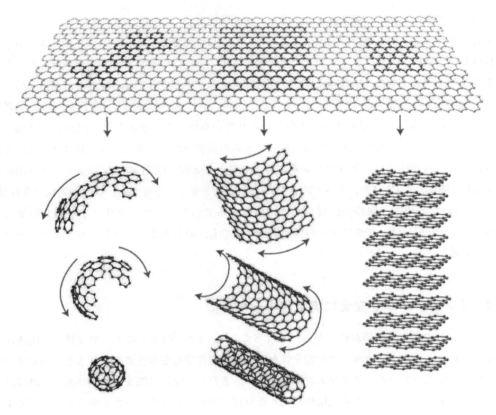

図2　フラーレン（0次元），カーボンナノチューブ（1次元），グラフェン（2次元）
およびグラファイト（3次元）の構造相関関係
出典：Geim A. K. and Novoselov K. S., *Nature Mater.* **6**, 183（2007）

　グラフェンを用いた透明導電性フィルムの研究開発は，すなわち，グラフェンの高品質・大画面の合成法の開発に繋がっている。
　グラフェン合成の現在の主流は，カーボンナノチューブと同様にCVDである。2009年に，銅基盤上への（単層）グラフェンの高効率の合成法が発見された[26]。銅基盤というのは，実は，カーボンナノチューブのCVD合成の観点から見たら「逆転の発想」であった。カーボンナノチューブ合成では，Fe，Co，Ni系の触媒金属の効率が良い。理由は簡単で，これらの金属触媒では，CVD中にカーボンが良く溶解して，その後のナノチューブの析出（成長）が促進されるからである。しかし，銅はカーボンを溶解させる能力が極めて低いため，ナノチューブ合成では使われない。一方，グラフェンの合成では，Fe，Co，Ni系などの基盤を用いると高いカーボンの溶解のため，単層だけでなく2層，3層などの多層グラフェンも同時に生成してしまう[27]。逆に，銅基盤は低いカーボンの溶解性が功を奏して，主に表面反応で単層グラフェンが合成される。グラフェンとカーボンナノチューブは構造的に親子関係のナノカーボンであるが，CVD合成ではそ

5

れぞれの（強烈な）個性が垣間見えて，非常に興味深い。

　一方，グラフェンのトランジスタへの応用はこれからが正念場である。グラフェンは（半）金属特性を持つため，トランジスタのチャネルとして用いるには幅を数十ナノメータースケールまでダウンサイジングした，いわゆるグラフェン・ナノリボン（GNR: graphene nanoribbon）[28]にして，適当なバンドギャップを持たせなくてはならない。このために，電子ビームリソグラフィーなどの半導体分野のテクニックが用いられているが，グラフェン端（edge）の状態（カイラリティ）は，高いエネルギーを持つ電子ビームの影響のため，まだ十分に制御されていない状況にある。理想的には，グラフェン端のカイラリティと幅（GNR のバンドギャップは幅に依存する）を制御した GNR を，デバイス上で *in situ* 成長させることである。これが実現できれば，GNR を用いた各種電子回路の創製も一気に加速するであろう。カイラリティと幅を制御した GNR の *in situ* 成長は，グラフェンの研究開発の中でも，最も重要でチャレンジングなテーマになっている。

4　ナノカーボンを安全に実用化するために

　フラーレンの安全性が問われてから，しばらくして，（アスベストによる中皮腫との関連が主な原因で）カーボンナノチューブの安全性が問われ，現在でも安全性のさまざまなレベルでの検証が国内外で続いている。グラフェンに関しては，まだ，安全性に関する議論は表面には現れていないが，早晩，グラフェンも実用化が近くなれば，フラーレンやカーボンナノチューブのように系統的に調べることが必須になる。

　本モノグラフの第 5 章「ナノカーボン材料の安全性」に，この分野の第一線で活躍している方々の詳しい現状と課題の解説があるので，詳しくは，ぜひ，これらの解説を参照して頂きたい。安全性とそれに関連する標準化と社会受容は，ナノカーボンを実用化するためには整備しておかなくてはならない最重要課題である。

　幸いに，ナノカーボン分野では（他の材料分野と比べて），安全性，標準化と社会受容の動きは早く，国内外での系統的な研究と組織作りが行われてきている[29]。それだけ，ナノカーボンは他の材料分野と比較して，多くの応用と実用化に期待がかかっている証拠である。安全性と標準化には，国と国同士の国際的な（しかも複雑な）凌ぎあいがあり，これらの舞台で，日本は必ずしも有利である訳ではないが，関係者の努力により着実に前進している。

　フラーレンの発見から 21 年，ナノチューブの発見から 20 年，そしてグラフェンの単離から 7 年が経過したが，ナノカーボンの研究・開発は，今までのシリコンの時代のタイム・スパンと比べれば，まだまだ，始まったばかりの分野である。基礎研究が進み，生成機構を明らかにすることで自己組織化を用いたナノカーボンの生成法を確立できれば，今までのナノテクブームが霞むぐらいのナノカーボン産業の時代がやってくるのは確実である。

第1章　ナノカーボン研究の展開と実用化に向けて

文　　　献

1) 篠原久典　監修,「ナノカーボンの材料開発と応用」シーエムシー出版 (2003).
2) Kroto H. W. *et al.*, *Nature*, **318**, 162 (1985).
3) Krätschmer W. *et al.*, *Nature*, **347**, 354 (1990).
4) Iijima S., *Naure*, **354**, 56 (1991).
5) Iijima S., Ichihashi T., *Nature*, **363**, 603 (1993).
6) Bethune D. S. *et al.*, *Nature*, **363**, 605 (1993).
7) Novoselov K. S. *et al.*, *Science*, **306**, 666 (2004).
8) Novoselov K. S. *et al.*, *Nature*, **438**, 197 (2005).
9) Zhang Y. B. *et al.*, *Nature*, **438**, 201 (2005).
10) 斉木幸一郎, 徳本洋志　監修,「グラフェンの機能と応用展望」シーエムシー出版 (2009).
11) 篠原久典,「ナノカーボンの科学―セレンディピティーから始まった大発見の物語―」講談社ブルーバックス (2007).
12) 大澤映二, 化学, **25**, 850 (1970).
13) Oberlin A. M. and Endo M., *J. Cryst. Growth*, **32**, 335 (1976).
14) Smith B. W., Monthioux M. and Luzzi D. E., *Nature*, **396**, 323 (1998).
15) Mikawa M. *et al.*, *Bioconjugate Chem.*, **12**, 510 (2001).
16) Kato H. *et al.*, *J. Am. Chem. Soc.*, **125**, 4391 (2003).
17) Saito Y., Uemura S. and Hamaguchi K., *Jpn. J. Appl. Phys.*, **37**, L346 (1998).
18) Bae S. *et al.*, *Nature Nanotech.*, **5**, 574 (2010).
19) Takehara H. *et al.*, *Carbon*, **43**, 311 (2000).
20) Miyata Y., Shiozawa K., Asada Y., Ohno Y., Kitaura R., Mizutani T. and Shinohara H., *Nano Res.*, in press (2011).
21) Saito R. *et al.*, *Appl. Phys. Lett.*, **60**, 2202 (1992).
22) Asada Y. *et al.*, *Adv.Mater.*, **22**, 2698 (2010).
23) Michael S., Stupp S.I. and Hersam M.C., *Nano Lett.*, **5**, 713 (2005).
24) Moshammer K., Hennrich F. and Kappes M. M., *Nano Res.*, **2**, 599 (2009).
25) Tanaka T., Urabe Y., Nishide D. and Kataura H., *Appl. Phys. Exp.*, **2**, 125002 (2009).
26) Li X. *et al.*, *Science*, **324**, 1312 (2009).
27) Miyata Y. *et al.*, *Appl. Phys. Lett.*, **96**, 263105 (2010).
28) Han M. Y., Ozyilmaz B., Zhang Y. B. and Kim P., *Phys. Rev. Lett.*, **98**, 206805 (2007).
29) 阿多誠文, 石橋賢一, 根上友美, 関谷瑞木,「ナノテクノロジーの社会受容―ナノ炭素材料を題材に―」, エヌ・テイー・エス (2006).

第2章　フラーレン

1　工業生産と応用展開

有川峯幸[*]

1.1　フラーレン製品の種類

　2002年工業生産規模の製造開始とともに大量のフラーレンの市場供給が開始され，また国内初のフラーレン応用製品でありナノテクノロジー応用の先駆ともなったボーリングボールの登場以来，フラーレン応用製品の開発と実現が進められてきている。これは単に混合フラーレンやC_{60}といった基本的なフラーレンに留まらず，多種のフラーレン素材へと広がりを見せている。この点を明確にするために，先ずフラーレン製品群の概略分類について以下に説明する。

① 混合フラーレン；主成分のC_{60}，C_{70}の他，C_{84}などの炭素数の多い高次フラーレンからなる混合物。最も基本的なフラーレン製品。

② 単離フラーレン；特定炭素数からなる純物質・単分子としての単離フラーレン。C_{60}がその代表。

③ フラーレン誘導体；フラーレンに合成反応を適用し新たな化学種を付加・導入した新規化学物質。（A）複数の付加基導入，（B）それらが立体的に配置，（C）基本骨格をC_{60}の他C_{70}や混合フラーレン等を用いることでの多様性がその特徴。

④ スモールバンドギャップフラーレン；C_{74}に代表され，そのケージ構造起因のバンドギャップが小さいフラーレン。周囲物質と容易に付加・重合し有機溶媒への溶解性は示さない。試薬レベルでの供給も開始。

⑤ 原子内包フラーレン；（後章を参照）

⑥ フラーレン分散体；混合フラーレンや単離フラーレン・誘導体を機械的・物理的に粉砕，対象マトリクスへ分散・安定化させた製品形態。

　水溶性ポリマーへのフラーレン添着やシクロデキストリン等への包摂体もフラーレンがナノサイズのクラスター分散している状態から広義のフラーレン分散体と言え，実応用製品に広く展開されている。以下にフラーレンの工業材料レベルの製造とその応用について概説する。なお本項では混合フラーレンもしくは単離フラーレン，誘導体に焦点を絞り，以下で特に明示しない限りはこれらを"フラーレン"と記述するので注意願いたい。

＊　Mineyuki Arikawa　フロンティアカーボン㈱　代表取締役社長

第2章　フラーレン

1.2 フラーレンの工業生産
1.2.1 フラーレン工業生産の概要
　図1に燃焼合成法をベースとしたフラーレン製造プロセスのイメージフローを示す。この図で明らかなように幾つかのサブプロセスに分割することができる。

① 出発原料よりフラーレンを反応合成する合成プロセス（このプロセス生成物が，中間体でありフラーレンとそれ以外の炭素物質を含む混合体であるフラーレン含有煤）
② フラーレン含有煤よりフラーレンを抽出する抽出プロセス（このプロセス生成物が1次製品となる混合フラーレン）
③ 混合フラーレンよりC_{60}のような特定炭素数を持った純物質としての単離フラーレンを分離する単離精製プロセス
④ 各種反応を適用し新たな化学種を導入，フラーレン誘導体を合成する誘導体プロセス
⑤ フラーレンを用途や顧客仕様に合わせて，高純度化・モルフォロジー制御・不溶媒体への分散，成型などの2次加工を行う後処理プロセス

　これらのプロセスの組み合わせによって，フラーレンの多様な製品形態・グレードが生み出され市場に提供されている。

1.2.2 製造プロセス設計の観点から活用されるフラーレン特性
　フラーレンは，カーボンナノチューブに代表されるナノカーボン，ダイヤモンド・黒鉛に代表される既存炭素材料には無い特徴を持ち，応用製品で活用されているだけでなく，製造プロセスの構築，設計，高度化にも大きな役割を果たしている。具体的には先ず有機溶媒へ溶解する特性が濾過による不純物除去操作・HPLC（High Performance Liquid Chromatography）による定性

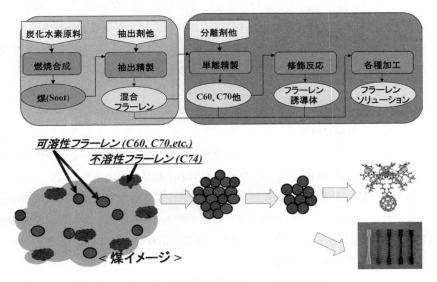

図1　フラーレン製造プロセスフロー
（燃焼合成法を例にしたイメージフロー）

定量分析・各種晶析操作による製品粉体のモルフォロジー制御（例えば粒度分布制御）・カラムクロマトグラフィによる単離精製・誘導体合成における液相合成適用などを可能にしている。また昇華特性が，昇華精製操作フラーレン構造特性の一つである分子性結晶の結晶生成を可能とする。さらに，これらを組合せることで高純度な単離フラーレン（C_{60}，C_{70} 等）の製造・これを標準物質とした品質管理機器の校正・純度保証された高純度な炭素原料の製造を可能としている。

よって定量的な工程管理による安定製造や信頼できる品質管理・保証が担保されるばかりでなく，品質条件が厳しく不純物同定・管理が必要な医薬品や半導体・エレクトロニクス分野へのフラーレンを素材参入・供給を実現している。これらの特徴に基づく製造技術は，フラーレン以外の炭素材料生産で用いられているそれとは，全く異なる製造・管理プロセスである。

1.2.3. 最近の製造技術トピックス

これまで製造技術の詳細について各種解説・報告されてきている[1,2]。ここでは最近のトピックスについて触れる。合成プロセスにおいては燃焼合成法を中心に装置・プロセス特許が成立し詳細な装置構成や条件などの情報が公開されてきている[3]。また第3の合成法であるプラズマ合成法に関して後述の金属内包フラーレン合成での進展の他，通常フラーレンの大量合成研究も進んできた[4]。

一方エレクトロニクス分野での応用検討が増加するにつれて，C_{60} といった単離フラーレンのみならずフラーレン誘導体の高純度化要求も高まり，各種精製プロセス開発とともに微量不純物分析技術開発も進んできた。未だフラーレン・誘導体の仕様が確定した応用例は少なく新たな誘導体の開発も盛んに行われている状況から，この高純度化技術とそれに続く品質管理・保証技術開発は重要かつ継続的なテーマであると予想される。

一方2010年ナノマテリアル関連では初めてとなる標準化：JIS Z 8981「高速液体クロマトグラフィーによるフラーレン C_{60} 及びフラーレン C_{70} の分析方法」が完成・発刊された[5]。これは事業者間において適正かつ共通に品質を議論できるバックグラウンド形成の第一歩であり，フラーレンが工業素材と認められる契機として特筆すべきものと考える。

1.3 フラーレンの応用展開

1.3.1 フラーレン応用展開概要

フラーレン自体様々な特性を有する。更に誘導体その他まで広げると，その特性の広がりは一層大きくなる。それぞれの特性を活かしてフラーレン応用製品が実現され，或いは製品開発が進められているため，結果応用分野も広範囲に渡る。これが限られた特徴と応用領域の絞込みが容易な一般的な素材とフラーレンが根本的に異なる点であり，多種多様な応用展開が期待される一方で，顧客・用途開発研究者への本材料の説明・理解を困難にし，これが用途開発への動機付け・進行に障害となることも少なくない。

以下にフラーレン・誘導体応用の裏づけとなる特性・特徴を列記する。フラーレンは発見されてから四半世紀の新しい物質であるので機能・特徴が全て解明されているとは言えず，未だ知ら

第2章　フラーレン

れていない特性が存在する可能性があることを注記したい。

① 直径1ナノメーターの炭素分子

② 無機材料と有機材料の中間的な存在で，双方の材料に親和性

③ 非極性有機溶媒などに溶解

④ 昇華

⑤ 各種反応により様々な官能基を付与し誘導体合成が可能

⑥ 高いラジカル捕捉能

⑦ 特異的な電子状態を有し特定物質とのゲストーホスト複合化が可能

⑧ 構成元素が炭素原子のみ

⑨ 高い電子受容性

⑩ （他有機材料と比較して）熱的に安定

⑪ （他炭素材料と比較して）熱的に不安定

⑫ 高い電気抵抗率・熱抵抗率

⑬ 精製・高純度化が可能な炭素材料

⑭ 光活性

⑮ 多電子同時還元など強い還元性

　既にこれら多くを活用した具体的な応用製品が登場しているが，例えば光活性や強い還元性に関しては，基礎研究も未だ十分に取り組まれておらず，よって具体的応用イメージも明確でないのも現状である。

　図2は既に製品化が実現しているか，近年盛んに用途開発が進められている分野を絞り込んで整理したアプリケーションマップである。ここに記載した以外にもこれまでに発表された用途関連の論文・特許を網羅すると，その領域は驚異的に広がる。これが特性・特徴の多様性を間接的に示しているとも言える。

　フラーレン応用製品実現は，一部分野で韓国・台湾などの東アジアへの展開が進んできているものの，その殆どが日本国内であり，フラーレンや合成法を発見した技術先進国である欧米においてその実用化例が少ないというのも特筆すべき現象である。この背景としては工業材料としての大量製造販売が確立していること，更に顧客信頼度に繋がる品質保証・供給責任，商流を含めた成熟したビジネスインフラのサポート，ナノマテリアルの社会受容性に対する積極的な取組みとしてハザードリスクに関する多数のデータ取得・開示・リスクコミュニケーションの展開努力など，日本がこれらを体系的に取り組んでいる唯一の国であり，それが顧客に評価された結果とも考えられる。

　以下で図2に示した幾つかの分野，特に現在そして将来において話題性の高い応用例について，その利用されている特性・特徴とともに解説を加える。なお化粧品応用他については後章で詳しい解説があるのでここでは省略する。また下記解説をサポートする情報を含め，ここでは触れない応用に関する情報も既に多く公開されている[6]。

ナノカーボンの応用と実用化

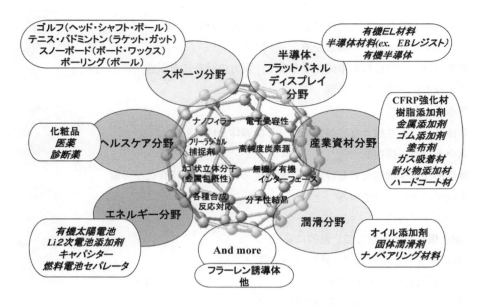

図2　フラーレンの応用領域マップ
(最近の実用化・研究例をピックアップ)

1.3.2　有機薄膜太陽電池への応用

フラーレンを他材料と比較する上で明確に優れているとされるのが，高い電子受容性である。いわゆるn型有機半導体材料として素質を有し，これを活かして有機トランジスタや有機ELに代表される各種有機デバイス応用が期待され盛んに研究されている。

中でも最近特に開発が盛んなデバイスが有機薄膜太陽電池である。その主要構成材料の一つであるアクセプターとしてフラーレン及び誘導体が高い発電効率に寄与している。光電分離したキャリアの再結合を防ぎ回路に取り出すためにアクセプター材料に強い電子受容性が求められ，フラーレンはそのケージ状骨格に起因すると推定される電子受容性からこれに適した材料と言われている。この分野対応材料としてのフラーレンは，"低分子型有機薄膜太陽電池／蒸着・ドライプロセス用"と，"高分子型薄膜太陽電池／塗布・ウェットプロセス用"の二つに分類される。蒸着用ではフラーレンの昇華特性が，塗布用では誘導体の高い溶解性と薄膜形成能が，それぞれのプロセスハンドリングを可能にしている。

蒸着・ドライプロセス用のフラーレン種類としては，C_{60}が最もポピュラーであるが，最近はその吸収波長帯域の広さからC_{70}も研究されるようになっている。C_{70}より大きな単離フラーレンも昇華性能を有するものの，単離プロセス上の課題から未だ価格・品質に問題が多く，市場供給も殆どないため，この分野の研究対象とはなっていない。

一方C_{60}においては，分離したキャリアをトラップする不純物削減の観点から，高純度化が進められ現状の化学分析的に検出下限以下のレベルまで不純物が低減されたグレードも登場している。更にデバイス化に影響を与えるとされる蒸着の安定性は，分子性結晶を構成するC_{60}の結晶

第2章　フラーレン

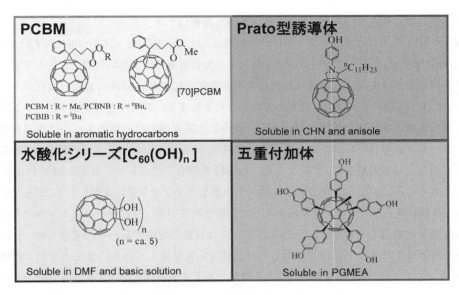

図3　フラーレン誘導体の一例

図4　リーフ状有機薄膜太陽電池
本写真は産業技術総合研究所，三菱商事㈱，トッキ㈱による共同研究成果。
3社の承諾を得て掲載

としてのサイズ・純度も関係するという研究報告もあり[7]，単結晶に近い高純度C_{60}も供給され始めている。C_{70}の高純度化は完全とは言えず，単離プロセス開発とこれによる低コスト化等未だ課題は多い。図4は産業技術総合研究所，トッキ株式会社及び三菱商事株式会社の共同研究成

13

果である蒸着型太陽電池の一例である（承諾を得て掲載）。

　塗布・ウェットプロセス用のフラーレンの種類としては，PCBM（[6,6]-Phenyl C61-butyric acid methyl ester）というフラーレン誘導体とその類似誘導体が，高い性能を安定して示し研究における使用比率は高い。PCBM は医薬研究の中間体として Hummelen 教授（現在グローニンゲン大）によって初めて合成されたものであり，たまたま高い溶解度を有するフラーレンを探していた有機太陽電池研究で試されたのが，有機薄膜太陽電池での活用のきっかけと言われている。フラーレン誘導体の特徴である多様化は PCBM にも適用でき，基本骨格が C_{60} である C_{60}-PCBM に対し，基本骨格を C_{70} に変えた C_{70}-PCBM や混合フラーレンに変えた Mix-PCBM も供給され始めている。また C_{60}-PCBM の末端メチル基をイソブチル基に交換した PCBIB 等の類似誘導体も多数合成され，その一部が試薬として供給されている。更にキャリアトラップを防ぐ観点から高純度化も進んでおり C_{60}-PCBM においては複数の純度グレードが発表され，HPLC 分析で検出限界以下にまで不純物を排除した超高純度品も登場している。またインデン誘導体や SIMEF といった PCBM とは基本的に異なる骨格を有する誘導体も開発・提案されセルレベルでは高い効率を実証している[8]。

　塗布型誘導体の開発においては，効率向上のため HOMO-LUMO レベルをその化学構造によって設計し，損失軽減の観点から純度向上の開発が進められてきている。加えて溶媒への溶解度は重要な設計項目である。塗布型有機薄膜太陽電池の活性部構造であるバルクヘテロ・ジャンクションの形成には n 型材料と p 型材料の相分離構造が反映され，これは溶液混合状態，つまり溶解度に大きく依存する。よって溶解度は誘導体構造や純度によって変り，使用溶媒の選定とともに重要な設計要素となる。溶解度検討は未だ緒についたばかりであり，しかも現在の技術レベルでは溶解度自体を自由に設計することは難しく，よって実験検討を重ねて改良を重ねるしか明確な手法はなく，今後溶解メカニズム解明を含め科学技術進展により現状有機薄膜太陽電池の弱点とされる効率も高められることが期待される。

1.3.3　半導体プロセス材料への応用

　フォトレジストを始めとして半導体製造プロセスで使用される有機材料は少なくない。これらの材料において要求される仕様としてエッチング耐性の高さ，高精度のパターン形成能，少ない脱ガスが上げられる。特にエッチング耐性に関しては，材料を構成する原子中の炭素比率が高ければ高いと言われ，この点で炭素原子のみから構成されるフラーレンは，早くからフォトレジスト応用での可能性が示唆されていた。

　先ず電子線レジストへの添加での良好なパターン形成結果が報告され，その後も継続的に検討が進められている。図5は一般的な電子線レジストにフラーレン誘導体を添加，その有無での差異を比較した例である。対レジストで1重量％添加しても問題ないレジストパターンが形成でき（②解像力），①エッチング耐性や③LER において向上が示されている。本図には含まれていないが，耐熱性でも明らかな差異を示すデータが得られている[9]。

　電子線露光は装置・プロセス面で大量製造ラインとしての実現は難しいと言われる。フラーレ

第2章　フラーレン

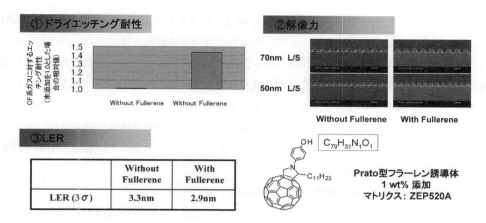

図5　フラーレンの電子線レジスト添加例
本件は文部科学省先端研究施設共用イノベーション創出事業［ナノテクノロジー・ネットワーク］において，東京工業大学量子ナノエレクトロニクス研究センターの協力を得て取得

ン応用として大量消費を狙うため，現在の半導体製造ラインの中心である ArF 露光，KrF 露光の現行レジストへのフラーレン導入も試みられた。しかし露光波長とフラーレンの光吸収帯が重なり結果感度悪化に繋がるといった問題があり，この露光領域でのレジスト主剤用途開発は断念せざるを得なかった。ところが最近になって使用する波長がフラーレン吸収帯域とは異なる EUV（極紫外）露光の研究が活発化し，更に 10nm 台の精密パターン形成に従来のポリマー系レジストの限界が指摘され，分子性レジストへの期待が高まってきた。この研究領域でフラーレン誘導体が，分子性レジストとして初めてポリマー系レジストに匹敵するパターン形成能力を示すことができ，応用実現への期待が高まっている（詳細は株式会社最先端半導体テクノロジーズの発表論文を参照願いたい）[10]。分子量分布のある現状のポリマー系レジストでは，パターン細線化に伴い現像で外れるポリマー鎖の大小がパターン性状に影響を与えることが推定，懸念されてきた。このため単分子かつパターン形成に必要なサイズの分子量を持つ分子性レジストでの可能性が論じられ，これまで多数の材料が試されてきた。

　これら材料候補の中でフラーレンはその高いエッチング耐性に加え，直径が 1nm 前後の単分子であることから，レジスト材料として大きな期待があった。開発過程において先ず半導体プロセスで使用される PGMEA といった溶媒に十分溶解すること，塗布・乾燥した後でオプティカルフラットな薄膜を形成できること，更に化学増幅型の露光・現像メカニズムに合致した反応を実現することが必須条件であり，各種誘導体を設計・開発・テストした結果，十重付加体と呼ばれる誘導体の一種が良いパターン形成を示した。

　誘導体はフラーレン自体の特徴に加え，付加された誘導基の特徴の双方を併せ持った素材となることから，ニーズに合わせた柔軟な設計が可能である。特に半導体材料分野で不可欠な高い溶解性・薄膜形成能は誘導体設計上重要な項目である。また誘導体の基本骨格（例えば PCBM 体，

15

水酸化体）の選択，付加する官能基の化学種や構造，官能基数など設計に対する柔軟性は高い。しかし設定された溶媒への溶解度について，ある程度設計での絞込みはできるものの最終的にはその誘導体を合成して溶解度測定を実施しないと真実の姿は判らないのも現状である。また薄膜形成について，誘導基がある程度嵩高ければ概ね良好な薄膜形成をするようであるが，これも厳密なメカニズムが解明された訳ではなく，実験実証が必要である。これまでの開発において，上記のような半導体プロセス材料としての仕様を満足する多くの新規誘導体が確認され，その大量合成・供給が可能となってきている。また露光用レジスト材料のみならず，各種添加剤等様々なプロセス材料候補としても検討が進められている。

1.3.4 CFRP 等の複合材料や樹脂への添加剤応用[6]

　この応用分野でフラーレンが活用される特性として，先ずラジカル捕捉能が挙げられる。光・熱などによって発生したラジカルが樹脂の健全部へ悪影響をもたらすケースがあり，フラーレンがこの発生ラジカルをトラップすることで，この影響を緩和することができる。例えばPMMA樹脂に添加することで，熱発生ラジカルでの樹脂崩壊を緩和し結果耐熱性が向上することが示されている。

　第二に良好に分散された状況ではナノフィラーとしての効用が示唆され，亀裂破壊過程でクラック伝播が速い樹脂においては，これを軽減，結果機械的な強度が向上するとされ，それを示すデータも開示されている。

　第三はフラーレンが有機・無機の両方の特性を有し，双方の材料にある親和性を示す点である。この応用は CFRP（Carbon Fiber Reinforced Plastics）等の無機フィラーを含む複合材料に適用され，フラーレンを添加することで，例えば CFRP では無機材料である炭素繊維と有機材料であるマトリクス樹脂との接着が強化されていると考えられ，それを示唆するデータも公表されている[13]。界面接着性向上の結果 CFRP 自体の機械的性能向上に繋がり，目標強度を満たしながら材料を削減することができ，それにより軽量化或いは重量配分といった設計柔軟性向上に繋がった。現在これを利用し，バトミントンラケット・テニスラケット・ゴルフシャフトやスノーボードといったスポーツ用品に採用され多くの一般消費者が購入・使用している。今後これが産業資材や飛行機・自動車用材料へ展開されることが望まれる。

　その他フラーレンの有する疎水性・電気絶縁性・ある種類の油脂に対する反親和性などを活用するため，樹脂添加剤として実用化・研究が進められている。

1.3.5 炭素ソースとしての応用

　現在フラーレンのケージ構造起因の特性を利用するのが，殆どの応用アプローチである。しかしフラーレンには（A）溶解・昇華といったプロセスを利用，純度を規定・定量分析でき，且つ高純度化が可能な唯一の炭素材料であること，（B）通常環境下では十分安定であるが，他炭素材料に比較すると低いエネルギー場で分解することが計算化学でも示され，またそれを実証するデータも示されていること，（C）熱等で分解した場合モノマーやダイマーといった小さい炭素クラスターに容易に分解されることが想像されることなどから，フラーレンケージを壊し別の炭

第2章　フラーレン

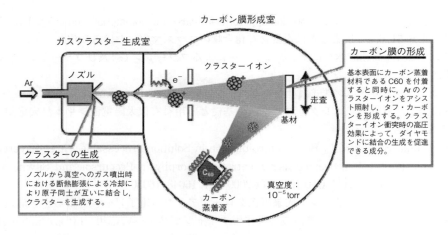

図6　炭素原料としてのフラーレン応用例―C_{60}をアモルファスカーボン化し硬質炭素膜形成
（㈱野村鍍金の承諾を得て掲載）

素構造に再合成するための炭素ソースとしての活用は，あまり知られていないが興味深い領域である。

既に実用化された具体的な例として鍛造処理状態のチタンに添加，材料強度向上による軽量化，設計柔軟性向上による使い易さの向上を実現したゴルフドライバーが商品化され，高い評価とビジネスに繋がった[11]。チタン以外でもアルミニウムやマグネシウムへの添加研究例の報告や，黒鉛代替の粉末冶金への応用特許[12]も出願されている。これらは炭化物が形成され易い金属合金での良好な炭素ソースとしての可能性を示唆するものである。

またフラーレンケージ破壊・再合成によって新たな炭素膜形成も可能である。CVDプロセスへ昇華したC_{60}を投入することでダイヤモンド薄膜が低エネルギーで，かつ膜性状も平坦度他の点で従来技術よりも良好な薄膜を形成したという研究報告もある。この領域で既に実用化がされている例として，図6に示すように昇華C_{60}の分子をアルゴンクラスターとともに基板表面へ衝突させ，アモルファス炭素膜を再合成し，これまでの炭素膜とは異なる硬度・平坦度・耐熱性を有する炭素膜が実現されている（実用化された野村鍍金株式会社の承諾を得て構成図を掲載）。これらの分野の研究・実用化例は未だ少なく，大きな可能性を残す応用領域と考えている。

文　　献

1)　ナノカーボンハンドブック，2編フラーレン，2章製造法と分離精製技術，p545-557
2)　"新しい炭素材料：フラーレンの製造と応用の最新動向" フラーレン―その特性と合成・製造方法について―" 炭素，No.224，p299-307（2006）

3) 米国特許：Burners and combustion apparatus for carbon nanomaterial production（US7279137）
4) 特願平 6-517698「炭素または炭素含有化合物のプラズマ中における転化」
5) JIS Z 8981「高速液体クロマトグラフィーによるフラーレン C_{60} 及びフラーレン C_{70} の分析方法」
6) フロンティアカーボン株式会社ホームページ（www.f-carbon.com）
7) 基礎講座／有機分子エレクトロニクスの基礎と応用＜有機太陽電池＞平本昌宏応用物理第77 巻第 5 号（2008）
8) "Columnar Structure In Bulk Heterojunction in Solution-Processable Three-Layered p-i-n Organic Photovoltaic Device using Tetrabenzoporphyrin Precursor and Silymethyl [60] fullerene" 16048 J. AM. CHEM. SOC, 2009, 131, 16048-16050
9) フォーカス 26 ＜第 16 回＞：成果事例クローズアップ（電子ビームによるナノ構造造形・観察支援）フラーレン誘導体の半導体用フォトレジストへの応用 https://nanonet.nims.go.jp/magazine/
10) Japanese Journal of Applied Physics 49, 2010, 06GF04
11) 特願 2000-190192「ゴルフクラブヘッド及びその製造方法」
12) 特願 2005-213279「粉末冶金用混合粉末」
13) "Mechanical properties of carbon fiber/fullerene-dispersed epoxy composites" Composites Science and Technology-69（2009）2002-2007

2　ナノカーボン原料・材料

瀧本裕治[*1]，井上　崇[*2]

2.1　はじめに

　カーボン原子は自然界に広く存在する重要な元素である。そのカーボン原子を主成分とするカーボン材料は木炭として古い歴史をもち，活性炭やカーボンブラシとして身近な材料でもある。その一方で，製鋼やアルミニウム精錬などの近代工業においては電極材として重要な役割を担ってきた[1]。また，大型かつ高純度の等方性黒鉛が登場すると，その活用は冶金分野のみならず放電加工や半導体を製造する工程，原子炉の主要構成部材にまで大きく拡大し，炭素繊維コンポジット材にいたってはスポーツ分野や航空宇宙分野までもその活躍の場へと変えてしまった[2,3]。

　20世紀終盤に発見されたフラーレン[4]，カーボンナノチューブ[5]は，ナノスケールでデザインしたカーボン材料を電子部材や磁性部材として直接利用するという，新規で広大な舞台が存在することを我々に教えてくれた。この炭素物質群は，2010年度のノーベル物理学賞を獲得したグラフェン[6]を新しい仲間に加えて，ナノカーボンと呼ばれる。これまでのクラシックなカーボン材料は主としてマクロな物性が応用されてきた。ナノカーボンでは主にメゾスコピックな物理化学的現象を積極的に利用し，電子デバイス，光学デバイス，エネルギー，バイオ，医療，医薬品などの領域で応用されはじめている。

　ナノカーボンの合成方法は，主にレーザー蒸発法，抵抗加熱法，アーク放電法，燃焼法，CVD法などが知られている。なかでも，アーク放電法は，ナノカーボンを含む煤を短時間で多量に得られるという特徴があり，とくに金属内包フラーレンや単層カーボンナノチューブの多量合成法として知られている[7]。

　本項では，主にナノカーボンのアーク放電法による合成で原料に用いる金属混合炭素ロッドを炭素材料メーカーの視点から概説するとともに，ナノカーボン合成の最近のトピックスを紹介する。

2.2　フラーレン，カーボンナノチューブの基礎

2.2.1　フラーレン

　フラーレンとは，C_{60}に代表される炭素原子からなるかご（ケージ）状の炭素分子の総称である。炭素同素体であるグラファイトは六員環のみで構成されて六角網面の平面をなすが，フラーレンは五員環と六員環からなっており曲面をなす。五員環と六員環の組み合わせによりC_{70},

---

　＊1　Yuji Takimoto　東洋炭素㈱　技術開発本部　新カーボン技術開発部　応用技術開発グループ　主任研究員

　＊2　Takashi Inoue　東洋炭素㈱　技術開発本部　新カーボン技術開発部　応用技術開発グループ　主務研究員

C_{76}, C_{80}, C_{82} など大きさの異なる高次のフラーレンも存在する。

　フラーレンは，グラファイトと同様にSP^2混成軌道を取るが，フラーレンは完全に閉じた球殻構造をなしている。したがって，π電子がフラーレンの表面を覆うように存在し，高い電子受容性と電子供与性を併せ持つこととなる。また，個々のフラーレンは分子として挙動し，有機溶媒に溶解して美しい色を示す。たとえばC_{60}をトルエンに溶かすと紫色を呈し，C_{70}はワインレッド色，C_{80}はマリンブルー色を呈する。また，グラファイトが約3,500℃以上という高温で昇華するのに対してフラーレンは約400℃という低い温度に昇華点を有する。この高い電子授受性，溶媒可溶性，低温昇華性はカーボン材料としては極めて異例であり，フラーレンの分離精製工程に利用できるとともに，フラーレンの応用上においても重要な物理化学特性である。

　フラーレンの内部空間は完全な真空であり原子を取り込むのに十分な大きさを有している。その内部空間にはスカンジウム，イットリウムをはじめとして，ほとんどのランタノイド，アクチノイドを含む希土類金属が効率良く内包される。内包する金属とフラーレンケージの間には電子授受が生じ構造が安定化するとともに，内包フラーレン自体も金属原子の電子的，磁気的特性の特色を反映することとなる。

　現在フラーレンは，化粧品で実用化されており，MRI造影剤などの医薬品としても研究・実用化が進行中である。また，フラーレンを電界効果トランジスタに用いることで高い特性を示す[8]ことや，有機薄膜太陽電池のn層へ用いることで高い変換効率を示す[9]ことも報告されている。

2.2.2　カーボンナノチューブ

　カーボンナノチューブ（以下，CNT）はナノスケールの極めて細い直径をもつチューブ状物質であり，グラファイトシートの六角網面をシームレスに丸めた円筒を基本構造とする。同心円筒の層数で分類すると，1層の単層カーボンナノチューブ，2層カーボンナノチューブ，そして多層カーボンナノチューブに分類できる。

　グラファイトの電子構造は半金属として分類されるが，CNTは六角網面をどういう方向で丸めるかによって金属的にも半導体的にもなる[10]。半導体としてのCNTは，近赤外波長領域（1.2〜2.0μm）に非常に強い光吸収を持っており，吸収する光の波長はCNTの直径に依存する。この特性を利用して，CNTを可飽和吸収体とする受動モード同期光ファイバーレーザーへの活用が研究され実用化もされている[11]。

　CNTはその他にも，電界電子放出源，繊維強化複合材料，タッチパネルに用いられる透明電極，電気二重層キャパシタの分極性電極などへの実用化が進んでいる。

2.3　アーク放電法によるナノカーボン製造用の原料

2.3.1　金属内包フラーレン合成用のロッド

　希土類金属は酸素等の軽元素と容易に反応し安定な化合物状態となる傾向がある。C_{60}，C_{70}等の空フラーレンの合成では，炭化水素を炭素源に用いた燃焼法[12]が非常に優れているが，酸素を用いる燃焼法では金属内包フラーレンの合成は困難とされる。金属原子が酸素原子と結合し，金

第2章　フラーレン

属原子の内包を妨げるからである。金属内包フラーレンの合成における炭素源の供給方法としては，バルク状のカーボン材料を高エネルギーでガス化させる手法が極めて有効である。とりわけ，高次フラーレンである C_{82} や C_{84} などに金属原子が内包された安定な構造の金属内包フラーレンの合成には，高出力レーザーや高温プラズマが一般的に用いられる。

ヘリウムなどの不活性ガス中において，陽極と陰極の二つの炭素電極の間で大電流を流すとアーク放電が起こる。その際，電子を放出する陰極側に対して，電界で加速された電子を受け取る陽極側は高温となる[13]。よって，主として陽極の炭素電極が蒸発する。蒸発はアークプラズマに面する炭素電極の先端で生じる。その際のアークプラズマは電子温度とガス温度が等しい熱平衡プラズマであり，約5,000℃以上の高温となる。高温のアークプラズマ中において炭素は個々の原子状態にまで解離すると考えられる。発生した炭素蒸気はヘリウムガス気流中で冷却されて凝集し煤が生成する。その煤の中にはフラーレンがおよそ10～20％程度含まれている。

金属内包フラーレンの合成では陽極の炭素電極として，内包させたい金属元素を混合した金属混合炭素ロッドを用いる。すなわち，金属混合炭素ロッドは金属内包フラーレンの原料となる。

図1は名古屋大学の篠原久典教授のご厚意で，弊社に移設したアーク放電装置CC-A/1-2/3：㈱UMAT[14,15]の概略図である。この装置は，最大500Aまでの直流アーク放電が可能であり，陽極の金属混合炭素ロッドを比較的大型にして煤を多量に生成させることができる。通常は，断面が12～15mm角で長さが240～300mmのサイズのロッドを使用する。アーク放電の状態をView Portから観察しながら，蒸発によって減少する陽極と堆積によって成長する陰極との電極

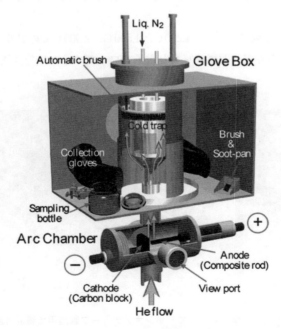

図1　アーク放電装置の概略図

間距離を調節して安定な放電条件を維持できる。最近では，放電電圧と電極間距離をリンクさせ，電圧のフィードバック制御によって電極間距離を自動で調整する構成も考案されており，より安定した放電条件の確保や操作の省力化が達成されている。ある種の金属内包フラーレンは大気中で不安定であることが知られているが，本装置では放電終了後に装置内を窒素ガス充填して嫌気下で煤を回収するグローブボックスを備えており，そのような金属内包フラーレンも高い効率で回収できる。

金属内包フラーレンの合成研究においては，炭素材料に穴を空けて金属粉末を充填したロッドが用いられたことがあるが，この方法ではフラーレンの収率が低い問題があった。金属を均一に分散させた金属混合炭素ロッドを最初に試みたのは Smalley のグループである[16]。弊社では，比較的大きなスケールで金属混合炭素ロッドを作製し，研究機関に提供してきた[17]。写真 1 に製品外観の例を示す。

弊社で開発した金属内包フラーレン合成用ロッドは，骨材となる黒鉛材粉末とバインダ，そして内包させたい金属の化合物を混錬し，その後に粉砕，成形，熱処理して作製する。

金属内包フラーレンの合成において，骨材となる黒鉛材粉末の選定では不純物含有量が非常に重要となる。不純物含有量が 0.5 wt.%を超える黒鉛材では，フラーレン収率が最大で約 40 %も低下する事が弊社の研究で判明しており，高純度の黒鉛材を骨材に使用する事がフラーレン収率の向上に肝要である[18]。

金属化合物としては，化学的に安定な酸化物を使用すれば安全に取り扱え，また原料の入手も容易となる。成形体の熱処理を 1,000～1,600℃（金属種による）で実施すれば酸化物はカーバイド化する。

La 混合炭素ロッドの作製において，1,200℃，1,500℃，2,000℃でのアルゴンガス雰囲気下で熱処理したロッド断面を走査電子顕微鏡写真と電子プローブマイクロ分析法による La の分布状態

写真 1　金属内包フラーレン，カーボンナノチューブ製造用金属混合炭素ロッド（KLASTA MATE®）の製品外観

第2章　フラーレン

を観察した結果，熱処理温度が上がるに従ってランタンがより均一に分布していくことが報告されている[19]。金属を均一分散させることで，アーク放電時の放電安定性の向上に加えて，放電ごとの生成物を再現性よく得られる。

坂東らは，La_2O_3 を含む混合ロッドをアルゴンガス気流中，最大2,000℃で熱処理し，LaC_2 を形成させることで La 内包フラーレン La@C_{82} の収率が飛躍的に向上することを報告している[20]。

炭素に対する金属濃度は，原子濃度で1 at.%前後が金属原子を1個内包するフラーレンの生成収率を高くすることが報告されている[15]。弊社では，0.8 at.%の金属混合炭素ロッド製品を主に提供している。他方，1.6 at.%の金属を配合することで，金属原子を2個以上内包するフラーレンの生成収率が向上することも知られている。

弊社と篠原らは[21,22]，Dy 混合炭素ロッドを2,000℃付近で熱処理を行うことによって Dy 内包フラーレンの収率が際だって高いことを報告している。2,000℃付近の熱処理によって DyC_2 が形成されていることが確認されており，金属原料の Dy_2O_3 が周囲のカーボンと反応することによって原子レベルで均一分散するものと考えられる。このように金属内包フラーレンの収率向上には，金属炭化物の形成と均一分散の両方の効果が寄与していると思われる。

金属内包フラーレンの収率向上には，ロッド中の水分を十分に取り除くことも肝要である[17]。ロッドに吸着した水分が金属内包フラーレン生成の阻害因子となるためと考えられている。篠原らのグループは，必要に応じて放電前に陽極と陰極を接触させてベーキングしロッドに吸着した水分を除去している[14]。また，希土類金属は炭化物もしくは酸化物であっても吸湿性が高い[23]。特に，原子番号の小さい La，Ce，Pr，Nd の化合物は強い吸湿作用を有しており大気中の水分と容易に反応して水酸化物，炭化水素ガス，および水素ガスを発生してロッドにクラックを発生させる。酸化物であっても徐々に吸湿して体積膨張によってロッドにクラックを発生させる。そのような変質の懸念があるロッドに関してはデシケータ中で保管するなどして吸湿を避けて保管する必要がある。

2.3.2　単層カーボンナノチューブ合成用のロッド

アーク放電法で合成した CNT は，合成温度が約5,000℃以上という高温であるため[24]，一般的な CVD 法で得られた CNT に比べて，チューブ壁を構成するグラファイト層の欠陥が少ない傾向があり，物理的には CVD 品よりも高強度で高温耐久性も高い場合が多い。よって，アーク放電で合成した CNT は比較的に高付加価値の用途での活用が試みられている。

CNT の合成，特に単層カーボンナノチューブ（以下，SWNT）の合成においても金属混合炭素ロッドを原料に用いる。このとき，混合する金属種は SWNT の成長を促す触媒作用を担うこととなる。代表的な触媒金属種は斉藤らによって成書にまとめられており[25,26]，触媒金属種の選定が CNT の品質と収率を大きく左右することが知られている。Ni と Y の2元系触媒はアーク放電法での SWNT 生成においては極めて強い触媒作用を有している[27]。したがって，弊社では通常，初めてアーク放電を試みるユーザーに対して Ni/Y 混合炭素ロッドの採用を推奨している。一方，Fe/Ni や Co/Ni の2元系触媒はアーク放電法とレーザー蒸発法の双方で有効である[26,28]。

23

Fe/Ni 触媒では Ni/Y よりも細い SWNT が生成する[29]。Fe の 1 元系触媒は水素中でのアーク放電で有効であり，アモルファスカーボンの含有量が極めて少ない SWNT を生成させる[30]。Fe/Ni/Co/S の多元系触媒は 2 層カーボンナノチューブの生成に有効である[31]。また，菅井らは高温パルスアーク放電法を用いることで Ni/Y の 2 元系触媒からも単層および 2 層カーボンナノチューブが生成することを報告している[32]。これらの例が示す様に，触媒種と蒸発方法の適切な組み合わせによって，CNT の構造制御や品質制御がある程度可能であるといえる。

　Fe，Ni，Co などの遷移金属を含有した金属混合炭素ロッドをアーク放電で蒸発させると，金属と炭素の混合蒸気が発生する。発生した混合蒸気がヘリウム等の雰囲気ガス中で冷却される過程で，まず金属を主成分とする微粒子が形成される。その微粒子は付近に存在する炭素原子を取り込みながら SWNT として炭素を析出させ，SWNT の成長が進行すると考えられている。つまり，Fe，Ni，Co は SWNT 成長の触媒として作用する。放電で得た煤を電子顕微鏡で観察すれば数 nm～数十 nm の金属微粒子が観察される。CNT の端に金属微粒子がみられることもある。

　ところで，Fe，Ni，Co などの元素は触媒黒鉛化作用を持つとされる。触媒黒鉛化とは結晶性の低い炭素質を，黒鉛化触媒の作用によって低い処理温度で黒鉛化度を向上させ，高温処理と同じ効果を得ようとする技術である[33]。黒鉛材料の分野では良く知られており，19 世紀末には既に T. A. Edison の弟子である E. G. Acheson によって特許が申請されている[34]。触媒黒鉛化では，六角網面の発達したグラファイトバルクが金属触媒から析出する。SWNT の生成機構に当てはめて考えると，丸まったグラファイトシートが触媒微粒子から析出することに相当する。SWNT というナノスケールの新しいカーボン材料の生成機構が，古くから知られた黒鉛材料の製造技術と共通することは感慨深い。

　一方，フラーレンに内包される代表的な元素である Y が Ni と組み合わせることで SWNT の強い触媒種となる現象も興味深い。Y は触媒黒鉛化の作用をほとんどもっておらず，また，煤の電子顕微鏡観察や X 線回折解析結果から考えて，SWNT を成長させるのは Ni の微粒子触媒である。しかし，意外なことに Ni 単元触媒では SWNT は十分には成長しない。よって，Y は Ni の助触媒として働いているとされる。Y の助触媒作用の機構は十分には解明されていないが，陽極の蒸発を促す作用があることは指摘されている[35]。

　著者と安藤らの研究によって，CNT の合成では触媒金属種の選定とともに炭素骨材種の選定も重要であることが明らかとなっている[36]。黒鉛化度の高い炭素骨材を用いた炭素ロッドの場合は，放電の高温で触媒金属がロッドの外に蒸発してしまいアークプラズマ内へ触媒金属を安定に供給することができない。他方，黒鉛化度の低い炭素骨材を用いた場合は，炭素と触媒金属との馴染みがよく，放電の高温に晒されてもロッド中の触媒金属濃度が維持される。黒鉛化度の低い炭素骨材を用いた場合は，触媒金属濃度が維持されるためアークプラズマ内へ触媒金属を安定に供給し続けることができ，その結果として SWNT の生成収率は飛躍的に向上した。

2.4 ナノカーボンの分離・精製
2.4.1 金属内包フラーレンの分離・精製

アーク放電法で生成したナノカーボンは煤中に存在する。したがって、煤からナノカーボンを分離精製する技術は非常に重要である。

金属内包フラーレンの場合は、煤から有機溶媒で抽出した後に高速液体クロマトグラフィー（HPLC）によってフラーレンのケージサイズごとに分離精製すれば、高純度の金属内包フラーレンを単離できる[7]。その際に用いる有機溶媒の選定は抽出効率を大きく左右し、フラーレンの異性体や内包金属種に対して適切な有機溶媒を選定する必要がある。

著者らは[37]、La@C_{82}を効率的に抽出できるジメチルホルムアミド（DMF）を抽出溶媒にもちいることで、La@C_{82}以外にも、ある種の高次フラーレンを特異的に抽出できることを報告した。図2にはLa混合炭素ロッドのアーク放電で生成した煤について、極性が異なる溶媒で抽出した

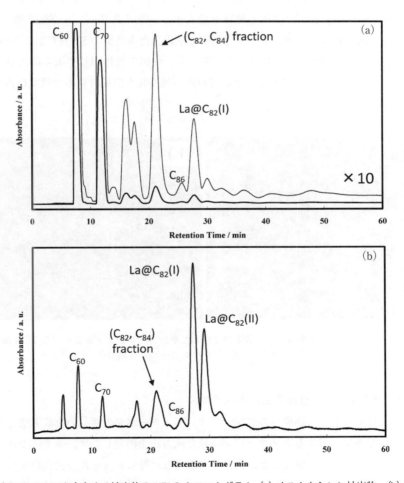

図2 La内包フラーレンを含有する抽出物のHPLCクロマトグラム (a) オルトキシレン抽出物, (b) DMF抽出物

結果を示す。無極性溶媒であるオルトキシレンを用いると C_{60}, C_{70} などの空フラーレンが多く抽出され，極性溶媒である DMF を用いる場合は La@C_{82} とともに C_{80}, C_{82}, C_{84} などの空の高次フラーレンが選択抽出される傾向がある。

2.4.2 単層カーボンナノチューブの純化

SWNT では，合成時に利用した触媒が金属不純物として煤中に多量に残存するジレンマが生じる。一般的には，塩酸等の無機酸で金属を溶出させる湿式精製法が採用されている[38]。多層カーボンナノチューブは高温でも比較的安定であり，むしろ高温処理で結晶性が向上する。よって，2,000℃以上の高温に熱処理して金属不純物を揮発させて高純度かつ結晶欠陥の少ない多層カーボンナノチューブを得ることが報告されている[39,40]。しかし，単層カーボンナノチューブについては，1,300℃以上の高温加熱によって隣接するチューブ同志が融合し直径が大きくなる等の構造変化が生じる報告があり[41]，SWNT の精製は単なる高温処理のみでは困難な場合もある。

著者らは[42]，金属不純物を含んだ SWNT を 1,000℃以下の低温でハロゲン処理することで，SWNT の直径変化を抑止しつつ金属不純物を除去するドライクリーニング法を報告している。写真2には Ni/Y 混合炭素ロッドをアーク放電して生成した未精製の SWNT と，その SWNT をドライ工程のみで精製した SWNT の TEM 像を示す。金属不純物が効率よく除去された様子がわかる。なお，ハロゲン処理によるカーボン材料の高純度化も黒鉛材料の分野では古くから知られた技術である。

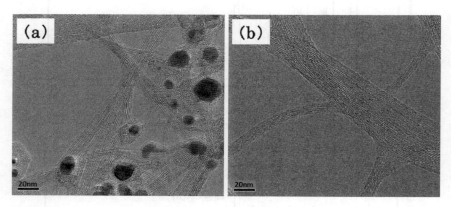

写真2　Ni/Y 混合炭素ロッドの放電で生成した単層カーボンナノチューブの TEM 像
(a) 未製精品，(b) ドライクリーニング精製品

2.5　ナノカーボンの新しい合成方法とその原料

最近，弊社と日本電子㈱と篠原らのグループは，ナノカーボンの新しい合成方法として高周波熱プラズマを加熱源に利用するナノカーボン多量合成方法を開発した[43]。本手法では，高周波で発生させた熱プラズマ中へ金属元素と炭素元素で構成した粉末原料を連続的に投入し，金属内包フラーレンや単層カーボンナノチューブなどのナノカーボンを連続的かつ多量に合成できる。こ

第2章　フラーレン

の新規の強力な合成方法においても，粉末原料の特性がナノカーボンの生成収率を大きく左右することが明らかとなっている。粉末原料に関しては，プロトタイプでは既にナノカーボン合成用の原料として活用出来ることが実証済みである。弊社では，金属混合炭素ロッドで培ったノウハウを盛り込み，熱プラズマに好適でより高収率でナノカーボンを生成する粉末原料を鋭意研究・開発中である。

2.6　おわりに

　本項では，ナノカーボンの原料として用いられるカーボン材料を中心に，ナノカーボンの合成技術や次世代合成法についても述べた。金属混合炭素ロッドあるいは粉末原料などのカーボン材料は，高温のプラズマ過程を経てナノカーボンへと変化を遂げ，卓越した化学的，物理的特性を示すようになる。しかし，その合成技術には，カーボン材料の科学や技術，製造ノウハウが随所に活かされている。一見，不連続にみえる進歩であっても関連性は必ず潜んでいる。今後のナノカーボン分野の発展にも，カーボン材料で培った技術の応用は欠かせない。

　当面の課題は，ナノカーボンの製造コストダウンである。弊社は今後もナノカーボンの原料開発を通じた合成収率向上により，ナノカーボン分野のさらなる進展に貢献していきたい。

　また一方では，深刻化する環境やエネルギー問題を乗り越えるには，我々炭素材料メーカーにも，新しい発想のモノづくりが要求されるだろう。ナノカーボンは一つのヒントであるとともに我々炭素材料メーカーにとって大きなチャンスである。

文　　献

1)　増田勇二，炭素製品，碩學書房（1950）

2)　炭素材料学会，新・炭素材料入門，リアライズ社（1996）

3)　ニューカーボンフォーラム，新炭素製品，炭素協会（1999）

4)　H. W. Kroto, J. R. Heath, S. C. O'Brien, R. F. Curl and R. E. Smalley, *Nature*, **318**, 162-163（1985）

5)　S. Iijima, *Nature*, **354**, 56-58（1991）

6)　K. S. Novoselov, A. K. Geim, S. V. Morozov, D. Jiang, Y. Zhang, S. V. Dubonos, I. V. Grigorieva, A. A. Firsov, *Science*, **306**, 666-669（2004）

7)　篠原久典，斎藤弥八，フラーレンの化学と物理，名古屋大学出版会（1996）

8)　N. Takahashi, A. Maeda, K. Uno, E. Shikoh, Y. Yamamoto, H. Hori, Y. Kubozono, A. Fujiwara, *Appl. Phys. Lett.*, **90**, 083503（2007）

9)　J. G. Xue, S. Uchida, B. P. Rand, S. R. Forrest, *Appl. Phys. Lett.*, **85**, 5757（2004）

10)　N. Hamada, S.I. Sawada, Oshiyama., *Phys. Rev. Lett.*, **68**, 1579-1581（1992）

11)　S. Yamashita, S. Maruyama, Y. Murakami, Y. Inoue, H. Yaguchi, M. Jablonski, and S. Y.

Set, *Optics Letters*, **29**, 1581-1583 (2004)

12) J. B. Howward, J. T. Mckinnon, Y. Markarovsky, A. L. Lafleur and M. E. Johnson, *Nature*, **352**, 139 (1991)

13) 電気学会，改訂新版放電ハンドブック，139-167 (1974)

14) H. Shinohara, *RARE EARTH*, **33**, 71-91 (1998)

15) M. Inakuma and H. Shinohara, *J. Plasma Fusion Res.*, **75**, 902-907 (1999)

16) Y. Chai, T. Guo, C. Jin, R. E. Haufler, L. P. F. Chibante, J. Fure, L. Wang, J. M. Alford and R. E. Smalley, *J. Phys. Chem.*, **95**, 7564-7568 (1991)

17) 曽我部敏明，大久保博，浮田茂幸，炭素，**192**, 130-138 (2000)

18) 曽我部敏明，公開特許公報，特開平 7-97203 (1995)

19) 曽我部敏明，カーボンナノテクノロジーの基礎と応用，サイペック㈱，56-72 (2002)

20) S. Bandow, H. Shinohara, Y. Saito, M. Ohkohchi, Y. Ando, *J. Phys. Chem.*, **97** 6101-6103 (1993)

21) H. Ohkubo, T. Tojo and H. Shinohara, Inter. Symp. on Carbon, New Processing and New Applications, Extended Abstracts, 594-595 (Tokyo, Nov. 8-12, 1998)

22) 大久保博，曽我部敏明，東城哲朗，野呂今日子，篠原久典，日本材料学会四国支部第8回講演大会，講演予稿集，36-37 (1999)

23) Y. Kuroda,Y. Yoshikawa, H. Hamano, M. Nagao, *Langmuir*, **12**, 1399 (1996)

24) H. Lange, A. Huczko, P. Byszewki, *Spect. Lett.*, **29**, 1215-1228 (1996)

25) 齋藤弥八，坂東俊治，カーボンナノチューブの基礎，p.24, コロナ社 (1998)

26) 齋藤弥八，カーボンナノチューブの材料科学入門，p.14, p.20, コロナ社 (2005)

27) D. S. Bethune, C. H. Kiang, M. S. de Vries, G. Gorman, R. Savoy, J. Vazquez and R. Beyers, *Nature*, **363**, 605-607 (1991)

28) T. Guo, T. P. Nikolaev, A. Thess, D. T. Colbert, R. E. Smally, *Chem. Phys. Lett.*, **243**, 49 (1995)

29) Y. Saito, M. Okuda, T. Koyama, *Surface Rev.& Lett.*, **3**, 863 (1996)

30) X. Zhao, S. Inoue, M. Jinno, T. Suzuki, and Y. Ando, *Chem. Phys. Lett.*, **373**, 266 (2003)

31) J. L. Hutchison, N. A. Kiselev, E. P. Krinichnaya, A. V. Krestinin, R. O. Loutfy, A. P. Morawsky, V. E. Muradyan, E. D. Obraztsova, J. Sloan, S. V. Terekhov, D. N. Zakharov, *Carbon*, **39**, 761 (2001)

32) T. Sugai, H. Yoshida, T. Shimada, T. Okazaki, and H. Shinohara, *Nano Lett.*, **3**, 769-773 (2003)

33) 大谷朝男，炭素，**102**, 118-131 (1980)

34) E. G. Acheson, U. S. Patent, 568323 (1896), 645285 (1900)

35) 滝川浩史，カーボンナノチューブの基礎と工業化の最前線，エヌ・ティー・エス，p.274 (2002)

36) X. Zhao, T. Kadoya, T. Ikeda, T. Suzuki, S. Inoue, M. Ohkohchi, Y. Takimoto, Y. Ando, *Diamond Rel. Mater.*, **16**, 1101-1105 (2007)

37) 井上崇，田尾理恵，瀧本裕治，第 37 回フラーレン・ナノチューブ総合シンポジウム講演要旨集，p.162 (2009)

第 2 章　フラーレン

38) Chiang, I. W., Brinson, B. E., Smalley, R. E., Margrave, J. L., and Hauge, R. H., *J. Phys. Chem. B*, **105**, 1157-1161 (2001)

39) Y. A. Kim, T. Hayashi, Y. Fukai, M. Endo, T. Yanagisawa, M. S. Dresselhous, *Chem. Phys. Lett.*, **355**, 279 (2002)

40) M. Endo, Y. A. Kim, T. Hayashi, T. Yanagisawa, H. Muramatsu, M. Ezaki, H. Terrones, M. Terrones, M. S. Dresselhous, *Carbon*, **41**, 1941-1947 (2003)

41) U. J. Kim, R. G. Humbreto, A. K. Gupta, P. C. Ekluna, *Carbon*, **46**, 729-740 (2008)

42) T. Inoue, Y. Takimoto, N. Ohta, T. Tojo, CARBON 08 Program and Short Abstracts, p.216 (2008)

43) 小牧久，中西勇介，篠原久典，第 40 回フラーレン・ナノチューブ総合シンポジウム講演要旨集，p.181 (2011)

3　C_{60} 内包フラーレン：生成と分離

岡田洋史[*1]，笠間泰彦[*2]

3.1　はじめに

1993 年に金属内包フラーレンの単離が行なわれ[1]，1995 年には X 線結晶構造解析が達成されてから[2]，フラーレン殻の中に原子を取り込むことができることは研究者の中で共通認識となった。そのころ得られていた金属内包フラーレンは，いわゆる高次フラーレン[3]に金属が内包されたものであったため，次のターゲットとして，原子を内包した C_{60} を得ることを考えたのも自然な流れであった。

C_{60} は，I_h 対称でほとんど完璧に近い球形の構造を持ち，最も安定（大きな HOMO-LUMO ギャップ）で，最も多く生成するフラーレンである。ゆえに最も一般的であり，フラーレン分子としては最も多くの研究例[4]がある。そこでその分子の特性を変更する手段として，内部に別の成分（原子，分子）を取り込ませ，性質の調整を行い，物性を比較し，C_{60} 結晶へのドーピングなどを検討しよう，と考えたのである。

しかし残念ながらその考えは長らく実現しなかった。C_{60} は，フラーレンとしては低い HOMO と高い LUMO を持つため，電子的に強く相互作用する相手を持ち込むと途端に不安定になってしまう。逆にあまり強い相互作用を起こさない相手では，望んだような性質の変化が起こらない。

こういった困難に粘り強く立ち向かいながら，長年の研究の中でいくつかの特筆すべき成果が得られている。特に，ごく最近になって筆者らは初めて金属内包 C_{60} を単離・構造解析することに成功した。本項では，C_{60} 殻に絞った内包フラーレン，主には金属内包 C_{60}（M@C_{60}）[5]研究について，その経緯や成果を紹介する[6]。

3.1.1　金属内包 C_{60} フラーレン研究の発端

籠状の分子である C_{60} が内部空間に原子，特に金属原子を閉じ込めることができるのではないか，というアイディアは，フラーレン発見の直後まで遡ることができる。フラーレン発見者の一人である Smalley のグループは，表面に $LaCl_3$ を塗布したグラファイトに対しレーザー照射することにより，La 原子を含む各種フラーレンに帰属される質量スペクトルピークを観測している[7]。

この結果をさらに進め，Smalley らは 1991 年に La 内包フラーレンの合成と抽出に成功した[8]。まず彼らは，La 原子を含むグラファイト材料をレーザー蒸発させた蒸着物をさらに真空下昇華させ，得られた黒色の固体について質量スペクトルを測定した（図 1）。

La を一つ含んだ C_{60} 分子に帰属されるピークがはっきりと，その他の La-フラーレン分子と考えられるピークの中でも最も強く検出されている。しかし，この材料からトルエンにより抽出された成分について質量スペクトル測定を行なうと，この LaC_{60} 分子のピークは確認できず，La を含んだフラーレンとしては LaC_{82} のピークが強く確認された（図 2）。C_{82} 殻をもつ金属内包フ

---

*1　Hiroshi Okada　東北大学　大学院理学研究科　化学専攻　無機化学研究室　助教
*2　Yasuhiko Kasama　イデア・インターナショナル㈱　代表取締役

第2章 フラーレン

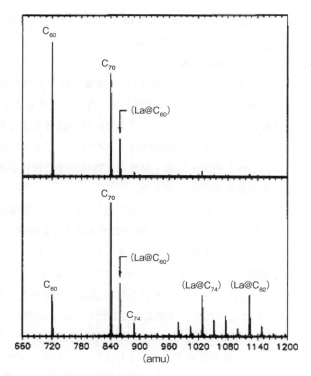

図1 La内包フラーレンを含む昇華膜の質量スペクトル[8]
（上段）C_{60}〜C_{70}の質量領域の感度を最適化，（下段）C_{84}の質量領域の感度を最適化

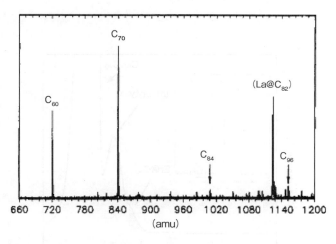

図2 La_2O_3を含むグラファイトロッドをレーザー蒸発して得られた生成物から熱トルエンにより抽出された成分の質量スペクトル[8]

ラーレンはその後金属内包フラーレンの主流として研究されていくことになる。初めて X 線回折による結晶構造解析に成功したのも $Y@C_{82}$ である[2]。

3.1.2 金属内包 C_{60} フラーレンの抽出精製

このように当初から，金属が内包された C_{60} 分子は，「生成すれども取り出せない」ものだった。その他のフラーレン殻と違い，C_{60} には実は内包していないと考える人もいた。

しかし，逆に空の C_{60} は最も一般的なフラーレンであり，その性質もよく知られている。内部に金属原子を内包させることにより，C_{60} と形状は同一（のはず）で重さと電子状態のみが異なる金属内包 C_{60} が得られる。これを抽出・精製・単離し，物理的または化学的性質を評価することは大変面白いテーマであると研究者たちは考えた。

金属内包 C_{60} 研究が始まってすぐ，いくつかの金属内包 C_{60} について溶媒抽出可能であることが報告された。特に有望そうなのはアルカリ土類元素である Ca を内包させた C_{60} であった。1993 年に Smalley のグループは，Ca を含むグラファイトロッドから得られたレーザー蒸発生成物が $Ca@C_{60}$ に帰属される質量スペクトルピークを与えることを報告した[9]。Ca は特に C_{60} に内包されやすい金属元素のようであり，また，トルエン等の溶媒に可溶であると報告された。久保園らはこの実験を再現し，$Ca@C_{60}$ の抽出には酸素除去したピリジンが適していると報告した[10]。

久保園らは，その後も特に金属内包 C_{60} について精力的な研究を続け，Ca のみならず Ba, Sr, Y, La, Ce, Pr, Nd, Gd の各金属原子が C_{60} に内包し，ピリジンやアニリンなど含窒素芳香族系溶媒が効果的であると報告している。その後 2000 年前後に，立て続けに Er[11], Eu[12], Dy[13] が内包された C_{60} の HPLC 精製が篠原および久保園のグループから各々独立に報告された。これらの材料は質量スペクトルによってほぼ一種類の分子イオンピークを与えることが確認されている（図 3）。

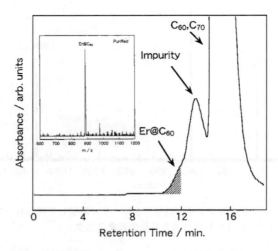

図3　$Er@C_{60}$ 抽出液の HPLC チャートおよび斜線部のフラクションについての質量スペクトル（挿入図）

第 2 章　フラーレン

　久保園らは Eu@C$_{60}$ の X 線吸収スペクトル測定を行った。その Eu L$_{III}$-edge XANES から Eu 原子は +2 価をとっていることを見出し，さらに，XAFS から Eu 原子と第一および第二近接炭素との距離を見積もって Eu@C$_{60}$ の内包構造の証左としている。
　しかし，残念ながらこの後，単離された金属内包 C$_{60}$ についての物性研究や化学的キャラクタリゼーションの報告はほとんどなかった。金属内包 C$_{60}$ がピリジンやアニリンなど特異的な溶媒でのみ抽出されるのは，電荷移動を受けた C$_{60}$ 殻が溶媒分子との相互作用により安定化されているからだと説明されている[11]。この相互作用により，精製された金属内包 C$_{60}$ から溶媒を完全に除くことが難しく，決定的な単離や物性評価が困難なものとなっているのだと考えられる。また，（金属内包フラーレン全般に言えることではあるが）収率や収量が共に少なく物性評価実験に供する十分な量を確保できないのも，これら金属内包 C$_{60}$ 研究の進展を妨げていた一因であるといえる。
　金属内包 C$_{60}$ の完全な単離を行なわず化学的な処理を施し，材料として利用する動きもある。Bolskar らは，Gd@C$_{60}$ にマロン酸エステルを作用させ化学修飾することにより，多数の置換基により水溶性となった Gd@C$_{60}$[C(COOH)$_2$]$_{10}$ の生成を報告している[14]。単離され，十分にキャラクタリゼーションされたものではないが，彼らは Gd イオンの常磁性に起因した MRI 造影剤としての応用を期待している。

3.1.3　アルカリ金属内包 C$_{60}$ フラーレン

　金属内包 C$_{60}$ に限らず金属内包フラーレンを合成する一般的な方法は，金属を混ぜ込んだ黒鉛棒を原料とし，これをレーザーやアーク放電により高温加熱する方法である[6]。これに対し，原料としてフラーレンそれ自体を用いた金属内包フラーレン合成研究が（あまり大きな流れではなかったが）存在した。半導体など無機材料でのドーピングに用いられるイオンインプランテーション（ion implantation）と呼ばれる方法である。
　フラーレンへの適用を最初に論文として報告したのは Anderson のグループである[15]。彼らは

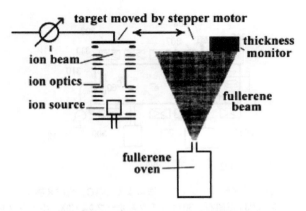

図 4　Campbell らの Li@C$_{60}$ 合成装置概要図

気相中でアルカリ金属イオンとC_{60}を衝突させることにより，質量スペクトルでアルカリ金属とC_{60}の合わさった分子量ピークを観測した。

これらの結果を受け，CampbellらはよりスケールアップしたC_{60}の蒸着膜とイオンビームによる実験を行なった[16)]。合成装置の概要を図4に示す[16b)]。

図の右側で基板に蒸着されたC_{60}薄膜は図の左側に送られ，電圧印加により運動エネルギーを制御されたLiイオンビームが照射される。さらに基板は右側に戻されC_{60}が再度蒸着される。このプロセスを繰り返すことによってアルカリ金属内包C_{60}を得ることができると報告したのである。

この方法で得られる材料は，ごくわずかではあったものの，手にとって実験できるだけの量（～mg程度）があった。彼女のグループはこのような方法を用い，特にLi@C_{60}試料について精力的な研究を行った。抽出・精製方法[17)]，EPRスペクトルおよび電気伝導度[18)]，IRスペクトル[19)]，などが報告されている。しかし，やはりこの方法で得られる材料の絶対量は少なく，十分なキャラクタリゼーション（NMRスペクトル測定，元素分析，結晶構造解析など）は達成できておらず，厳密な意味で単離したとは言いがたい。彼らは最終的に，HPLCによって濃縮したLi@C_{60}構造を含む成分はLi@C_{60}単量体のみならず，それが二量化または三量化した成分を含んでいるのではないかと推測している[19)]。

Campbellらの方法も，やはり収量が問題となっていた。その少し前に，これらの収量問題を解決する方向の一つとして，より高密度にイオンを発生させることができるアルカリ金属イオンプラズマを気相中でフラーレンと反応させる試みを行ったのが佐藤・畠山らである[20)]。結果としてこの方法は，効率的な内包フラーレン合成方法としての実用化には課題を残したままであった。しかし，Campbellらのイオン照射による方法と佐藤・畠山らの発案したプラズマを用いる合成法の発想および基礎研究に触発され，これらの方法を融合して極端にスケールアップしたのが㈱イデアルスターの笠間らの研究である。笠間らは畠山の協力の下，イオン源としてイオンビームではなくイオンプラズマを用い，フラーレンの昇華蒸着も逐次ではなく連続的に堆積させ

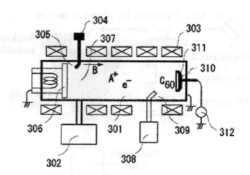

図5　プラズマシャワー法によるLi@C_{60}合成装置
301：真空容器，303：電磁石，304：リチウムオーブン，306：ホットプレート，
308：フラーレンオーブン，311：基板，312：電源

第2章　フラーレン

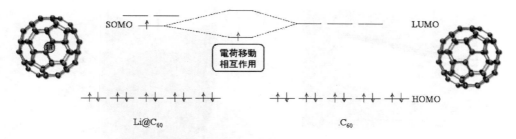

図6　Li@C$_{60}$とC$_{60}$の電荷移動相互作用

$$\text{Li@C}_{60}, \text{C}_{60}\text{を含む合成混合物} \xrightarrow[\substack{-(4\text{-BrC}_6\text{H}_4)_3\text{N} \\ o\text{-ジクロロベンゼン}/\text{アセトニトリル}}]{[(4\text{-BrC}_6\text{H}_4)_3\text{N}](\text{SbCl}_6)} [\text{Li@C}_{60}](\text{SbCl}_6) + \text{C}_{60} + \text{その他}$$

式1

る方法（プラズマシャワー法）を開発した[21]。Li@C$_{60}$合成装置の模式図を図5に示す。

真空容器内，図の左部にあるホットプレートでのリチウム蒸気の加熱によって発生したリチウムプラズマは，磁場により垂直方向の拡散を抑えられ，右部の基板に到達する。基板には連続的にC$_{60}$が昇華蒸着されており，到達したLiイオンと共に堆積する。Liイオンは基板に印加された負電位により加速されており，その運動エネルギーを利用してC$_{60}$殻の内側に飛び込む。この方法により，Li@C$_{60}$の生産速度はCampbellらの方法に比べ100-1000倍の向上となった。

基板から回収した材料は，Li@C$_{60}$以外にもC$_{60}$などの成分を含んでいるため，笠間らはさらに飛田らと共にこの材料からのLi@C$_{60}$の精製を検討した。種々の溶媒抽出，クロマトグラフィによる分離などを検討したが，Li@C$_{60}$を単離することはできなかった。これらの方法ではC$_{60}$に対するLi@C$_{60}$の比を一定の値以上に高めることができないことなど様々な知見から，飛田らは電子を余分に持つLi@C$_{60}$はC$_{60}$と強い電荷移動相互作用（図6）を引き起こしており，そのままでは完全な分離が困難であると考えた。

そこで彼らは，Li@C$_{60}$単離精製のために，電子を除去（酸化）する手法を試みた。結果としてその試みが突破口を開くことになった。市販の酸化剤であるヘキサクロロアンチモン酸トリス（4-ブロモフェニル）アンモニウム［(4-BrC$_6$H$_4$)$_3$N］(SbCl$_6$)を用い[22]，o-ジクロロベンゼンとアセトニトリルの混合溶媒中で酸化したところ，空のC$_{60}$と相互作用しないLi内包C$_{60}$陽イオン（[Li@C$_{60}$]$^+$）がSbCl$_6$塩として得られた（式1）。

この塩は，抽出，洗浄および再結晶の繰り返しにより単離され，さらに名古屋大学の澤・篠原らによってラマン測定や単結晶X線結晶構造解析が行われた[23]。金属原子を内包したC$_{60}$について，X線結晶構造解析によってその結晶構造が明らかにされたのはこれが初めての例である。澤らが播磨のSPring-8と共同で測定した放射光X線回折データを元に解析された結晶構造のLi

35

ナノカーボンの応用と実用化

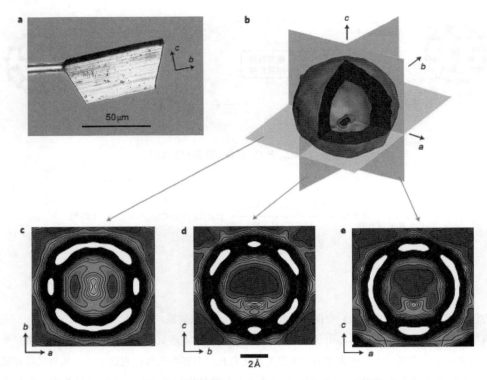

図7 [Li@C$_{60}$](SbCl$_6$) 単結晶内の Li 内包 C$_{60}$ 陽イオンの電子密度分布
a：単結晶の写真，b：0.25 e Å^{-3} の等密度面（内部を見やすくするために殻の一部を切り取ってある）。
c-e：内包 Li イオンを通るように描画した電子密度分布の等高線図。c, d, e 図の各平面はそれぞれ結晶の c, a, b 軸に直行する断面図として描画。

内包 C$_{60}$ 陽イオン部を図7に示す。

C$_{60}$ の球状の電子雲に囲まれた内部に Li 原子が存在していることがわかる。Li イオンは電子を2つしか持たず，X 線回折ではピークを与えにくい原子だが（X 線は電子雲によって回折される），SPring-8 の高輝度放射光 X 線によってはっきりとその位置を確認することができた。Li 原子はフラーレン殻内部の二箇所に 50%ずつの存在確率で位置しており，殻に隣接する陰イオンに引かれるように，フラーレン殻の中心から約 1.3 Å ずれたところに存在していた。

溶液中での [Li@C$_{60}$]$^+$ イオンの電子的な性質は，紫外可視吸収スペクトルおよび電気化学測定によって明らかにされた。まず，吸収スペクトルでは [Li@C$_{60}$]$^+$ イオンと空の C$_{60}$ の違いはほとんど確認できず，フロンティア軌道間のエネルギーギャップはほぼ同じであることがわかった。これに対し電気化学測定（differential pulse voltammogram による酸化還元電位測定）では，[Li@C$_{60}$]$^+$ は空の C$_{60}$ に比べて 0.5〜0.7V 程度還元されやすいことがわかった。これは，分子軌道の絶対的なエネルギー準位は内包 Li との相互作用によって大きく引き下げられていることを示している。これらの結果は，内包された Li は一価の陽イオンとなっており，C$_{60}$ 殻との軌道相

互作用はほとんどないが，クーロン相互作用は強いことを示している．すなわち，外側の C_{60} 殻は，電子構造的には中性の C_{60} とほぼ等しいが，それが内包 Li イオンのクーロンポテンシャルによって全体的に安定化を受けているという描像で理解できる．

ここで重要なのは今回得られた Li 内包 C_{60} が +1 価の陽イオンであるということである．C_{60} (中性) に Li イオン（+1 価）が内包され分子全体で +1 価となっている．それでは分子全体で中性となった Li@C_{60} の構造はどうなるのか？ といえば，今のところそのような分子は単離されていない．しかし，秋山らは脱酸素条件で，[Li@C_{60}]$^+$ の電気化学的一電子還元により発生させた Li@C_{60} 中性体を分光学的に観測した[24]．これによると，中性の Li@C_{60} は C_{60} 陰イオンラジカルと非常に似通った EPR，NIR スペクトルを示し，Li 陽イオンが内包された C_{60} 陰イオンラジカルとして記述できることが報告されている．

3.1.4 後期遷移金属内包 C_{60}

その他，ion implantation により後期遷移金属原子を C_{60} に内包させる研究について，Cu@C_{60}[25] および Ni@C_{60}[26] などが報告されている．しかしこれらの内包 C_{60} のキャラクタリゼーションについての詳しい報告はない．

3.2 非金属原子内包 C_{60} フラーレン

非金属原子を内包したフラーレンについては，希ガス，N，P の原子，または水素分子を内包した C_{60} や C_{70} が合成されている．これらの原子または分子はフラーレン殻との相互作用が弱く，空のフラーレンと比べてほとんど化学的性質に違いが見られない[27]．逆に，フラーレン殻によって隔離された空間内の原子／分子の挙動を NMR または ESR を用いて観測する試みが行われている．

これらの非金属原子内包 C_{60} は，空の C_{60} と電子的性質が似通っているため分離が困難であるが，HPLC の保持時間に若干の違いが見られる．この差を利用し，HPLC のリサイクルを多数回繰り返すことによって分離精製が行われている．

本項ではこれらの内包 C_{60} について言及するが，詳細な議論は参考文献を参照されたい[3,28]．

3.2.1 水素内包 C_{60} フラーレン

C_{60} を原料として，有機化学反応により内包フラーレンを合成するという驚くべき方法が 2005 年に小松らによって報告された[29]．空の C_{60} を化学修飾により開口させ，内部に水素分子を包摂させた後，その開口部を閉じて C_{60} 殻を再生させることにより水素分子を内包させた C_{60}（H_2@

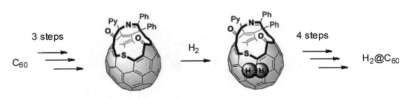

式 2

C_{60}）を合成するというプロセス（式2）であり，"分子手術（molecular surgery）"と呼ばれている。

内包された水素分子とフラーレン殻との間にはほとんど相互作用は確認されず，多段階還元される際の電位にわずかな違いがある程度である。逆に，フラーレンの籠の内側という特殊な空間では，内包分子の核スピン挙動が外界にある場合と異なることが分かった。その研究としては ^{1}H NMR による詳細な測定が行なわれており，その緩和時間やオルト水素 – パラ水素変換挙動に関する報告がある[30]。

3.2.2 希ガス内包 C_{60} フラーレン

化学的に開口させなくとも，高温高圧下で原子を C_{60} の内部に「押し込む」ことも可能である。1993 年に Saunders らは，高温高圧下で He や Ne などの希ガスと C_{60} を反応させることにより，わずかながら希ガス原子が内包した C_{60} が得られることを報告した[31]。

同様の手法で合成された Ar[32]，Kr[33]，Xe[34] の各内包 C_{60} は精製やキャラクタリゼーションが行われ，$Ar@C_{60}$ については単離および X 線結晶構造解析も行なわれた。$Ar@C_{60}$ については超伝導の研究も行なわれたが，その臨界温度 Tc は空の C_{60} に比べて低いものとなった。

He 内包 C_{60} については，後に村田らによって先述の H_2 内包 C_{60} と同様の方法を用いて合成され，いくつかのキャラクタリゼーションが行われた[35]。

3.2.3 窒素内包 C_{60} フラーレン

窒素プラズマと C_{60} との反応により窒素原子内包 C_{60}（$N@C_{60}$）が得られることが 1996 年に Murphy らによって報告[36]されてから，いくつかのグループがその大量合成と高純度化を目指して努力を続けてきた。それは，$N@C_{60}$ 内の窒素原子が C_{60} とほとんど相互作用をしない四重項窒素ラジカルとして存在していることが示唆され，量子コンピューターの素子（qubit）として応用できるのではないかと期待されているためである。

3.3 おわりに

これまで見てきたように，内包 C_{60} の科学は長きにわたって挑戦が続けられてきた研究分野ではあるものの，特に金属内包 C_{60} についてはようやく基礎的な足場固めが終わったところといえる。しかし 3.1 項にも述べたとおり，空の C_{60} との比較や共用という点で大きなポテンシャルを秘めた材料であることは疑いようが無い。これまでの成果をうけ，今後の応用物性研究が発展していくことが期待される。

文　　　献

1)　a) H. Shinohara *et al.*, *J. Phys. Chem.*, **97**, 4259 (1993). b) K. Kikuchi *et al.*, *Chem. Phys.*

第 2 章　フラーレン

Lett., **216**, 67 (1993)

2) M. Takata *et al.*, *Nature*, **377**, 46 (1995)

3) ここで言う「高次フラーレン」とは，C_{60} よりも大きな炭素数から成るフラーレンをいう。ただし C_{70} については，空のものは C_{60} に次ぐ生成量や性質を示し，内包フラーレン研究についても C_{60} に準ずると考えてよい。つまりここでの高次フラーレンとは C_{2n} ($2n > 70$) としてよい。特殊な例として C_{66} 殻，C_{68} 殻を持つ金属内包フラーレンが 2000 年に篠原らのグループおよび Balch・Dorn らのグループによってそれぞれ単離・構造解析された。しかし，これは IPR 則（孤立五員環則）を満たさない特殊な事例である。a) C.-R. Wang *et al.*, *Nature*, **408**, 426 (2000). b) S. Stevenson *et al.*, *Nature*, **408**, 427 (2000). c) M. M. Olmstead *et al.*, *Angew. Chem. Int. Ed.*, **42**, 900 (2003)

4) 篠原久典 齋藤弥八，フラーレンの化学と物理，名古屋大学出版会 (1997)

5) 内包構造を @ の記号により表すことが Smalley らによって提案され広く使われている。@ の前に内包される成分を，@ の後に内包する成分を記述する。たとえば La 原子が内包された C_{82} であれば La@C_{82} である。ここでは金属原子を M として代表させ，C_{60} 殻に内包された状態を M@C_{60} として表している。

6) 今世紀初頭までの内包フラーレン研究については，赤阪らによる総説が出版されており非常に参考になる。この中には内包 C_{60} に関する独立した章もある。T. Akasaka and S. Nagase, Eds. "Endofullerenes: A New Family of Carbon Clusters", Kluwer, Dordrecht (2002)

7) J. R. Heath *et al.*, *J. Am. Chem. Soc.*, **107**, 7779 (1985)

8) Y. Chai *et al.*, *J. Phys. Chem.*, **95**, 7564 (1991)

9) L. S. Wang *et al.*, *Chem. Phys. Lett.*, **207**, 354 (1993)

10) Y. Kubozono *et al.*, *Chem. Lett.*, 457 (1995)

11) T. Ogawa *et al.*, *J. Am. Chem. Soc.*, **122**, 3538 (2000)

12) T. Inoue *et al.*, *Chem. Phys. Lett.*, **316**, 381 (2000)

13) T. Kanbara *et al.*, *Phys. Rev. B*, **64**, 113403 (2001)

14) R. D. Bolskar *et al.*, *J. Am. Chem. Soc.*, **125**, 5471 (2003)

15) Z. Wan *et al.*, *J. Chem. Phys.*, **99**, 5858 (1993)

16) a) R. Tellgmann *et al.*, *Nature*, **382**, 407 (1996). b) E. E. B. Campbell *et al.*, *J. Phys. Chem Solids*, **58**, 1763 (1997)

17) A. Gromov *et al.*, *Chem. Commun.*, 2003 (1997)

18) V. N. Popok *et al.*, *Solid State Communications*, **133**, 499 (2005)

19) A. Gromov *et al.*, *J. Phys. Chem. B*, **107**, 11290 (2003)

20) T. Hirata *et al.*, *J. Vac. Sci. Technol. A*, **14**, 615 (1996)

21) 岡田洋史ほか，再公表特許，国際公開番号 WO2007/123208

22) 通称 "Magic Blue" と呼ばれる一電子酸化剤。有機化学ではよく用いられる。この試薬はこれ以前にも金属内包フラーレンの選択的酸化に用いられており，これらの手法を参考にした。a) R. D. Bolskar and J. M. Alford, *Chem. Commun.*, 1292 (2003) b) Y. Maeda *et al.*, *J. Am. Chem. Soc.*, **127**, 2143 (2005). c) B. Elliott *et al.*, *J. Am. Chem. Soc.*, **127**, 10885 (2005)

ナノカーボンの応用と実用化

23) S. Aoyagi *et al.*, *Nature Chemistry*, **2**, 678 (2010)

24) 秋山公男ほか，第 38 回フラーレンナノチューブ総合シンポジウム，ポスター発表，2P-6.

25) H. Huang *et al.*, *Chem.Commun.*, 1206 (2004)

26) T. Umakoshi *et al.*, *Plasma and Fusion Research*, **6**, 1206015 (2011)

27) ただし，光励起状態からの緩和時間の差に起因した光反応性の違いが $N@C_{60}$ の場合に報告されていることなど，化学的反応性にも若干の差異は見られる。T. Wakahara *et al.*, *Chem. Commun.*, 2940 (2003)

28) a) M. Murata *et al.*, "Molecular Surgery toward Organic Synthesis of Endohedral Fullerenes.", F. Wudl, S. Nagase, T. Akasaka, Eds., "Chemistry of Nanocarbons", pp. 215-237, Wiley-Blackwell, Oxford, (2010)

29) a) K. Komatsu *et al.*, *Science*, **307**, 238 (2005). b) M. Murata *et al.*, *J. Am. Chem. Soc.*, **128**, 8024 (2006)

30) a) E. Sartori *et al.*, *J. Am. Chem. Soc.*, **128**, 14752 (2006). b) N. J. Turro *et al.*, *J. Am. Chem. Soc.*, **130**, 10506 (2008)

31) M. Saunders *et al.*, *Science*, **259**, 1428 (1993)

32) K. Yakigaya *et al.*, *New. J. Chem.*, **31**, 973 (2007)

33) K. Yamamoto *et al.*, *J. Am. Chem. Soc.*, **121**, 1591 (1999)

34) M. S. Syamala *et al.*, *J. Am. Chem. Soc.*, **124**, 6216 (2002)

35) Y. Morinaka *et al.*, *Chem. Commun.*, **46**, 4532 (2010)

36) T. A. Murphy *et al.*, *Phys. Rev. Lett.*, **77**, 1075 (1996)

4　有機薄膜太陽電池

三宅邦仁[*]

　昨今の地球温暖化対策や資源枯渇の問題への関心の高まりと共に，太陽電池がその課題解決の切り札として世界的に注目されている。今後の世界市場は2020年には10兆円を越える一大産業になると予想されているが，その普及シナリオには，太陽電池による発電コストを，商用電力コストよりも安価にすることが求められている。しかしながら，現在の太陽電池による発電コストは商用電力より高く，政府からの補助金の下に普及が図られているのが現状である。現在，太陽電池の主流は，シリコン系などの無機系太陽電池であるが，高温や真空工程により製造され，関連部材も多いことから，コスト低減のスピードは遅い。さらにモジュールはかなりの重量を有していることから，住宅向けでは設置コストや設置できる家屋の制限などもあり，普及を遅らせている。このような無機系太陽電池の短所を克服すべく，次世代型太陽電池として有機薄膜太陽電池（以下，OPVと略する）が期待されている。OPVは，フレキシブル基板を用いた塗布印刷による連続製造による大幅なコスト低減の可能性がある。加えてフレキシブルOPVは軽量であることから，家屋への設置も容易であり設置コストの低減による大量普及の可能性を秘めている。

　このような特徴に当社はいち早く注目し，OPVの開発に着手した。当社は，これまでに高分子有機EL（PLED）を始めとする有機エレクトロニクス分野の開発に実績があり，その材料設計技術，素子製造技術で世界を先導している当社にとって，OPVは，これまでの技術知見を生かしやすい分野である。実際，単素子としては，世界で最初に6%の効率を越えることに成功しており[1]，トップクラスの開発レベルと自負している。

　しかしながら，OPVの実用化の観点で見れば，現在主流のシリコン系太陽電池に比べればまだまだ研究開発レベルであり，効率についても一層の改良が必要である。最近は，当社のみならず，世界的にも実用化に向けたこれらの改良検討が活発化してきている。本項では，現在，世界的に注目されるOPVについて，①OPVの特徴，②世界的な開発動向，③当社のOPV開発状況について報告する。

4.1　有機薄膜太陽電池の開発動向

4.1.1　歴史

　Mgポルフィリン等の有機材料に光を照射すると電流が生じることはCalvinらによって1958年に見出されている。これを太陽電池に応用する試みが営々となされていたが，効率の高いものは見出されていなかった。1986年，KodakのTangは有機ELの開発に先んじて，有機層を積層した太陽電池で1%程度の当時としては高い効率を報告し，有機ELとともに世界的に有機材料を用いた太陽電池への関心を高めた[2]。一方，1992年，大阪大学の吉野らは導電性高分子とし

---

[*]　Kunihito Miyake　住友化学㈱　筑波研究所　主席研究員

て知られているポリチオフェンやポリフェニレンビニレン（当社と共同）とフラーレン（C_{60}）を混合すると非常に効率よく，光電流が得られることを見出した[3]。この現象は共役系高分子が光照射により励起されたあと，電子が C_{60} に移動し，正孔（プラス電荷）は高分子鎖を伝って，電子は C_{60} を伝って効率よく光電荷分離すると説明されている。この発見を契機に共役系高分子を用いた太陽電池の開発が始まった[4]。1995年，溶媒に可溶なフラーレン誘導体であるPCBMの開発とあいまって，効率は大きく向上し，3%程度に到達した[5]。

4.1.2 有機薄膜太陽電池とは

共役系高分子はπ電子系を有しており，一般的にはp型の材料である。そのバンドギャップ（光吸収領域）は可視域にある。図1に示すように，高分子の近くにPCBMのようなn型材料が存在すると，上述のように光照射により励起された後，n型材料に電子が移動する。通常では移動した電子と残った正孔は再結合して，電気として取り出すことはできないが，膜内に電界が形成されている場合や電子や正孔の移動が早い場合には，電子と正孔は分離して外部に電流として取り出すことができる。さらに，有機材料の励起子は固体膜中では10nm程度しか移動できないといわれており[6]，n型材料に接している箇所に到達することができない場合には蛍光あるいは無輻射過程を経て，基底状態に戻り，光電流には変換されない。無機材料と有機材料の大きな違いは励起子の移動距離である。シリコンなどは大きな移動距離（μmオーダー）を有しており，p/n接合の界面に励起子が移動することで効率よく光電荷分離が起こる。有機材料ではp型材料とn型材料を積層した場合に，界面に到達できる励起子は少なく，低効率にとどまっていた。高分子にn型材料を混合したOPVはバルクヘテロ型と呼ばれているが，これは図1に示すようにp型の高分子のドメインとn型のフラーレンのドメインがミクロ相分離構造を取っている。すなわちp/n接合界面が数多く形成されていることになり，励起子が効率よくp/n接合界面に

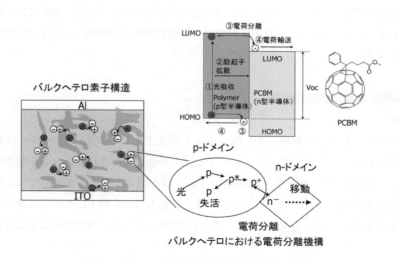

図1　バルクヘテロOPVの素子構造と発電機構

第2章　フラーレン

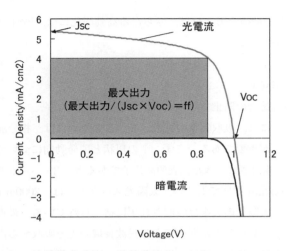

図2　ダークおよび光照射時のI-Vカーブおよび太陽電池特性の各種パラメーター

到達することができ，光電荷分離を効率よく起こすことができる。このバルクヘテロ型の光電変換層は，通常，高分子とn型材料を溶解させた溶液をスピンコート等の方法で塗布して形成される。n型材料としては良い効率が得られるフラーレン誘導体が用いられることが多い。フラーレン誘導体が良い理由として，再配向エネルギーが小さく逆電子移動が遅いこと，また，高い電子移動度が得られることが挙げられる[7,8]。

太陽電池の出力特性を図2に示した。暗時にはダイオードの整流作用を示す。これに光を照射すると暗電流に光電流が上乗せされる。最大の発電量は光照射時の電流と電圧の特性曲線に内接する四角形の面積が最大のときである。電圧0のときの電流を短絡電流（Jsc），電流0のときの電圧を開放電圧（Voc），内接する四角形を与える電流と電圧の積とJscとVocの積の比を曲線因子（ff）で表すと，発電効率は，

η（発電効率）＝Jsc（短絡電流密度）×Voc（開放電圧）×ff（曲線因子）／入射光エネルギー(Eq.1)

で表される。一般的には照射する光として100mW/cm^{2}の強度で太陽光スペクトルに類似した光源を用いて照射する。なお，Jscは単純に光を電子に変換する効率を表し，Vocはp型材料とn型材料のエネルギー差に関連しているので，材料面から特性向上を考えた場合のパラメータとして有用である。

4.1.3　有機薄膜太陽電池の現状と課題

図1に示したOPVの光電荷分離過程をより詳しく説明すると，以下のようになる。

① 光電変換層中の有機分子が光吸収し励起子が発生
② 励起子がp/n接合界面に拡散
③ p/n接合界面に到達した励起子がイオンペアに分かれた後，フリーなキャリア（電子，正孔）に電荷分離
④ 電荷分離後のフリーなキャリアの電極への移動[9]

このようなOPVの発電機構を考えれば，さらなる高効率化には，Eq.1を基に指針を得ることが出来る．Jscを向上させるには，

　ⅰ　光吸収量の増加
　ⅱ　光電荷分離の効率向上
　ⅲ　分離した電荷の再結合の防止

が考えられる．ⅰのためには，吸収領域の拡大，ⅱ，ⅲのためには，相分離構造の最適化，電荷の高移動度化を図ることが重要である．まず，ⅰの現状と開発動向について説明する．図3に示すように，これまでよく検討されてきた代表的高分子であるポリ3-ヘキシルチオフェン（P3HT）等の吸収波長末端は，650nm程度であるが，太陽光スペクトルは，2000nmを越える長波長域にまで広く存在しており，太陽光の大半は吸収されずに捨てられている．最近の動向としては，より多くの太陽光を吸収し，高い効率が期待できる長波長域の光を吸収する高分子材料の開発が活発に行われている．さらにⅱについては，光電荷分離と電荷分離後のフリーキャリアの移動しやすさとのバランスから最適な相分離構造が存在するため，高分子に応じた塗布溶媒種や添加剤等によるモルフォロジー制御が良く検討されている．また，ⅲについては，高分子の正孔移動度を向上させるために，平面性や高分子を構成するユニット間の共役の程度を上げることが検討されている．さらに，図1に示すようにVocはp型材料の最高占有軌道（HOMO）のエネルギー準位とn型材料の最低空軌道（LUMO）のエネルギー準位の差に依存している．従って，Vocを向上させるには，

　ⅳ　HOMOの低い高分子の開発
　ⅴ　LUMOの高いフラーレン誘導体の開発

が有効である．ⅳ，ⅴについては，共役系高分子やフラーレン誘導体に電子受容性や電子供与性

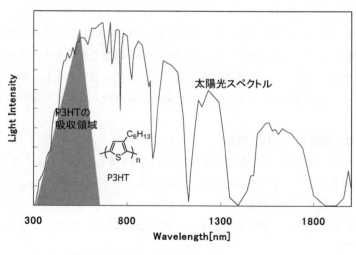

図3　太陽光スペクトルとP3HTの吸収領域

第 2 章　フラーレン

置換基を導入することで共役系高分子の HOMO レベルやフラーレン誘導体の LUMO レベルを調整し，高い Voc が実現されている。ff は，太陽電池の内部抵抗やシャント抵抗に関係している。従って，ff を向上させるためには，

- vi　内部抵抗を小さくするような移動度の高い材料の開発
- vii　素子の等価回路としての並列抵抗を大きくするように，膜の欠陥を小さくすることや材料純度の向上

が有効である。

　共役系高分子の自由に分子設計ができるという特徴を生かし，これらの要因をうまく制御することで，最近，効率の飛躍的な向上が実現されてきており，以下に述べるように 9% を超える効率が報告されるまでになっている。

4.1.4　p 型共役系高分子および n 型フラーレンの開発例

　世界で検討されている最先端の高性能長波長吸収 p 型共役系高分子とフラーレン誘導体の代表例を図 4 に示す。歴史的には，ポリチオフェン誘導体，ポリフェニレンビニレン誘導体から始まった材料開発であるが，現在では，多様な材料が用いられている。長波長吸収共役系高分子の分子設計としては，ドナーユニットとアクセプターユニットを交互に重合しているものが多い。これらはバンドギャップ（HOMO-LUMO 差）を減少させ，吸収を長波長化することに有効である。さらに，有機トランジスタ材料で用いられるような，高い移動度が期待できるユニットも多く使われており，光電荷分離に有利なように，移動度向上が図られている。これらの共役系高

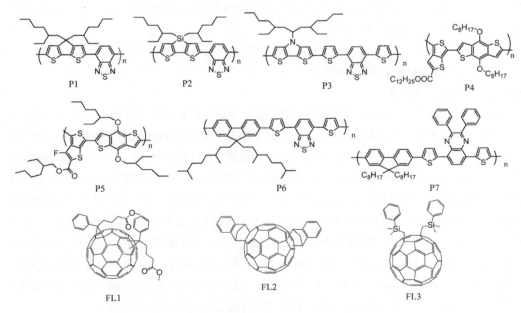

図 4　高効率 p 型ポリマー（P1〜P7）と n 型フラーレン誘導体（FL1〜FL3）の例

分子の中では900nm付近までの長波長化が報告されている。しかし，チオフェン環をメチレン基で渡環した構造を有する高分子のP1では単に成膜したのみでは2％程度の効率に留まるが，オクタンジチオールやジヨードオクタンなどを数％添加することで，5.5％に到達している[10]。これは相分離構造を適度に成長させることができたためと説明されている。これらの高分子を用いたタンデムセルで，効率6.5％と世界最高レベルの効率が報告されている[11]。この成果がきっかけとなり，P2，P3に示すような渡環型ビチオフェンユニットを有する類似の高分子が次々と提案され，それぞれ5.1％，2.18％の効率が報告されている[12, 13]。これらの材料の中で，P4，P5の移動度，相分離，HOMOの制御を効果的に行うことで，7.4％が報告された[14, 15]。溶媒可溶化ユニットとして良く用いられるフルオレン系高分子としては，P6のようなチオフェン‐ベンゾチアジアゾール‐チオフェンユニット（RBT）を持つもので，吸収末端650nm付近まで長波長化し，効率4.5％が報告されている[16]。RBT類似骨格を持つ高分子P7にて，吸収末端640nm付近，効率5.5％が報告されている。この効率は，クロロホルムとクロロベンゼンの混合溶媒比率を変え，相分離構造を最適化することで，達成されている[17]。構造式は明らかにされていないものの，Konarka社は，NRELでの認定効率として8.3％の世界最高効率を報告し，Solarmer社は8.13％，三菱化学は9.2％を報告するなど，9％を超える効率が実現してきている[18~20]。

　フラーレン誘導体による高効率化については，浅LUMO化が期待できる多置換フラーレンを用い，それに伴う高Voc化，高効率化検討が盛んに行われている。例えば，PCBMよりもLUMOレベルの浅いFL1，FL2によってPCBMもよりも高いVoc化と高効率化が実現されP3HTとの組み合わせでそれぞれ4.5％，6.5％の効率が報告されている[21, 22]。FL3についてもPCBMよりも浅LUMO化による高Vocと高効率化が実現され，脱離型ポルフィリンとの組み合わせで5.2％の効率が報告されている[23]。

4.2　当社の有機薄膜太陽電池開発状況

4.2.1　OPV開発の背景

　当社は，これまでに，高分子系有機EL（PLED）を始めとする共役系高分子を使った有機エレクトロニクス分野の研究開発に注力している。PLEDの動作原理は，電荷を再結合させることで光を取り出すデバイスであるのに対し，OPVの動作原理はちょうどその逆で，光を吸収することで電荷を分離し電気を取り出すデバイスである（図5）。このような背景からPLEDとOPVの素子構造や使用する材料には，共通点も多い。OPVは，PLEDで培った材料設計技術や素子化技術を応用しやすく当社の強みを生かしやすい分野であることを考え，現在最も注力しているPLEDの次の開発分野として数年前から本格的に着手した。その結果，開発に着手して間もない2008年には，6％を超える効率を世界で初めて達成した。最近では，この材料を抜本的に見直し，吸収波長末端として900nmを持ち，ポテンシャルとしては15％を超える効率が期待できる材料の開発にも成功している（図6）。当社のOPV開発状況について，以下に述べる。

第 2 章　フラーレン

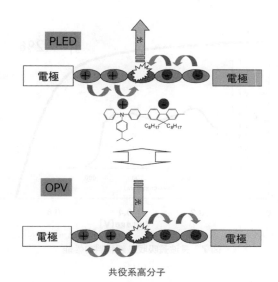

図 5　PLED と OPV の動作原理と類似性

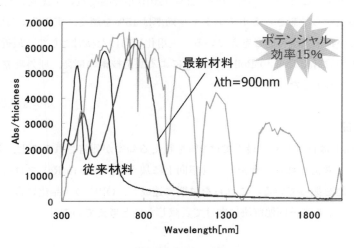

図 6　長波長吸収最新材料の吸収スペクトル

4.2.2　開発状況

　長波長吸収材料の基本的な分子設計指針としては，一般的に現在主流の設計指針であるドナーユニットとアクセプターユニットとの組み合わせによるバンドギャップの減少，さらに分子鎖のねじれを抑制した平面性の高い設計を行っている。これに加えて，隣接するユニット間の平面性を上げることにより，分子間の相互作用も強くなり，移動度的にも高くなることが期待できる。これらの検討により開発中の新材料は，吸収末端は 900nm 以上に到達しており，より広範囲の太陽光を吸収することが可能となった（図 6）。

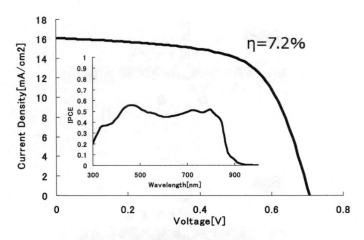

図7　長波長吸収最新材料の性能

　各種溶媒を用いた独自のモルフォロジー制御技術についても確立しており，その技術を最新の長波長材料に適用することで，最近，効率7.2%（2010年度始時点）を達成した（図7）。このポリマーの吸収波長から予想されるポテンシャル効率は15%を超え，実用化の目安となる10%を超える効率も近い将来実現可能と考えている。実用化に向けた検討として，最近，高効率な大型サブモジュールの設計やRoll to Rollプロセスによる製造技術の開発，屋外曝露での耐久性評価と改良についても着手した。

4.3　今後の展開

　OPVの効率向上は目覚しく，最近では9%を超える効率が報告されるなど，効率10%の実現も近い将来可能と考えられる。今後は，効率向上に加えて，Roll to Rollプロセス開発，耐久性確保が実用化の鍵を握っている。これらを早期に達成し，OPVの商品化に寄与することで，当社も環境問題やエネルギー問題解決に向けて貢献したいと考えている。

文　　　献

1) 日刊工業新聞，2009. 2. 20, 1面
2) C. W. Tang, *Appl. Phys. Lett.*, **48**, 183 (1986)
3) K. Yoshino, S. Morita, T. Kawai, H. Araki, X. H. Yin and A. A. Zakhidov, *Synthetic Metals*, **56**, 2991 (1993)
4) N. S. Sariciftci, L. Smilowitz, A. J. Heeger and F. Wudl, *Science*, **258**, 1474 (1992)

第2章　フラーレン

5) G. Yu, J. Gao, J. C. Hummelen, F. Wudl and A. J. Heeger, *Science*, **270**, 1789 (1995)

6) 上原赫, 吉川暹, "有機薄膜太陽電池の最新技術", シーエムシー出版, p.75 (2005)

7) 篠原久典, "ナノカーボンの材料開発と応用", シーエムシー出版, p187 (2008)

8) A. R. Murphy, J. M. J. Fréchet, *Chem. Rev.*, **107**, 1066 (2007)

9) 上原赫, 吉川暹, "有機薄膜太陽電池の最新技術", シーエムシー出版, p.88 (2005)

10) J. Peet, J. Y. Kim, N. E. Coates, W. L. Ma, D. Moses, A. J. Heeger and G. C. Bazan, *Nat. Mater.*, **6**, 497 (2007)

11) J. Y. Kim, K. Lee, N. E. Coates, D. Moses, T. Nguyen, M. Dante and A. J. Heeger, *Science*, **317**, 222 (2007)

12) J. Hou, H. Chen, S. Zhang, G. Li and Y. Yang, *J. Am.Chem. Soc.*, **130**, 16144 (2008)

13) E. Zhou, M. Nakamura, T. Nishizawa, Y. Zhang, Q. Wei, K. Tajima, C. Yang and K. Hashimoto, *Macromolecules*, **41**, 8302 (2008)

14) L. Yongye, F. Danqin, S. Hae-Jung, Y. Luping, W. Yue, T. Szu-Ting, L. Gang, *J. Am. Chem. Soc.*, **131**, 56 (2009)

15) Y. Liang, Z. Xu, J. Xia, S. Tsai, Y. Wu, G. Li, C. Ray, L. Yu, *Adv. Mater.*, **22**, E135–E138 (2010)

16) M. Chen, J. Hou, Z. Hong, G. Yang, S. Sista, L. Chen and Y. Yang, *Adv. Mater.*, **21**, 4238 (2009)

17) D. Kitazawa, N. Watanabe, S. Yamamoto and J. Tsukamoto, *Appl. Phys. Lett.*, **95**, 053701 (2009)

18) M. A. Green, K. Emery, Y. Hishikawa, W. Warta, *Prog. Photovolt: Res.* **19**, 84-92, Appl. 2011

19) Forbes ホームページ, "Solarmer Energy, Inc. Breaks Psychological Barrier with 8.13% OPV Efficiency" http://www.forbes.com/feeds/businesswire/2010/07/27/businesswire142993163.html.

20) 日経新聞, 2011.4.3, 1面

21) M. Lenes, G. A. H. Wetzelaer, F. B. Kooistra, S. C. Veenstra, Jan C. Hummelen, and P. W. M. Blom, *Adv. Mater.*, **20**, 2116-2119 (2008)

22) G. Zhao , Y. He , Y. Li, *Adv. Mate*r., **22**, 4355-4358 (2010)

23) Y. Matsuo, Y. Sato, T. Niinomi, I. Soga, H. Tanaka, E. Nakamura, *J. Am. Chem. Soc.*, **131**, 16048-16050 (2009)

49

5 金属内包フラーレンの造影剤応用

篠原久典*

5.1 はじめに

フラーレンは，ナノカーボン物質の中でも化学のみならず物理・工学・医学などの幅広い分野で研究され，実用製品も多数販売されている。一方，金属内包フラーレンは，基礎研究ではあるが，内包金属の特性を活かした磁気デバイス・電子デバイスおよびバイオメディカルへの研究が盛んである。特に，MRI造影剤への応用研究は，現在の市販されているMRI造影剤の効果を大きく超える可能性を示している。ここでは，金属内包フラーレンの合成からMRI造影剤への応用研究について解説する。

フラーレンという物質は，炭素のみで構成された球状の物質である。近年，注目されるナノカーボン物質の中では，化学・物理・工学・医学など多数の分野で研究されている物質の1つである。フラーレンの中でも，サッカーボール構造のC_{60}は，最初に発見されたフラーレンとして有名である。C_{60}は，大型プラントによる大量合成・販売が行われていて，各分野に安価に提供され，材料分野においては，すでに実用化されている（第2章1節参照）。特に通常の材料への添加による剛性・弾性の向上が見込まれ，テニスラケットやゴルフクラブなどへの利用が積極的に行なわれている。また，医薬品への応用についても1993年の生理活性の報告[1]以来，紫外線の吸収や活性酸素除去などを利用した研究が進んでいる。近年では，フリーラジカル除去効果を利用し，フラーレンを添加した様々な化粧品が販売されている（第2章8節参照）。

本解説で紹介する金属内包フラーレンもこのフラーレン物質の1つである[2]。これは，フラーレンの内部空間に金属を内包した非常に特殊なフラーレンである（図1）。主に2族から4族の元素，および希土類元素を1個から3個内包したフラーレンである。内包された金属は，金属原子当たり，2個から3個の電子を炭素ケージへ渡し，正電荷を持った状態にある。一方の炭素ケージは，その電子を受け取り負電荷をもつ。例えば，$Gd@C_{82}$の場合は，$Gd^{3+}@C_{82}^{3-}$の電

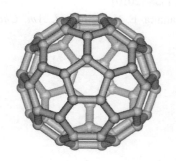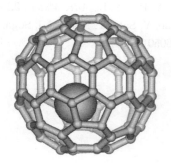

図1 C_{60}（左）と金属内包フラーレン（右）のモデル図

---

* Hisanori Shinohara 名古屋大学 大学院理学研究科 教授；名古屋大学 高等研究院 教授

第2章　フラーレン

表1　合成および単離・精製されている内包フラーレン

Bucky periodic table

1	2	3	4	5	6	7	8	9	10	11	12	13	14	15	16	17	18
H																	He
Li	Be											B	C	N	O	F	Ne
Na	Mg											Al	Si	P	S	Cl	Ar
K	Ca	Sc	Ti	V	Cr	Mn	Fe	Co	Ni	Cu	Zn	Ga	Ge	As	Se	Br	Kr
Rb	Sr	Y	Zr	Nb	Mo	Tc	Ru	Rh	Pd	Ag	Cd	In	Sn	Sb	Te	I	Xe
Cs	Ba		Hf	Ta	W	Re	Os	Ir	Pt	Au	Hg	Tl	Pb	Bi	Po	At	Rn
Fr	Ra		Rf	Db	Sg	Bh	Hs	Mt									

La	Ce	Pr	Nd	Pm	Sm	Eu	Gd	Tb	Dy	Ho	Er	Tm	Yb	Lu
Ac	Th	Pa	U	Np	Pu	Am	Cm	Bk	Cf	Es	Fm	Md	No	Lr

注）黒塗りが合成，単離および精製されている金属内包フラーレン。灰色塗りが合成，
　　単離，精製されている非金属の内包フラーレン。

荷状態で存在しており，ケージ上に不対電子が存在する。また，複数の原子や金属カーバイド（M_2，M_2C_2，M_3C_2）をそれぞれ内包したフラーレンも合成されている[3]。C_{60}では，サッカーボール構造以外の対称性をもつフラーレンは報告されていないが，金属内包フラーレンでは，フラーレンのケージを構成する炭素ケージの大きさ・対称性など多種類のフラーレンが報告されている。たとえば，C_{82}のフラーレンケージをもつ金属内包フラーレンの場合，金属を1個内包したフラーレンは，通常，2種類の構造異性体があり，2個もしくは，金属カーバイドを内包した場合では，3種類の構造異性体が報告されている。表1に現在（2011年6月）までに合成，分離と精製が報告されている金属内包フラーレンの周期表を示す。

　このような金属内包フラーレン，特に1個の金属原子を内包するものは，常磁性金属を内包可能であることから，磁気物性の多くの研究が現在まで報告されている。船坂らの$Gd@C_{82}$のSQUIDによる研究以降，金属内包フラーレンは，その磁気物性に強く興味がもたれてきた[2,4]。

　さらに，この磁気的性質を利用し，Gd原子を内包したフラーレン（$Gd@C_{82}$）の水溶性誘導体を用いたMRI造影剤への応用研究が活発に行われている[5,6]。現在の市販MRI造影剤を大きく超える性能を有していることから，非常に高い注目を集めている。ここではGd内包フラーレンの合成・分離からMRI造影剤への応用研究について解説する。

5.2　MRI造影剤とGd金属内包フラーレン

　核磁気共鳴診断法（MRI; Magnetic Resonance Imaging）は，今日の医療診断を支える非常に重要な手法である。非破壊的に体内を調べることができ，人間の様々な部位に対して非常に効果

的な診断が可能である。また同類の診断法である X 線 CT のように X 線被爆などの危険性もない。また，高磁場 MRI 装置を使用すれば，細胞組織の鮮明な画像を高分解能で得ることができるだけでなく，X 線 CT では画像化しにくい部位や代謝過程にかかわる情報を得ることも可能にしている。

しかし，体内の水プロトンの緩和時間により画像化するこの方法では，特定の部位や状態によっては，コントラストが悪く，不鮮明な像しか得られない場合がある。このような場合に，コントラスト比を強くする目的で，MRI 造影剤が使用される（図2）。現在，最も良く使用されている MRI 造影剤である Gd-DTPA は，図3に示すように，水溶性の Gd^{3+} 錯体が使用される。Gd^{3+} イオンは，7つの不対電子をもつ。これが生体内の水プロトンを緩和させ，コントラストが向上することから，MRI において欠かせないイオン種である。しかし，この造影剤の血管貯留性が低いことから，血管などを抽出するために比較的多量に投与した際には，副作用があること

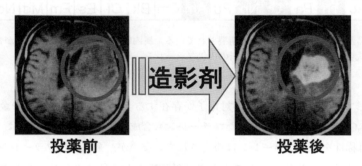

図2　造影剤投与前後の脳の MRI 像
出典：中枢神経疾患の MR 診断，金原出版（1990）

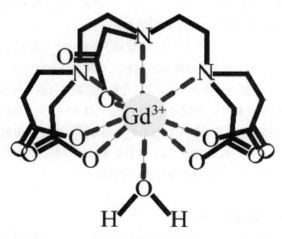

図3　市販 MRI 造影剤
Gd-DTPA 錯体

第 2 章　フラーレン

が報告されている。

　一方で，金属内包フラーレンとして，Gd^{3+} を内包したフラーレン $Gd@C_{82}$ を合成することが可能である。これは，造影剤に使用される Gd^{3+} とほぼ同じ電子状態にある。また，金属内包フラーレンの利点として，ケージ構造で Gd^{3+} がくるまれた状態なため人体への害もほとんど無い。また，Gd 錯体では，多くの不対電子を錯形成に使用されてしまうが，Gd 内包フラーレンにおいては，フラーレンのケージ内で不対電子は全て残っているため，より高い水プロトンとの緩和が期待される。

5.3　Gd 内包フラーレンの合成と分離

　Gd 内包フラーレンは，Gd 酸化物を混合した炭素ロッドを He 雰囲気下でアーク放電させることで合成される。金属内包フラーレンを合成する場合は，内包したい金属酸化物の粉末を数%混ぜた混合ロッドを使用する。その場合，炭素の昇華と同時に金属も蒸発して，空のフラーレンと同時に金属内包フラーレンも得る。経験的に，炭素と沸点の近い元素は，比較的金属内包フラーレンの合成量が多く，炭素よりも沸点の低い（高い）元素は，金属内包フラーレンの合成量がわずかである。いずれの場合も，金属内包フラーレンの生成量は，炭素電極の昇華によって得られたススに含まれる全てのフラーレンの約 10% 程度である。アーク放電法で得られたススからフラーレンを取り出すために，二硫化炭素やオルト・ジクロロベンゼンなどの有機溶媒でフラーレンを抽出する。抽出液中に含まれる Gd 金属内包フラーレンのほとんどは，$Gd@C_{82}$ である。

　得られた抽出液から多段階の高速液体クロマトグラフィー（High Performance Liquid Chromatography; HPLC）によって $Gd@C_{82}$ を単離する[2]。フラーレン研究の初期は，シリカゲルや ODS などを用いて分離が行なわれていた。しかし，現在は，フラーレン専用のカラムとして 55PYE, Buckyprep, Buckyprep-M, PBB（ナカライテスク）などが開発されたことにより，以前に比べ簡便に分離可能になった。

　得られた $Gd@C_{82}$ は，質量分析スペクトル・吸収スペクトル・粉末 X 線結晶構造解析を用いて構造が決められている。

5.4　$Gd@C_{82}(OH)_{40}$ の合成と MRI 造影能

　以上のように得られた Gd 内包フラーレンは，水にほとんど溶けないため，親水基としてアルコールを化学修飾させることで水溶化する。合成方法は，Gd 内包フラーレンの飽和トルエン溶液，50 wt% の NaOH 水溶液と TBAH（tetrabutyl ammonium hydroxide）数滴を加え，室温で攪拌する。これだけの操作で，目的の水溶性フラーレン $Gd@C_{82}(OH)_n$（Gd フラレノール，n の平均は 40）が収率ほぼ 100% で合成される。このように非常に簡便且つ短時間で合成される点も応用研究における重要な要素である。構造については，赤外吸収，元素分析，水分定量測定が行われ，おおよそ $Gd@C_{82}(OH)_{40}$ と推定されている。

　Gd フラレノールと市販造影剤を比較してみると同じ濃度において，Gd フラレノールが非常に

53

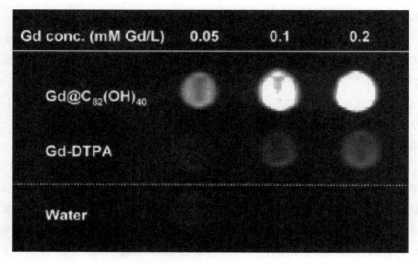

図4　Gd@C$_{82}$(OH)$_{40}$ と Gd-DTPA の MRI 画像の比較

強いコントラストを示す（図4）。造影剤の造影効果を比較する場合，緩和度が用いられる。緩和度と水プロトンの緩和時間は，次の式で与えられる：

$1/T_1$（試料）$=1/T_1$（水）$+ r_1 \times$［Gd イオン濃度］

T_1 は，水プロトンの緩和時間，r_1 は，緩和度を意味する。T_1，Gd イオンの濃度を，それぞれ NMR，ICP 発光分析により求め，市販造影剤（Gd-DTPA）と Gd@C$_{82}$(OH)$_{40}$ を比較すると，Gd-DTPA は，3.8mM^{-1}s^{-1} なのに対して，Gd@C$_{82}$(OH)$_{40}$ は，67mM^{-1}s^{-1} であり，市販品の20倍近い造影効果を有することが明らかとなっている[5,6]。

各濃度において Gd@C$_{82}$(OH)$_{40}$ 造影剤が強いコントラストを示している。さらに，緩和度が数十倍あることから使用量を大幅に低下させても市販造影剤と同等の効果を得ることが可能である。使用量が減ることで使用後の副作用などの発生率を減らすことも期待されている。また，Gd@C$_{82}$(OH)$_{40}$ では，Gd イオンは炭素ケージに Gd イオンが内包されているため，Gd イオンの毒性が生体に悪影響を及ぼす可能性はほとんどない。また，フラレノール自体の毒性も注意しなければならないが，*in vitro* でのフラレノールの細胞毒性は，ほとんど無いという報告[7]もあることから，実用レベルで毒性が低いことが期待される。

図5には，Gd@C$_{82}$(OH)$_{40}$ と他の水溶性化した Gd 内包フラーレン，DTPA の緩和度の比較を示す。緩和機構については，Gd イオンと水の直接的な相互作用でなく，ケージ上の OH 基を介した間接的な相互作用が考えられている。また，名古屋大学の研究グループでは Gd 内包フラーレンの各種水溶性誘導体を合成し，造影能を比較しているが，フラレノールが特に高い造影能を有していることがわかっている（図5）。

図6に，Gd フラレノールをマウスを使用した時の時間体内分布を示す。24時間後には，ほと

第2章　フラーレン

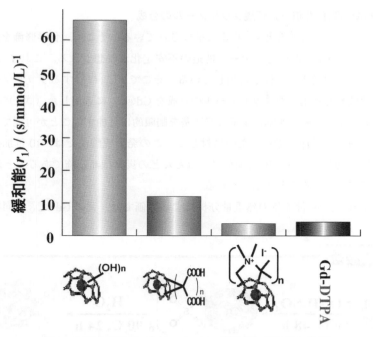

図5　各種水溶性 Gd 内包フラーレン誘導体の緩和能の比較

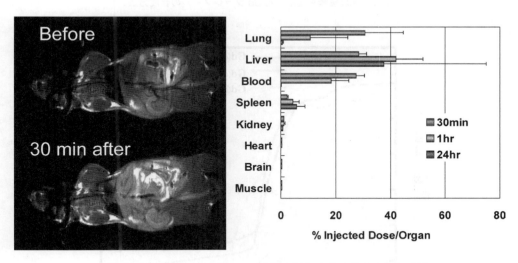

図6　マウスに投与した場合の MRI 画像（左）と体内分布の変化（右）

んどのフラレノールが体外に排出される。また急性毒性についてこのフラレノール型では毒性が低いことも報告されている[7]。

5.5 ケージ構造の強化を狙った新規フラレノールの合成

フラーレンケージは，もともと sp^2 炭素で構成されている。そこへ，化学修飾を施すことで，sp^3 炭素が増加し，ゆがみが生じ，ケージ構造の不安定化が予想される。これまでの TBAH 法では，おおよそ半分の炭素に OH が付加している。そこで，C_{60} に対するフラレノールの合成法の中から，発煙硫酸を利用したフラレノールの合成を $Gd@C_{82}$ に適用した（式1）[8]。これは，反応に硫酸基を経由するため，非常に少量の OH 基を制限的に付加することが可能である。これまでの TBAH 法は約 40 付加数であったのに対して，この発煙硫酸法では，10 付加体程度まで減少させることに成功している。10 付加体は，ほとんどの炭素は非修飾であることから，40 付加体と比べ非常に安定であることが期待される。

図7に示すように，40 付加体の熱重量分析による評価では，元の $Gd@C_{82}$ と同様の曲線を描

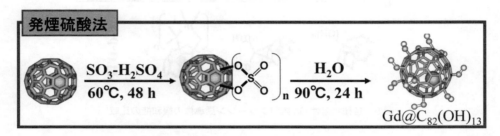

式1 発煙硫酸を使用した Gd フラレノールの合成方法

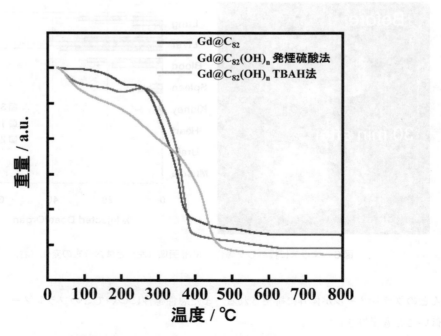

図7 熱重量測定による Gd フラレノールの安定性の比較

第2章　フラーレン

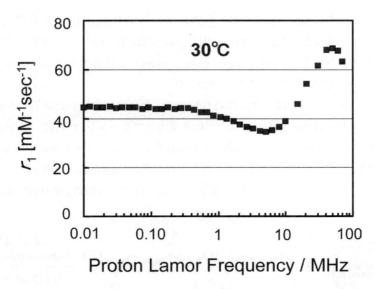

図8　Gd@C$_{82}$(OH)$_{40}$フラレノールのr_1緩和能のNMR周波数依存性

くことから，ケージが安定していることが示唆される。さらに，この合成法の利点は，反応にNaOHのような他の金属元素の化合物を使用しない点である。TBAH法では，Naイオンを系中から完全に取り除くために，長時間の透析が必要である。一方で，この発煙硫酸法は，そういった金属元素は，最初から最後まで全く使用しないので，迅速にGd@C$_{82}$(OH)$_n$水溶液を作成することが可能である。

緩和度については，官能基の数の減少による疎水性の増加，官能基とGdイオンの磁気モーメントの変化などにより，TBAH法によるフラレノールよりは低い値であるが，それでも市販造影剤の4倍の造影能を有している。さらに，図8に示すように，緩和度のプロトン・ラーマー周波数依存性は用いるNMRの周波数にかかわらず40[mM^{-1}s^{-1}]を超える非常に高い値を示している。特に，最も高い緩和度は，現在，医療用のMRIで用いられている1Tの磁場で得られている。

また，Gd@C$_{82}$(OH)$_n$フラレノール以外にも，Gd@C$_{82}$を水溶性化する官能基化する方法が報告されている。Wilsonらは[9,10]Gd@C$_{60}$[C(COOH)$_2$]$_{10}$を，Wangらは[11~13]Gd@C$_{82}$O$_m$(OH)$_n$-(NHCH$_2$CH$_2$COOH)$_l$(m=6, n=16, l=8)を，Dornらは[14]有機ホスホン酸を含んだGd@C$_{82}$O$_2$(OH)$_{16}$[C(PO$_3$Et$_2$)$_2$]$_{10}$を合成して，それぞれ，市販造影剤数倍の造影能を得ている。

5.6　発展を続ける金属内包フラーレンの造影剤への応用研究

名古屋大学グループの研究がきっかけとなり，2000年以降，Gd内包フラーレンのMRI応用研究が世界中で活発に展開され始めている[9~16]。例えば，中国のグループが，Gd内包フラーレン誘導体として臓器特異的な官能基を修飾し，生体認識能を有する誘導体の合成を報告してい

る[11~13]。この造影剤は先に述べたGdフラレノールGd@C$_{82}$(OH)$_n$を基礎構造にして，NHCH$_2$CH$_2$COOH基を付加した，Gd@C$_{82}$(OH)$_{16}$-(NHCH$_2$CH$_2$COOH)$_8$である。この造影剤は緑色の蛍光を発するタンパク（green fluorescence protein）と反応することによって，腫瘍標的（tumor targeting）な造影剤になることが分かった[13]。

またアメリカのグループでは，水溶性のGd$_3$N@C$_{80}$金属内包を用いた造影剤評価を行っている[15,16]。M$_3$N@C$_{80}$型（M=Sc，Gd，Luなど）の金属内包フラーレンはTNT（Trimetallic Nitride Template）金属内包フラーレンとも呼ばれ，I_h対称性をもつC$_{80}$フラーレンの中に3つの金属原子が配位した窒素原子（M$_3$N）を内包する。r_1緩和度は水溶性Gd$_3$N@C$_{80}$ 1分子あたり200 mM^{-1}s^{-1}にも達するが，Gd原子1個当たりの緩和度はGd@C$_{82}$(OH)$_n$とほぼ同様の値である。図9に，

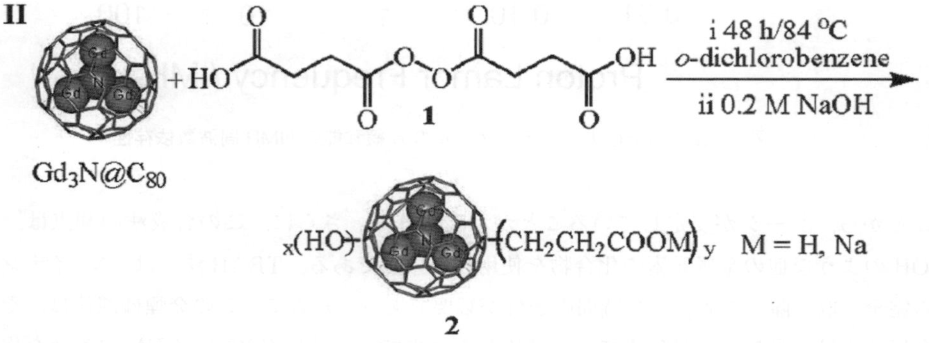

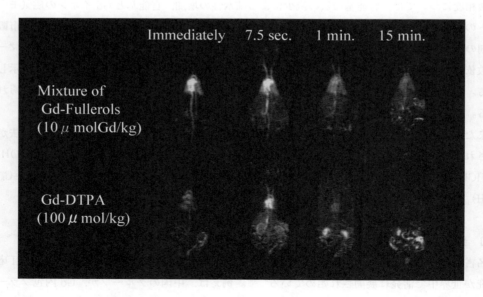

図9　Gd$_3$N@C$_{80}$(H$_2$O)$_x$(CH$_2$CH$_2$COOM)$_y$の合成スキームと構造図

図10　ラットのGd@C$_{82}$(OH)$_{40}$フラレノールのMR血管造影画像。下は通常のGd-DTPAを用いた場合

第2章　フラーレン

典型的な水溶性 $Gd_3N@C_{80}$ である，$Gd_3N@C_{80}(H_2O)_x(CH_2CH_2COOM)_y$ の合成スキームと模式図を示す。

　水溶性 Gd 内包フラーレンは MRI 造影剤だけでなく MR 血管造影（magnetic resonance angiography）や CT 造影剤としても金属内包フラーレンの応用研究が行われている[17]。図10に $Gd@C_{82}(OH)_{40}$ フラレノールを用いた，ラットの MR 血管造影画像を示す。投与後（投与量は市販品の1/10）の時間に依存して，頭部から各内臓に至るまで非常に鮮明にイメージングされていることが分かる。また，CT 造影剤として重要なことは，いかに X 線を遮蔽できるかということである。市販 X 線造影剤は，ヨウ素を含むトリヨードベンゼン誘導体が使用され，かなりの高濃度の水溶液が体内に投与される。金属内包フラーレンは，最大でも重ランタノイド元素を3個内包させることが可能であり，高い X 線遮蔽効果が期待されている。

5.7　おわりに

　以上のように金属内包フラーレンの MRI 造影剤応用は，非常に優れている。一方で，最近では，フラーレンのみならずナノチューブやナノホーンといったナノカーボン物質の医薬分野の応用研究も行われている。特に，Gd イオンを付加させた造影研究や空間を利用した DDS への研究は，ますます発展することが予想される[18〜20]。今後は，材料分野において先駆けで実用化されてきたフラーレンなどのナノカーボン物質が，医療分野においても新たな応用・実用展開を見せてくれるであろう。

文　　献

1)　H. Tokuyama, S. Yamago, E. Nakamura, T. Shiraki and Y. Sugiura., *J. Am. Chem. Soc.*, **115**, 7918 (1993).

2)　H. Shinohara, *Rep. Prog. Phys.*, **63**, 843 (2000)；篠原久典，齋藤弥八『フラーレンとナノチューブの科学』，名古屋大学出版会 (2011).

3)　C.-R. Wang, T. Kai, T. Tomiyama, T. Yoshida, K. Yuji, E. Nishibori, M. Takata, M. Sakata and H. Shinohara, *Angew. Chem. Int. Ed.*, **40**, 397 (2001).

4)　H. Funasaka, K. Sakurai, Y. Oda, K. Yamamoto and T. Takahashi, *Chem. Phys. Lett.*, **232**, 273 (1995).

5)　M. Mikawa, H. Kato, M. Okumura, M. Narazaki, Y. Kanazawa, N. Miwa and H. Shinohara, *Bioconjugate Chem.*, **12**, 510 (2001).

6)　H. Kato, Y. Kanazawa, M. Okumura, A. Taninaka, T. Yokawa and H. Shinohara, *J. Am. Chem. Soc.*, **125**, 4391 (2003).

7)　C. Chen, G. Xing, J. Wang, Y. Zhao, B. Li, J. Tang, G. Jia, T. Wang, J. Sun, L. Xing, H. Yuan, Y. Gao, H. Meng, Z. Chen, F. Zhao, Z. Chai and X. Fang., *Nano. Lett.*, **5**, 2050 (2005).

ナノカーボンの応用と実用化

8) L. Y. Chiang, L -Y. Wang, J. W. Swirczewski, S. Soled and S. Cameron., *J. Org. Chem.*, **59**, 3960 (1994).

9) B. Sitharaman, R. D .Bolskar, I. Rusakova and L. J. Wilson, *Nano Lett.*, **4**, 2373 (2004).

10) E. Toth *et al., J. Am. Chem.Soc.*, **127**, 799 (2005).

11) C.-Y.Shu *et al., J. Phys. Chem. B*, **110**, 15597 (2006).

12) C.-Y. Shu, L. Gan, C.-R. Wang, X.-L. Pei and H.-B. Han, *Carbon*, **44**, 496 (2006).

13) C.-Y. Shu *et al., Bioconjugate Chem.*, **19**, 651 (2008).

14) C.-Y. Shu *et al., Chem. Mater.*, **20**, 2106 (2008).

15) C.-Y. Shu *et al., Bioconjugate Chem.*, **20**, 1186 (2009).

16) J. Zhang *et al., Bioconjugate Chem.*, **21**, 610 (2010).

17) A. Miyamoto, H. Okimoto, H. Shinohara and Y. Shibamoto, *Euro. Radiol.*, **16**, 1050 (2006).

18) J. Miayawaki, M. Yudasaka, H. Imai, H. Yorimitsu, H. Isobe, E. Nakamura and S. Iijima, *Adv. Mater.* **18**, 1010 (2006).

19) T. Murakami, K. Ajima, J. Miyawaki, M. Yudasaka, S. Iijima and K. Shiba., *Mol. Pharm.*, **1**, 399 (2004).

20) R. Sitharaman, K. R. Kissell, K. B. Hartman, L. A. Tran, A. Baikalov, I. Rusakova, Y. Sun, H. A. Khant, S. J. Ludtke, W. Chiu, S. Laus, R. Toth, L. Helm, A.E. Merbach and L. J. Wilson, *Chem. Commun.*, 3915 (2005).

6 フラーレンの抗炎症効果

増野匡彦*

6.1 はじめに

　現在の医薬品開発における重要な課題に，難治性疾患と薬剤耐性の克服があげられる。これらの解決に新規骨格を有する化合物を医薬品として開発することは有力な手段となりうる。医薬品開発に結びつく生理活性は，その化合物の化学的特性と密接に関連している。よって，現在求められている医薬品リード化合物は骨格が新規であるだけでは不十分であり，従来の有機化合物と異なる特異な化学的特性を持つことが必要である。C_{60} に代表される炭素同素体のフラーレンは，グラファイトと同様に sp^2 炭素より成り立つが，構造的にいわば端のない閉じた縮合芳香環からなるユニークな骨格であり，且つ従来の化合物では珍しい化学的特性を有している。

　このような背景の中，フラーレン類は医薬品分野への応用も期待されていたが，主に水への溶解度の問題からこの分野の研究は遅れていた。現在では水溶性置換基の導入，溶解補助剤の使用により溶解度の問題は解決され，種々の可能性が示されている。また，水溶性高分子であるポリビニルピロリドン（PVP）包接により水溶化させたフラーレンは化粧品原料（製品名「Radical Sponge」）として実用化されている（図1）。本項では，フラーレンが持つ種々の特性と生理活性についてまとめ，特に，抗炎症，抗ウイルス作用および抗菌作用に関する研究結果を紹介する。

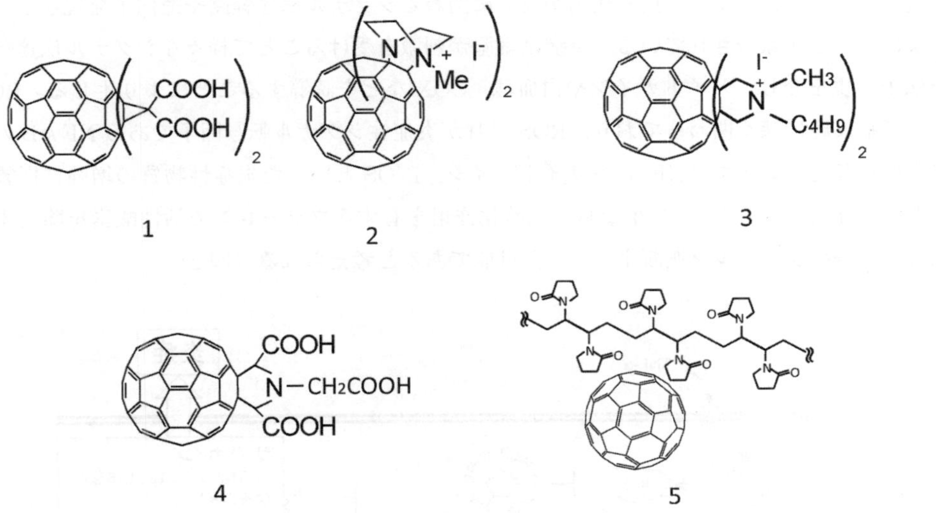

図1　様々な水溶性フラーレン誘導体と PVP 包接フラーレン（5）

＊　Tadahiko Mashino　慶應義塾大学　薬学部　医薬品化学講座　教授

6.2 フラーレン及びその誘導体の化学的性質と生理活性

6.2.1 光依存活性酸素生成に基づく生理活性

C_{60} は光照射により一重項酸素やスーパーオキシドを生成する。この活性酸素生成の効率は高く，他の増感剤より優れている。この活性を利用して C_{60} にポリエチレングリコールを結合させた高分子誘導体ががんの光線力学療法へ利用されようとしている[1]。

現在，がん光線力学療法ではポルフィリン誘導体が用いられているが，フラーレンはより優れた抗がん剤として期待される。

6.2.2 金属内包フラーレンの応用

フラーレンの内側は小さく，有機化合物を入れることは不可能である。しかし，様々な金属などを内包することは可能で，ガドリニウムを内包し水溶性にしたフラーレン誘導体が MRI の増感剤として優れているという報告もある[2]。問題点として金属内包フラーレンの効率的合成・分離法が確立されていない点があげられる。

6.2.3 酸化還元を受けやすく，またラジカルとの反応性が高いことに基づく生理活性

ラジカルとの反応性が高く，電子の授受を受けやすい化合物はスーパーオキシドをはじめとする活性酸素を消去する。過剰な活性酸素種（ROS）は種々の疾病に関与するため，これらを有効に消去する抗酸化物質は医薬品候補となりうる。実際，抗酸化剤であるエダラボン（製品名：ラジカット）は脳保護薬として用いられている。

近年多くの研究により，抗酸化剤が炎症に関わるシグナル伝達経路や遺伝子発現などに影響をおよぼすことが報告されている。炎症は細胞が刺激を受けることで様々なシグナル伝達経路及び遺伝子発現を介し，サイトカインや白血球，COX などを誘導することにより生じる。ROS もまた，炎症反応に深く関わっており，ROS 自身が炎症性シグナル転写因子である $NF\kappa B$ の活性化に影響を与えることで $TNF-\alpha$ やサイトカイン，iNOS といった炎症性物質の増強に影響を与えるという報告もある[3]。この事から，抗酸化作用を有するフラーレンで活性酸素を除去することにより，炎症シグナルを遮断することが可能であると考えられる（図2）。

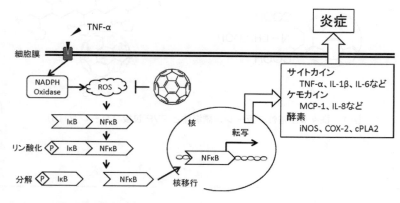

図2 活性酸素を介した $TNF-\alpha$ 刺激によるサイトカイン，ケモカインの誘導

第 2 章　フラーレン

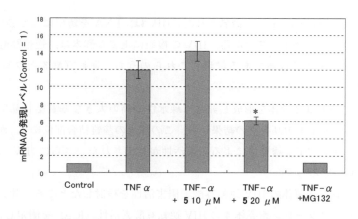

図 3　hTNF-α 刺激による CCL2/MCP-1 発現に対する 5 および PVP，MG132 の効果

著者らは，TNF-α 刺激による NFκB 活性化を炎症性ケモカインである CCL2/MCP-1 の発現量で評価し，フラーレンがこのシグナル伝達経路に与える影響を検討した。

フラーレンは，化粧品の原料として市販されている PVP 包接フラーレン製品名：Radical Sponge（ビタミン C60 バイオリサーチ株式会社より提供）を用いた。

マウス線維芽細胞 NIH3T3 に，PVP 包接フラーレン (5)，ポジティブコントロールとしてプロテアソーム阻害剤の MG132 をそれぞれ加え，プレインキュベートした後，TNF-α を加え細胞を刺激した。その後，細胞より RNA を抽出し，RT-PCR を用いて MCP-1 の発現量を調べた。

結果を図 3 に示す。NIH3T3 細胞を TNF-α で刺激すると，NFκB が活性化し，炎症性ケモカインの MCP-1 の発現量が増加する。これに対して，5 を 20μM 添加した場合は，有意に発現量が低下することがわかった（図 3）。また，細胞内酸化ストレス量を活性酸素に反応する蛍光プローブの DCFH-DA で測定したところ，TNF-α 刺激時に活性酸素が増大すること，5 によってそれが抑制されることが観察された。この結果から，フラーレンが活性酸素を除去することにより最終的に MCP-1 の発現を抑制したと考察された。

フラーレンが炎症性サイトカインの発現を抑制するという報告は，他の研究チームからも報告されている。遊道らは，関節リウマチ患者から採取した滑膜線維芽細胞を TNF-α で刺激したとき，C_{60} の添加により TNF-α によって発現誘導される IL-1β などが有意に抑制されたと報告している[4]。さらに，肥満細胞からのヒスタミン放出をフラーレン誘導体が抑制するという報告もある[5]。我々の研究結果とこれらの報告を併せると，フラーレンに抗炎症薬，抗アレルギー薬としての可能性が期待される。

6.2.4　高い疎水性に基づく生理活性

エイズは 1981 年に初めて報告された免疫不全症であり，免疫機能の低下により様々な疾患が引き起こされる症状から，後天性免疫不全症候群（AIDS: acquired immunodeficiency syndrome）と名付けられた。1983 年に原因ウイルスが発見され，ヒト免疫不全ウイルス（HIV:

ナノカーボンの応用と実用化

human immunodeficiency virus）と命名された。HIV は，RNA を鋳型にして DNA を合成する逆転写酵素を持つレトロウイルスである。HIV の複製に重要な酵素は，逆転写酵素，インテグラーゼ，プロテアーゼの 3 種類である。現在これらのうち，逆転写酵素とプロテアーゼが抗HIV 薬の主なターゲットとなっている。

　HIV のプロテアーゼは 2 量体を形成し非常に疎水性の高い大きな基質結合部位を持つ。コンピューターを用いた分子モデリングの結果から，この酵素の基質結合部位に C_{60} がうまく収まることが予想され，実際に C_{60} 誘導体による阻害活性が見出された。さらに HIV に対する抗ウイルス活性も示されている[6]。

　著者らはフラーレン誘導体の HIV 逆転写酵素阻害活性を検討したところ，強い活性を有する誘導体を見出した。フラーレン誘導体 4 の HIV 逆転写酵素活性（IC_{50}）を測定したところ，IC_{50}値が 0.029 μmol/L と極めて高い阻害活性を示し，HIV 逆転写阻害薬のネビラピンの 100 分の 1以下の濃度で HIV 逆転写酵素を阻害することが明らかとなった。

　エイズと同様に難治性のウイルス性疾患の一つに C 型肝炎がある。原因ウイルスは C 型肝炎ウイルス（HCV：hepatitis C virus）であり，HCV 感染者数は世界に約 1 億 7 千万人，日本だけでも 200 万人以上と言われている。治療薬としては，インターフェロンやリバビリンが用いられているが，特効薬といえる治療薬はまだない。HCV は RNA ウイルスであり，RNA 依存型RNA ポリメラーゼにより自身の RNA を複製する。上述のとおり，フラーレン誘導体が遺伝子合成酵素の一つである HIV 逆転写酵素に対して阻害活性を有することから，この HCV RNA ポリメラーゼに着目し，フラーレン誘導体の C 型肝炎 RNA ポリメラーゼ阻害活性を検討した。その結果，誘導体 1 や 4 に阻害活性があった。

　阻害機構，フラーレン誘導体の最適化など，実際の医薬品として使用するためにはまだ検討項目が多いが，フラーレン誘導体は抗ウイルス剤の候補化合物として大いに期待できる。

6.2.5　抗菌活性

　現在，細菌による感染症治療では抗生物質による抗菌化学療法剤が広く用いられている。抗菌性化学療法剤にとって最も深刻な問題は薬剤耐性菌の出現である。近年，メチシリン耐性黄色ブドウ球菌（MRSA）やバンコマイシン耐性腸球菌（VRE）等の薬剤耐性菌の院内感染が大きな社会問題となっている。これらの薬剤耐性菌は健常者では感染症を引き起こすことは無いが，免疫力の低下した患者では，心内膜症や敗血症を引き起こし，ほとんどの抗生物質が効かないため，治療が困難となる。薬剤耐性菌に対抗するために，新しいメカニズムにより抗菌作用を発揮する抗菌薬，あるいは，耐性菌の持つ耐性メカニズムに影響を受けない抗菌薬の開発が望まれている。

　著者らは，フラーレン誘導体が，抗菌作用を有するかを検討した。抗菌活性は，日本化学療法学会の最小発育阻止濃度（MIC）測定法に準じて平板法で測定した。抗菌活性を測定する菌には，MRSA や VRE などを含むグラム陰性菌を用いた。その結果，フラーレン誘導体 3 が非常に強い活性を示すことがわかり，バンコマイシンをも凌駕した（表 1）。また，青島らもフラーレンの水酸基付加体である水酸化フラーレンが抗菌活性を有することを報告している[7]。これらの結果

64

第 2 章　フラーレン

表 1　フラーレン誘導体 3 及び，バンコマイシンの抗菌活性

	最小発育阻止濃度（μg/ml)	
	フラーレン誘導体 3	バンコマイシン
S. aureus 209P JC-1	0.78	1.56
S. aureus M133（MRSA）	1.56	1.56
S. aureus M126（MRSA）	1.56	1.56
S. epidermidis ATCC 14990	3.12	3.12
E. hirae ATCC 8043	6.25	3.12
E. faecalis W-73	6.25	3.12
E. faecium vanA（VRE）	6.25	＞100
E. faecalis NCTC 12201（VRE）	3.12	＞100

から，フラーレン誘導体は新しいタイプの抗菌薬のリード化合物となり得るといえる。

6.3　展望

　本項で，フラーレン（誘導体）の抗酸化能，あるいは種々の誘導体化による機能として，抗炎症作用，抗ウイルス作用，抗菌作用を中心に述べた。フラーレンは生物にとって，新規な化合物であるため，これまでにない新しいタイプの医薬品となる可能性がある。フラーレンの特徴である形状と脂溶性は様々な受容体や酵素の疎水部位への親和性の高さにつながる。さらに，誘導体化により，対象にする生体分子に対する親和性を変化させることもできる。また，C_{60} コアは代謝を受けにくく，いったん受容体や酵素に結合するとコンフォメーションを大きく変化させることから，アミノ酸変異の影響を受けにくいと思われる。したがって，フラーレンは薬剤耐性に対しても効果的に働くと予想される。フラーレンが実際の医薬品につながった例はまだないが，本項で紹介したフラーレンの医薬品としての可能性など，将来的に画期的な新薬が生まれる可能性を秘めているといえる。

文　　献

1)　Tabata, Y. *et al., Jpn. J. Cancer Res.,* **88**, 1108 (1997)
2)　Miyakawa, M. *et al., Bioconjugate Chem.,* **12**, 510 (2001)
3)　井上正康編，活性酸素とシグナル伝達，p.37, 講談社 (1996)
4)　青島央江ほか，グルコサミン研究，**6**, 61 (2010)
5)　Ryan, J. *et al., The Journal of Immunology,* **179**, 665 (2007)
6)　Friedman, S. *et al., J. Am. Chem. Soc.,* **115**, 6506 (1993)
7)　Aoshima, H. *et al., Biocontrol science,* **14**, 69 (2009)

7 フラーレンの臨床試験

乾　重樹*

7.1 はじめに

　肌の老化には，加齢による生理的老化と，光に暴露することによる光老化がある。光（紫外線）は，活性酸素を発生させ，メラノサイトの活性化によるシミ，コラーゲンの破壊とその修復障害によるシワなどを引き起こすとされる[1]。活性酸素の発生を抑制することで，光老化から肌を守ることが可能であると考えられており，美容目的でビタミンC，ビタミンE，コエンザイムQ10などの抗酸化剤を含む化粧品を使用している例が多い。また，活性酸素はDNAに酸化的障害を引き起こし，DNAが酸化されて生じる8-hydroxy-2'-deoxyguanosine（8-OHdG）は，変異原性が強い損傷で，光発癌に結びつく[2]。このように肌で発生する活性酸素や酸化物は，様々なトラブルを引き起こすことが明らかとなっている。トラブルの原因である活性酸素を抑制することは，肌をすこやかに保つ上で重要であると考えられる（図1）。

　フラーレンはラジカルスポンジと呼ばれるほど，非常に強い抗酸化力を有することが報告されている[3]。また，すでに化粧品原料（製品名：RadicalSponge，LipoFullerene）にも使用されており，主に酸化ストレスを除去することで，抗シワ，美白などの効果を発揮することが報告され

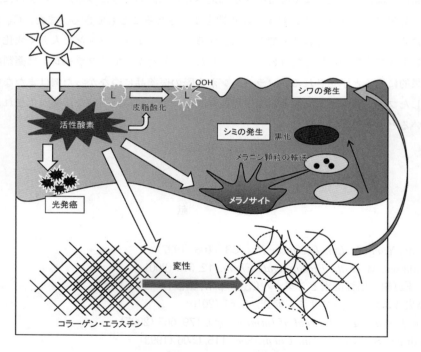

図1　肌における活性酸素の影響

---

*　Shigeki Inui　大阪大学　大学院医学系研究科　皮膚・毛髪再生医学寄付講座　准教授

ている[4]。

　我々は，フラーレンの持つ抗酸化効果が皮膚にどのように作用するか検討した。本項では，これまでにビタミンC60バイオリサーチ株式会社と共同で実施した臨床試験として，尋常性ざ瘡（ニキビ）に対する効果と，毛成長に関する効果について以下に述べる。

7.2　臨床試験：フラーレンの尋常性ざ瘡（ニキビ）に対する効果[5]

　ニキビは，角化の増大，性ホルモン，アクネ菌，活性酸素などが絡み合った疾患である。まず，性ホルモンや紫外線により，皮脂腺の機能が亢進し，皮脂の過剰分泌がおこる。次に毛穴漏斗部の角化更新により皮脂の貯留が起こり，毛孔が閉塞しアクネ菌のリパーゼにより皮脂のトリグリセリドが分解され，生成した遊離脂肪酸が毛包壁の刺激，破壊を惹起し炎症を引き起こす。食細胞由来の炎症メディエーターとして活性酸素がある。活性酸素は，アクネ菌などの侵入異物などから自己防衛の目的で，好中球から産生されるものであるが，過度な刺激や反復により食細胞の活性酸素の過剰産生を引き起こし，過剰な活性酸素が細胞外にも放出され生体に不利な組織障害をもたらすことがある。毛包の破壊で，毛包内容が周囲の結合組織に流出するとさらに炎症が進むが，この状態を放置しておくと炎症は瘢痕治癒し，いわゆるニキビ跡を残す[6]（図2）。

　ニキビの治療では，医薬品としてアクネ菌に対する抗生物質や角化を制御するアダパレンが用いられている。また，ビタミンC誘導体などの抗酸化成分がニキビ用のスキンケア成分として用いられてきた。フラーレンはビタミンCより強い抗酸化力を有することが既に報告されている[7]。活性酸素が悪化に寄与するニキビにおいて，活性酸素を除去するフラーレンを配合するこ

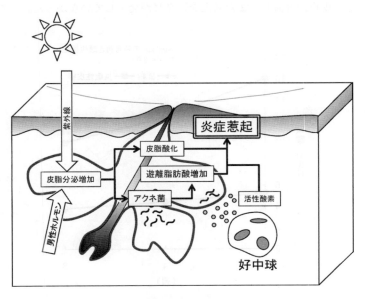

図2　尋常性ざ瘡の増悪メカニズム

とで，ニキビを防ぐスキンケア化粧品として有効であると考えられることから，臨床試験を実施した。

・**臨床試験**

臨床試験は，試験の前後で評価を行うオープン試験で実施した。被験者は，ニキビの個数が半顔で1-20個と軽症～中等症までの被験者を対象として選抜した結果，日本人成人男女11名（男性6人，女性5人），年齢は23～39歳（平均30.7歳）となった。また，試験に関しては，事前に内容を説明し，試験参加への同意を得た。

臨床試験に用いるフラーレンジェルは，ビタミンC_{60}バイオリサーチ株式会社より供与されたものを使用した。フラーレンジェルの組成は以下のとおりであった。

※フラーレンC_{60}（2ppm），オリーブ由来植物性スクワラン（1％），フェノキシエタノール（0.5％），ITOジェルベースTN（水，グリセリン，カルボマー，ポリアクリル酸Na，メチルパラベン，プロピルパラベン：49.25％），水（49.25％）

被験者に，フラーレンジェルを配布し，8週間，朝晩二回洗顔後に全顔に0.4mL塗布させた。評価は，面皰，炎症性皮疹の個数の計測，皮膚の水分量，皮脂量を計測した。

試験開始から4週間後，8週間後，フラーレン配合ジェルの塗布によって，炎症性皮疹の有意な減少が観察された。

開始から4，8週目で，面皰（コメド）の個数は，開始時5.27±5.57，4週目4.45±3.80，8週目3.82±3.52と有意差は無いが，減少する傾向が観察された。一方，炎症性皮疹は11人中9人で減少し，開始時の炎症性皮疹の平均個数が16.09±9.08であったものが，4週目12.36±7.03，8週目10.0±5.62と有意に減少した（図3）。代表例として，女性の額部の写真を示す（図4）。試験前にあった炎症性皮疹が軽減し，また新たなニキビが発生していなかった。また，臨床試験を

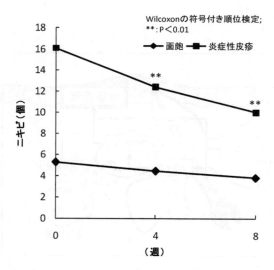

図3　フラーレン配合ジェル塗布による炎症性皮疹及び面皰の推移

第 2 章　フラーレン

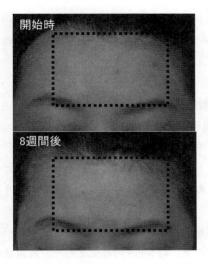

図 4　ニキビ改善例（女性額部 34 歳）

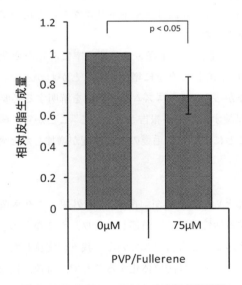

図 5　PVP フラーレンによる皮脂分泌抑制

通じて，副作用を訴える被験者は無くフラーレンの安全性は高いものと考えられた。
　皮脂の分泌増加は，ニキビの引き金の一つで，男性ホルモンなどによって分泌が促進される。フラーレンによってニキビが改善されたことから，フラーレンに皮脂分泌の抑制作用が有るのでは無いかと考え，ハムスターの皮脂腺細胞を用いて，フラーレンに分泌抑制効果を調べた結果，フラーレン無添加の皮脂腺細胞による皮脂分泌を 1 とした場合，フラーレンの添加によって 0.7 程度に抑制され，フラーレンに皮脂分泌の抑制作用があることが明らかとなった（図 5）。

ナノカーボンの応用と実用化

これらの結果から，フラーレンはその抗酸化能による活性酸素の抑制と，皮脂の分泌抑制の2つの方向からニキビに働きかけると考えられ，ニキビに対する有効なスキンケア成分であることがわかった。

7.3　フラーレンの毛成長に対する効果

頭髪の成長と活性酸素の関連については，はっきりしていない。皮脂の酸化が毛乳頭のアポトーシスを誘導することなども報告されており[8]，頭皮及び頭髪をすこやかに保つ意味においても皮脂の酸化抑制など酸化ストレスを除去することは有用であると考えられる。そこで，我々はフラーレン配合トニックを塗布することで，毛成長などにどのような影響を与えるか臨床試験を実施した。

被験者は，試験について同意の得られた，成人男性16人（30〜50代）を対象に実施した。被検部位は，左右それぞれの耳の上，約5 cmの部位とした。被験試料として，水とエタノールを基剤としたフラーレン配合トニックとフラーレン非配合トニックを用いた。また，試験期間中は，AGA治療，発毛・育毛・養毛剤の使用を禁止した。試験期間は24週間で，試験前，開始12週後，開始24週後に評価を行った。評価はフォトトリコグラムを用いて実施し，毛成長速度，毛密度，毛径，成長期毛率を調べた。

結果は，24週目においても毛密度・毛径・成長期毛率に有意な変化はみられなかった。しかし，毛成長速度が24週後に1.16倍に有意に増加することがわかった。また，試験を通じて，副作用を訴える被験者はいなかった。メカニズムなど詳細を解明する必要はあるが，フラーレンが，酸化ストレスから細胞を保護する効果が報告されている[9]ことから，酸化ストレスなどから細胞をフラーレンが保護することによって，毛髪の成長速度が増加したと考えられる。

7.4　展望

皮膚は，人体最大の臓器といわれ，外気（酸素），紫外線，アクネ菌などの微生物に常にさらされている。そこで発生する活性酸素は，前述したシワ，シミなどの美容上のトラブルだけでなく，様々な皮膚疾患を引き起こすとも言われている。我々の実施した臨床試験は未修飾のフラーレンで実施しているが，フラーレンは誘導体化することで，抗菌，抗酸化，水溶化など様々な機能を付加できると報告されており，抗酸化＋抗菌のようなマルチファンクションな機能を持たせることで，フラーレン及びフラーレン誘導体は，さらに有用な外用剤成分になりうる可能性を秘めているといえる。

第2章　フラーレン

文　　献

1) 清水忠道, 1冊でわかる光皮膚科, p34, 文光堂 (2008)
2) D. R. Bickers *et al., J. of Investigative Dermatology*, **126**, 2565 (2006)
3) Charles N. McEwen *et al., J. Am. Chem. Soc.*, **114**, 4412 (1992)
4) 山名修一ほか, 未来材料, **9**, p63, エヌティーエス (2009)
5) Shigeki Inui *et al., Nanomedicine:Nanotechnology, Biology, and Medicine*, **7**, 238 (2011)
6) 宮地良樹編, にきび最前線, メディカルレビュー社 (2006)
7) Hiroya Takada *et al., Biosci. Biotechnol. Biochem.*, **70**, 3088 (2006)
8) ATSUSHI NAITO *et al., Int. J. Mol. Med.*, **22**, 725 (2008)
9) Li Xiao *et al., Bioorganic & Medicinal chemistry Letters*, **16**, 1590 (2006)

8 化粧品

山名修一*

8.1 今やスキンケア化粧品成分の定番

フラーレンが化粧品成分として登場したのが2005年。まだまだ新しい材料ではあるが，化粧品の中身にするどい鑑識眼を持つ女性たち，いわゆるコスメフリークの支持を背景に2010年末までに製品化された化粧品数は1000点以上に達しており，スキンケア化粧品市場においてフラーレンコスメと呼ばれるカテゴリーを形成するに至っている。本節では，新材料の用途開発の一例として，フラーレンコスメに関連する技術開発や事業化推進の概観を説明する（写真1）。

8.2 女性が化粧品に求めている機能は何と言っても美白

化粧品の使用目的は多岐にわたるが，多くの日本女性が求めて止まないのは，間違いなく美白である。小麦色の健康的な肌がもてはやされた時代もあったし，日焼けサロンを利用したガングロが若者の間で流行した事もあったが，ここ10年以上，美白志向は強まる一方であり，空前の美白ブームが続いている。各種のアンケート結果を見ても，化粧品に求める効能は美白が約半分を占め，これに広い意味でのアンチエイジング，例えば抗シワやたるみ防止等が続いている。この傾向は，経済成長の著しいアジア諸国でも同様であり，高価格帯の化粧品の多くは美白機能をうたっている。アジア新興国の人々にとって，日本人女性の若々しい肌はあこがれであり，日本製化粧品の品質は評価が高い。まさに美白スキンケアでは日本が堂々たるリーダーなのである。

写真1　フラーレンコスメの数々

＊　Shuichi Yamana　ビタミンC60バイオリサーチ㈱　代表取締役社長

8.3 美白用の高機能化粧品には抗酸化成分が欠かせない

それでは，美白目的で使用される機能性成分にはどのようなものが有るだろう。肌の色を決定しているのはメラニン色素であり，皮膚中に存在するメラノサイト（色素細胞）で合成される。有効とされる美白成分は，このメラニン色素の合成を抑制したり，分解するものである。様々な有効成分が開発されているが，その多くは抗酸化作用を持つものであり，なじみのある代表例としてはビタミンCやビタミンE，それらの誘導体があげられる。近年に登場したものとしては，コエンザイムQ10（ユビキノン）やアスタキサンチンも抗酸化機能を有している。今や高級な化粧品には抗酸化成分が必ずといっていいほど配合されている。抗酸化成分は何故，そこまで活用されているのだろうか。

8.4 フリーラジカル・活性酸素がメラニン産生細胞を活性化する

フリーラジカル・活性酸素とは活性分子種の総称のことであり，過剰に存在すると，生活習慣病やガンなど深刻な病気を引き起こすと言われている。具体的には$O_2\cdot^-$（スーパーオキシドアニオンラジカル），・OH（ヒドロキシルラジカル），LOOH（過酸化脂質）などを指し，紫外線，刺激性の化学物質（メイクアップ成分などにも含まれている場合がある），ストレスなどにより多量に発生する。フリーラジカル・活性酸素は非常に反応性が高いため，過剰に発生すると瞬時にその近くの生体組織を攻撃，破壊して様々な肌のトラブルの原因となる。美白に関して言えば，フリーラジカル・活性酸素がメラニン産生細胞中の酵素，チロシナーゼを活性化し，メラニン産生が始まる。従って，過剰なフリーラジカル・活性酸素の発生を抑制することは，メラニン産生

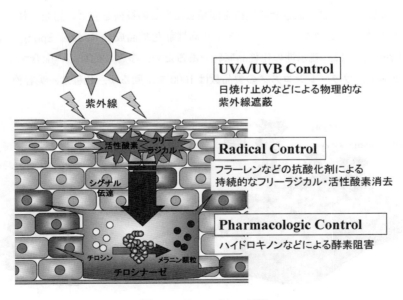

図1　スリーレイヤー対策

によって発生するシミ，そばかすを防ぐ上では非常に重要である．日焼け止めの適切な使用は，かなり一般的になってきたが，日焼け止めだけでは完璧と言えない．そこで，美白のために有効と考えられるスリーレイヤー対策をご紹介する（図1）．

- ・皮膚表面に日焼け止めを塗布し，物理的に紫外線を遮断する．
- ・皮膚上層部に発生するフリーラジカル・活性酸素を抗酸化剤により，持続的に抑制する．
- ・酵素チロシナーゼの活性を低減する成分にて抑制する．

8.5 抗酸化成分フラーレンの製品化への障壁

1991年にサイエンス誌に発表された論文[1]は衝撃的であった．フラーレンがあたかもスポンジが水を吸収するかのごとく，フリーラジカル・活性酸素を分子レベルで消去し無害化すると言うのである．その後，多くの研究者達がフラーレンの生体活性に関する研究に没頭した．化粧品業界においてもすでに1990年代早期に大手化粧品会社からフラーレンの化粧品への応用に関する特許が出願されている．しかしながら，当時はフラーレンを安定して供給するメーカーが存在しなかった．また，仮にフラーレンを確保出来ても化粧品への応用には大きな障壁が他にもあった．フラーレンは水に全く溶解しないため，そのまま化粧品成分として配合することはできず，加工が必要だったのである．

8.6 フラーレン配合成分 Radical Sponge® の登場

2003年に三菱商事㈱によって設立されたビタミンC60バイオリサーチ㈱（以下，「VC60」と省略）は，この水への不溶性の問題に取り組み，フラーレンを水溶性高分子PVP（Polyvinylpyrrolidone）で包み込み，安定的に水に分散させる技術を開発した．この技術をもとに開発された製品が世界初のフラーレンをメインコンポーネントとする高機能化粧品成分 Radical Sponge® である（図2）．Radical Sponge® は，親水性の化粧品原料であるため，多様な化粧品へ配合することができる．先述のとおり，フラーレンコスメの製品数は1000を上回るが，化粧水，美容液，クリーム，

図2　スポンジのようにフリーラジカルを取り去り，健やかな肌と身体を取り戻す！

第2章　フラーレン

クレンジングウォーター，マスクなど，製品の種類は多岐にわたっている。なお，VC60は Radical Sponge® の製造に当たって，独自に確立したフラーレン精製技術を確立しており，産業用フラーレンに微小量含まれている有機溶媒など不純物を除去したうえで Radical Sponge® の製造に用いている。

8.7　フラーレンの化粧品成分としての有効性

新規の化粧品抗酸化成分としてフラーレンが定着した理由のうち，注目すべきは，その豊富な有効性のエビデンスであろう。細胞，組織そして臨床結果までの様々なデータは，他の新規化粧品成分の追随を許さない。これらエビデンスのいくつかを以下に紹介する。

8.7.1　フリーラジカル・活性酸素消去効果

紫外線のなかでは比較的波長が長く，しみ・くすみの原因ともいわれる UVA（波長域 315-380nm）は，皮膚の加齢や DNA ダメージをもたらす。Xiao らによれば，この UVA によってヒト皮膚細胞に発生するフリーラジカル・活性酸素を Radical Sponge® は効果的に消去する[2]。図3は，活性酸素種の生成を蛍光色素によりモニターしたもので，UVA 照射時には細胞が白色暖色系の色に変化，即ち大量の活性酸素種が発生しているが，Radical Sponge® の配合により UVA の影響が大きく緩和されている（図3）。

8.7.2　フラーレンの優れた抗酸化性能

高田らは，フラーレンの抗酸化性能を簡便に測定するために，食品用成分の抗酸化性能評価に用いられている β カロテン退色法を適用した[3]。β カロテン退色法は，水溶液中にて黄色を呈する β カロテンに各種活性酸素を加えて酸化分解する試験区に抗酸化成分を加えてその退色速度を測定するもので，退色速度が遅いほど加えた抗酸化成分の性能が高いことがわかる。図4は代表的な抗酸化剤であるビタミンEとビタミンC誘導体に，ラジカル発生剤としてリノール酸

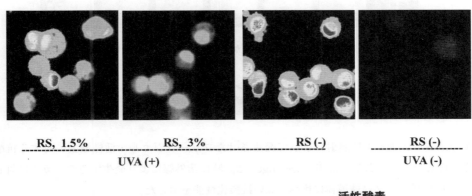

図3　フリーラジカル・活性酸素消去効果
県立広島大学・三羽研究室提供資料

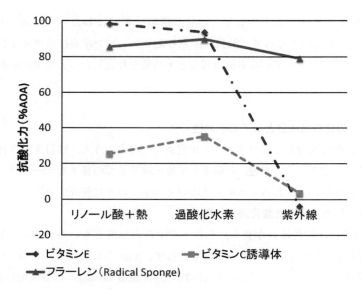

図4　フラーレンは代表的なラジカルに対してまんべんなく効果を発揮

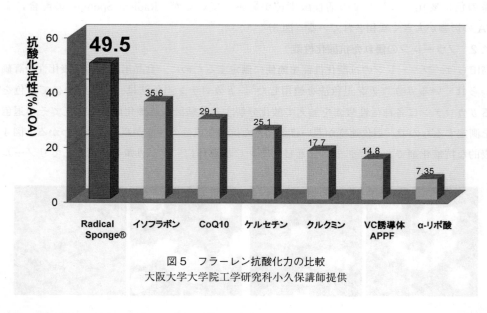

図5　フラーレン抗酸化力の比較
大阪大学大学院工学研究科小久保講師提供

や過酸化水素の添加やUV照射によって発生させたフリーラジカル・活性酸素に対する抗酸化性能を評価したものである。Radical Sponge®は，特に紫外線により発生するラジカルに対してビタミンEやビタミンC誘導体に比べて高い抗酸化性能を示した。

また，イソフラボンやコエンザイムQ10などの代表的な抗酸化成分と比較してもRadical Sponge®はβカロテン退色法にて優れた性能を示した（図5）。

8.7.3 メラニン顆粒産生抑制効果

ヒトメラノーマ細胞にRadical Sponge®を添加し，その後UVA（$2J/cm^2$）を照射して1日培養した．図6はその際に発生したメラニン顆粒をFontana-Masson染色によって可視化したものである．Radical Sponge®の添加によって，メラニン顆粒の産生量が明らかに減少している．また，樹状突起の伸長も抑制されており，一目で効果がわかる．また，Radical Sponge®の添加量を加減したところ，メラニン顆粒産生抑制への効果は濃度に依存する傾向が見られた（図7）．

8.7.4 臨床試験による美白効果の証明

さて，化粧品への応用を目指す以上，臨床試験での結果が気になるところである．VC60では，Radical Sponge®1%を配合した美容ジェルを健常な女性18名（平均年齢42歳）に朝晩2回，全顔塗布し，肌の明るさを示す指標としてメラニンインデックスを測定した．測定は，分光色差計

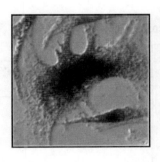

図6　Radical Sponge®添加によるメラニン顆粒産生抑制
県立広島大学三羽研究室提供資料

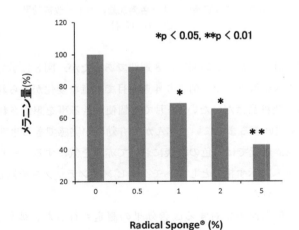

図7　メラニン量抑制におけるRadical Sponge®の濃度依存性
VC60社内資料
注）p値：統計検定において有意差が無い確率

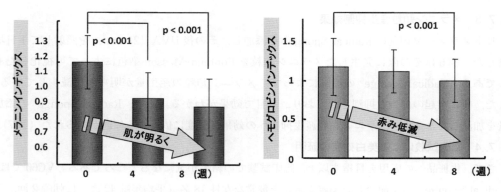

図8　8週連続塗布でメラニンインデックスが有意に低下
VC60 社内資料

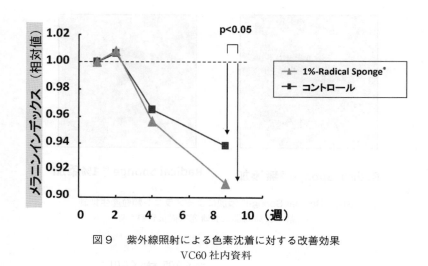

図9　紫外線照射による色素沈着に対する改善効果
VC60 社内資料

を用いて，頬の状況を計測した．試験期間は8週間であったが，図8に示すように8週間継続してメラニンインデックスが低下した．何より4週間目で有意な変化がみられている事は美白ファンへの朗報であろう．化粧品はだいたい1ヶ月で1個使いきる事を想定されており，新しい製品を試した場合に，1個使いきるまでにいくぶんかでも効果が実感できる事をユーザーも期待しているからである．なお，最近では肌色の濃淡において赤みを気にするユーザーも増えている．この同じ実験において赤みを示す指標としてヘモグロビンインデックスを測定したところ，8週間後には有意な低下がみられた．

また，同じ18名で色素沈着に対する改善効果の測定も行った．被験者の左腕上腕内側にUVA+B波を照射して人工的にシミを形成し，先の試験に用いたのと同じ Radical Sponge®1%配合のクリームと Radical Sponge® を抜いたクリーム（コントロール）の2種のクリームを指定部位に塗布して，分光色差計で肌の状態を測定した．結果，Radical Sponge® 配合クリーム塗布

第 2 章　フラーレン

部においては，コントロール塗布部よりメラニンインデックスの低減が有意に早かった（図 9）。

8.8　シワにも効く。ガイドライン準拠の臨床試験で確認

　高級化粧品の市場訴求点として美白が第一である事はたしかであるが，アンチエイジングも勿論，大きな市場である。社会の高齢化に伴ってアンチエイジングへの要求が更に高まる事は疑問の余地がない。美容の分野でアンチエイジングと言えば，シワやたるみの問題であるが，比較的，肌の色変化を定量化して示しやすい美白と異なり，アンチエイジング諸項目については，測定が容易でなく，効能を具体的に示す事が困難だった。しかし，2006 年に日本香粧品学会が「新規効能取得のための抗シワ製品評価ガイドライン」を発表したことにより，確立した評価手法を用いて効能を評価する事が可能になった。加藤らは，このガイドラインに準拠した臨床試験を 2008 年に実施したので，その概要を以下に紹介する[4]。なお，本試験では Radical Sponge® ではなく，高級化粧品の基剤として使用されている植物性スクワランにフラーレンを高濃度溶解させた VC60 のフラーレン第二弾製品 LipoFullerene® を使用している。なお，スクワランはスクワレン油脂を水素添加して安定性を高めたもので高級化粧品の基剤として広範に使用されている。

　このガイドラインに基づく試験においては，まず LipoFullerene® 入りのクリームと LipoFullerene® を配合していないプラセボクリームの 2 種類を準備した。LipoFullerene® 以外の処方は，LipoFullerene® の有無に関わらず，同一成分とした。

　23 名の被験者は，全員 30～40 代であり，ガイドラインで定められたシワグレード（0～7）で

表 1　LipoFullerene 抗シワ臨床試験内容

ガイドライン	新規効能取得のための抗シワ製品評価ガイドライン（日本香粧品学会2006年）
倫理的配慮	「ヘルシンキ宣言」及び「疫学研究に関する倫理指針」の遵守
倫理委員会	ハウト・シュリット倫理委員会の審査を受け、承認された後に実施した。
試験デザイン	無作為化二重盲検マッチドペア比較試験
試験期間	8週間
被験者数／選択基準／除外基準	23名／シワグレード2～3の成人女性（左右同じシワグレード）／ガイドラインに準拠
使用化粧品	LipoFullerene®配合クリーム及びプラセボクリーム
使用化粧品のC_{60}含有量	3 ppm（クリーム1 gあたりC_{60}が0.003 mg含まれる。） *LipoFullerene®1%配合
使用法と用量	1日2回朝と晩、洗顔後、指定のスキンケア製剤で肌を整えた後、メイクの前に指定された側の半顔に塗布。半顔につき0.3 g程度使用した。（C_{60}量として、1日あたり0.0018 mg）
評価項目	(1)シワグレード（目視、写真） (2)目尻のレプリカ2次元画像解析（シワ面積率、総シワ平均深さ） (3)経表皮水分蒸散量　(4)水分量　(5)粘弾性（柔軟性、弾力性）

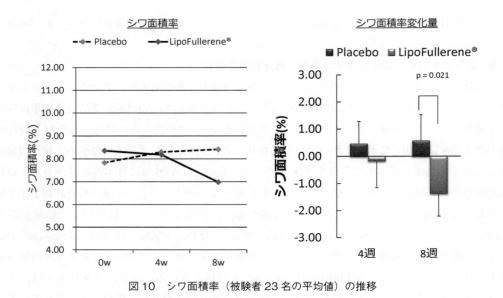

図10 シワ面積率（被験者23名の平均値）の推移

は，2もしくは3という，浅いシワレベルの比較的若々しい肌の持ち主である。被験者は朝晩，LipoFullerene®クリームとプラセボクリームを半顔ずつ塗布し，測定は4週間後と8週間後に行われた。本試験では，ガイドラインに従い無作為化二重盲検マッチドペア比較試験にて行っている。これは被験者もまた測定者も半顔のどちらにLipoFullerene®クリームが塗布されたか知らされていないという事を意味しており，試験デザインとしては非常に信頼性の高い方法であると言える（表1）。

臨床試験の結果，目尻のシワの占める割合を示す指標であるシワ面積率が，4週目でLipoFulleren®の塗布によって低減する傾向が見られ，8週目においてLipoFulleren®はプラセボと比較して有意にシワ面積率が減少している事が示され，抗シワ効果がある事が実証された。また，シワの深さに関しても改善させる傾向が見られた（図10）。

更に，特筆すべき事としては，被験者アンケートの結果によれば，刺激を感じたり，赤みが発生した被験者が一人もいなかったことがあげられる。抗シワ用の成分としてこれまで使用されているものは刺激のあるものが多く，赤みの発生も頻繁に聞かれる。フラーレンは非常に肌にやさしい成分でありながら，抗シワの効果も期待できることが確認された。

8.9 安全性に関する整備された情報

肌に直接使用する化粧品の原料として，安全性の確立がきわめて重要である事はいうまでもない。フラーレンの安全性に関しては，国内外でさまざまな研究が進められており，情報が蓄積しつつあるが，ここでは，外皮に塗布する化粧品としての安全性について述べる。

2001年4月の薬事法改正に伴い，化粧品の安全性保証は欧米と同様，企業の自己責任によるものとなった。日本化粧品工業会では，「化粧品の安全性評価に関する指針」を作成しているが，

第2章　フラーレン

表2　フラーレンコスメ原料の安全性試験結果

毒性試験項目		ガイドライン	対象（生物）	BIO FULLERENE®	Radical Sponge®	LipoFullerene®
経口	単回投与毒性（最小致死量）	薬審1第号薬新薬第8248号	動物（ラット）	>2000 mg/kg	>2000 mg/kg	NT
皮膚	皮膚一次刺激性	なし	動物（ウサギ）	刺激性なし	NT	NT
	連続皮膚刺激性	なし	動物（ウサギ）	刺激性なし	NT	NT
眼	眼粘性一次刺激	なし	動物（ウサギ）	極めて低い刺激性	NT	NT
皮膚/感作性	皮膚感作性（LLNA法）	薬審1第24号	動物（マウス）	感作性なし	NT	NT
	皮膚光感作性	薬審1第24号	動物（モルモット）	感作性なし	感作性なし	NT
	光毒性	なし	動物（モルモット）	毒性なし	毒性なし	NT
	光毒性代替法	OECD432	非動物（3T3 cell）	NT	毒性なし	毒性なし
変異原性	変異原性（Ames試験）	医薬審1604号	非動物（Salmonella typhimurium）	変異原性なし	変異原性なし	変異原性なし
	染色体異常	医薬審1604号	非動物（CHL Cell）	誘発性なし	誘発性なし	NT
刺激	ヒトパッチテスト	なし	ヒト	陰性	陰性	NT
透過性	ヒト皮膚透過性試験	なし	ヒト由来	NT	表皮のみ透過	表皮のみ透過

〈NT：not tested〉

試験項目に関しては制度改正前の新規化粧品成分の申請時に求められていた9項目（単回投与毒性，皮膚一次刺激性，連続皮膚刺激性，接触感作性，光毒性，光接触感作性，眼刺激性，遺伝毒性，パッチテスト）を基本としている。VC60では，当該指針やその他の公表されたガイドライン，ガイダンスを参考としてRadical Sponge®やLipoFullerene®さらに両化粧品成分製造の為の中間材料である高度に精製したフラーレン（BIO FULLERENE®）の安全性試験を実施している[5~8]。また，人工皮膚モデル及びヒト皮膚の両方を用いて，皮膚透過性試験を実施しており，フラーレンの透過は実用よりもはるかに高い濃度であっても表皮層までにとどまっており，真皮層には達しない事を確認している（表2）。

8.10　おわりに

　フラーレンの強力な抗酸化作用は，機能性化粧品成分として，美白や抗シワ等の美容における最重要項目に有効に活用されている。不溶性のフラーレンを独自の分散技術により化粧品に配合しやすくした成分は安全性に関しても十分な確認がなされており，すでに高級化粧品に配合される機能性材料の定番の一つとなっている。

ナノカーボンの応用と実用化

文　献

1) Krusic P. J. *et al.* Radical Reactions of C60, *Science*, **254**, 1183-1185 (1991)

2) Xiao L. *et al.* The Water-Soluble Fullerene Derivative "Radical Sponge" Exerts Cytoprotective Action against UVA Irradiation but Not Visible-Light-Catalyzed Cytotoxicity in Human Skin Keratinocytes, *Bioorganic & Medical Chemistry Letters*, **16**, 1590-1595 (2006)

3) Takada H. *et al.* Antioxidant Activity of Supramolecular Water-Soluble Fullerenes Evaluated by β-Carotene Bleaching Assay, *Bioscience, Biotechnology and Biochemistry*, **70**, 12, 3088-3093 (2006)

4) Kato S. *et al.* Clinical Evaluation of Fullerene-C60 Dissolved in Squalane for Anti-Wrinkle Cosmetics, *Jornal of Nanoscience and Nanotechnology*, **10**, 6769-6774 (2010)

5) Aoshima H. *et al.* Safety Evaluation of highly purified fullerenes: based on screening of eye and skin damages, The *Journal of Toxicological Science*, **34** (5), 555-562 (2009)

6) Aoshima H. *et al.* Biological Safety of water-soluble fullerenes evaluated by genotoxicity, phototoxicity studies and pro-oxidant activity. *The Journal of Toxicological Science*, **35** (3), 401-409 (2010)

7) Kato S. *et al.* Biological Safety of LipoFullerene composed of Squalane and Fullerene-C60 upon Mutagenesis, Photocytotoxicity, and Permeability into the Human Skin Tissue. *Basic & Clinical Pharmacology & Toxicology*, **104**, 483-487 (2009)

8) Mori T. *et al.* Preclinical studies on safety of fullerene upon acute oral administration and evaluation for no mutagenesis. *Toxicology*, **225**, 48-54 (2006)

9 フラーレンのビジネス展開

北口順治*

9.1 三菱商事のフラーレンビジネスの歴史

　三菱商事のフラーレンビジネスの取組みは，世界の企業の中でも最も早く，1993年に着手し，本格的スタートは1999年にフラーレン物質特許等を保有する知財管理会社，フラーレン・インターナショナル・コーポレーション（FIC社）を米国企業と合弁で設立したことまで遡る。2000年当時，日欧米各国ともナノテク強化の方針を打ち出しており，このトレンドに沿い，FIC社を足がかりとして，三菱商事内にプロジェクトチームを発足させ，ナノテク事業全般への参入検討を開始した。具体的には，まず現在で言うオープンイノベーション的理念に基づき，様々な企業や大学，研究所に参加を呼びかけ，ナノテクコミュニティーと呼ぶ研究や事業のゆるやかなアライアンスを組み，このアライアンス全体として技術向上や情報交換が得られるしくみを作った。2001年9月には，ナノテク投資に特化したファンドの設立により，ナノテクという広い産業領域の中で，有望技術を持つベンチャーに広く出資を行い，投資リターンを狙いつつもナノテク全体の俯瞰と参入領域の検討を行った。更に2001年12月には，三菱化学㈱並びにナノテクパートナーズとの合弁により世界で初のフラーレン量産メーカー，フロンティアカーボン㈱（FCC社）を設立した。このように三菱商事は，全くゼロからの事業化検討開始から1-2年間で，まずは幅広いナノテク産業の様々な情報にアクセス可能なしくみを構築した。次なるステップとして，このしくみを利用し，有望事業の発掘活動と機動的に事業立ち上げを可能とする目的で，ナノテク事業推進の専門組織を2002年6月に設立し，ナノテク事業の取組みを本格化させた。これらの取組みの詳細は，2003年8月発刊の「ナノカーボンの材料開発と応用」[1]を参照されたい。

　三菱商事は，ナノテク事業推進の専門組織の設置以来，カーボンナノチューブを利用したFED（Field Emission Display）用電子源や燃料電池，化粧品，医薬品，ダイヤモンド コーティング，エポキシ樹脂，鉄鋼等，数々の分野でナノカーボン材料を利用した研究を大学・企業・研究所等と共同で行った。その共同研究やマーティングを通じ，次なるステージへ進める分野の取捨選択の判断を，各共同開発テーマの特徴に合わせ，1-3年間で行い，結果としてFCC社設立の他，2003年5月に燃料電池部品関連の開発会社，プロトンC60パワー㈱を設立，また化粧品材料や医薬品材料等ライフサイエンス分野の研究を主とする開発会社，ビタミンC60バイオリサーチ㈱（VC60社）を2003年7月に設立した。

　その後2007年にFIC社を三菱商事の100%子会社にした上で，同社知財群を三菱商事に移管し，2008年4月からは，三菱商事を中心として，FCC社とVC60社を中核事業会社と位置付け，両社と歩調を取りながら，フラーレン素材とその関連事業に集中している。

　＊　Junji Kitaguchi　三菱商事㈱　地球環境事業開発部門　CEOオフィス　R＆Dユニット
　　　マネージャー

ナノカーボンの応用と実用化

9.2 三菱商事の戦略

9.2.1 ビジネスモデル

「ナノカーボンの材料開発と応用」[1]に記述したR＆D＋(C) 戦略とは，知財権を利用した出口を見据えた先端技術の事業化であり，昨今，政府若しくは産業界でも唱えられている出口を意識したR＆Dという考えに近い。もともと総合商社では，自前の研究者や技術の保有が少ない事もあり，柵に縛られる事なく，各産業分野のニーズとシーズの組合せからビジネスのしくみをつくり込むという機能が本質として備わっている。現在もR＆D＋(C) という基本コンセプト，すなわち市場の要求と先端技術のシーズが結びつくテーマに，キーとなる知財を絡め，三菱商事のポジションを確保した上でビジネススキームを構築するという考えの基本は変わっていない。なお必要とする知財は，共同研究や買収により確保する考えである。したがい現在も基本的なビジネスモデルは，図1の通り，「ナノカーボンの材料開発と応用」で記述されている "技術事業化型ビジネスモデルの構築"[1]を踏襲している。

①市場ニーズと技術シーズの調査・研究→②キー知財確保→③進出分野選定
→④事業化→⑤株式上場若しくは企業価値向上→①／②／③

図1　新しい技術の事業化ビジネスモデル

フラーレンの素材事業を通じ，このビジネスモデルを進める上でいくつか分ってきた点は，世の中に無い新しい素材の事業を進めると，その川下すなわち用途会社との接点も増え，この用途分野でも新しい知財も得られ，フラーレン事業というバリューチェーンの全体の強化，付加価値向上が図られる事である。図1は，実は一方向ではなく，①～④迄の間でいくつか双方向に絡みあっている。素材事業を通し各用途分野も俯瞰出来るので，素材と用途という2面的アプローチは，事業分野が格段に広まる可能性を持つ特長がある。したがい多方面での用途事業を意識した上で素材事業を進め，素材事業を基礎に用途事業にも参入し，事業の拡大・付加価値を高めてゆく事が，新素材のビジネスモデルと考えている。

もう少し詳細説明を行なう。素材と用途という切り口からは，フラーレンを製造・販売する素材会社FCC社並びに用途分野の一つとしてフラーレンを原料とした応用製品を製造する研究開発メーカーVC60社との協業，更には知財保有が三菱商事のコア機能となっている。分野という観点では，FCC社が担当する産業用分野，VC60社が担当するライフサイエンス分野からアプローチしているとも言える。

実際の三菱商事のフラーレン事業を具体的に示すと図2のフローとなる。図1と図2を対比した場合，現在の三菱商事のポジションは，事業化のところであり，これまで一定の配当収入やライセンス収入等は得ているが，投資ファンドでいうところの株式上場益等の巨額のリターンを得るようなポジションや企業価値の大幅な向上というポジションは，これから目差すところである。

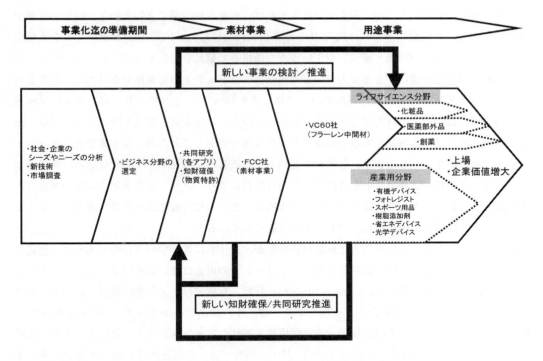

図2　三菱商事のフラーレン事業のビジネスモデル

9.2.2　ビジネス戦略と戦術

　フラーレンをキーワードとした各ビジネスセグメントにおいて No1 になる事業を推進する事が，三菱商事の基本戦略である。この戦略実現に向け，プッシュ／プル型戦術を取り，その戦術が実行できるよう，市場立ち上がりの時間軸短縮とビジネスインキュベーションの長期継続策を進めている。

　三菱商事は，市場ニーズを調査・把握した上で新技術型のビジネスを推進してきたが，フラーレンは，シーズ発信型の新規素材事業である為，成功迄の道のりが長い事も，過去新規素材の産業化の事例が示すところである。一般的に新素材事業の用途発展は，コンシューマー用途への導入から高機能産業用途分野，そして一般用途分野への採用という成長を辿ると言われている。過去の新素材の成功事例では，液晶が電卓へ応用され始め大型カラーディスプレイへと大きく成長，炭素繊維のスポーツ用品から航空機への展開，シリコンの半導体集積回路への利用，超伝導等，過去新しい素材が，研究段階から事業に育つ迄 40-50 年間を要している。このような産業成長の歴史を鑑みると，25 年前に発見され，本格開発開始からわずか 10 年しか経っていないフラーレン素材ビジネスの成功のポイントは，長期育成という観点を踏まえつつ，如何に成長迄の時間軸を短縮するかが課題となる。換言すれば，事業として離陸までの時間軸短縮とそれを継続する中長期的事業支援の体制構築がキーとなる。

ナノカーボンの応用と実用化

　三菱商事は，当初，人，物，金を大量投入すれば，市場が短時間で立ち上がり，時間軸短縮が可能であるという仮説に基づき，FCC 社を設立し実行に移した。FCC 社がフラーレンを大量生産する事により客先が評価・購入しやすいような価格帯で製品を提供するプッシュ型戦術と，客先の求める用途を念頭に，企業や大学等と共同研究プロジェクトや用途開発を目指した合弁会社を発足させる等，プル型戦術の両面でのアプローチを行った。これにより，コンシューマー製品には採用され，一定の目的は達成した。しかしながら，高機能産業用途分野の大量採用は，技術開発の障壁も高く，当初想定以上の時間を要する事が判明してきた為，基本策であるプッシュ／プル両面施策を維持したまま，各戦術の進め方を見直した。開発テーマを絞り込み，組織をスリム化し，親会社が開発コストを負担するという体制により，フラーレン事業子会社の運営コストも削減し，長期スパンで開発が継続できる体制とした。当初の戦略実現の為，各方策の進め方や体制は，市場環境や内部環境に合わせ都度見直ししている。

　現在，フラーレンの素材事業と化粧品材料事業が，具体的に進んでいる分野であるが，想定しているビジネス分野について説明を行なう。フラーレンの用途には，スポーツ用途に利用されているCFRP（Carbon Fiber Reinforced Plastics）分野，有機デバイス（有機薄膜太陽電池，有機EL，有機ダイオード，有機TFT，有機センサー等）や，炭素コーティング，高機能樹脂分野，触媒，サングラス向等光吸収添加剤，高密度情報メモリ，フォトレジスト，超伝導，蓄光，化粧品，医薬（がん，UV 低減，中枢神経疾患，HIV，ヘルペス，C 型肝炎等）等々あるが，素材よりも更に付加価値の高いこれらの各用途においても，フラーレンというキーワードが当てはまり，No1 を狙えるところ・狙うべきビジネスセグメントは，三菱商事の事業戦略の対象となる。素材から製品迄のバリューチェーンの価値向上を目差し，これら戦略対象事業が成功の上，上場出来れば上場益を目差し，また三菱商事の他営業グループに組み込んだ方が，よりシナジー効果がある場合は，違ったバリューチェーンへの組み込みによる最適化も考えられ，臨機応変，柔軟に考えている。いずれにせよ，目差す方向は製造業へかなり足を踏み入れた事業形態になっているので，それぞれの分野において最適なパートナーとアライアンスを構築する事が重要な成功の鍵と考えている。

9.3　ビジネス

9.3.1　産業用展開

　産業用向け応用展開の詳細については，重複を避ける為，本書第2章1「工業生産と応用展開」を参照されたい。ここでは，9.2.2項のビジネス戦略と戦術の記述に沿い，実ビジネスへの進め方やその背景について説明する。

　FCC 社は設立以来，プラントの増強や余剰設備の撤去，体制変更等の変遷を経ながら，現在では三菱化学㈱50%，三菱商事㈱50%の合弁会社となっている。三菱商事にとって，同社はフラーレンの素材事業の要であり，産業用分野の事業推進社という位置付けにあり，三菱商事は主にマーティング，販売のサポートを行っている。これまでFCC 社は2003 年より本格的に高

第2章　フラーレン

品質なフラーレンを大量に，安価に，顧客へ提供を行う役割を担ってきた。

　その活動結果として，フラーレンが採用された市場は，スポーツ用途を中心とする CFRP 分野（炭素繊維周辺へフラーレンを添加する事で強度向上），樹脂添加剤（ナノフィラー機能），スポーツ製品用ワックス・潤滑油の潤滑性能の向上（フラーレンの球形形状が機械面の凸凹を平坦にし，機械摩擦を軽減する役割），低温でのダイヤモンドライクカーボン状炭素薄膜形成（高炭素含有率の特性），化粧品材料（抗酸化機能），サングラス等光学製品（特定波長の光吸収）等と一部の医療機器関連分野である。採用された最終製品は，大部分がコンシューマー用途向けである。これらの用途は，2000 年頃からのナノテクブームを背景に，フラーレンが採用された側面もある。しかしながら，客先からの技術評価結果によれば明らかにフラーレン使用による性能向上が認められている事，FCC 社の設立直後に，製品採用された商品が未だに製造販売されている事，また一度採用された製品は，定期的に次世代製品に継続されている事，更には毎年のように全く新しい製品が発表されている事等から，フラーレンの独自機能が，製品の性能向上に寄与しており，これらの分野では，2005 年頃迄には一定の市民権を得たと言える。

　一方高付加価値産業用市場では，フラーレンに対し有機溶媒への可溶化や水溶化，単分散化等の要求が強く，2005 年頃から FCC 社の開発の主軸は，単体としてのフラーレンから，フラーレンの溶媒への分散化やフラーレンの高純度化並びにフラーレンの各種誘導体化に移っていった。フラーレンは容易に化学修飾が可能である事から，今では，エステル系，PGMEA 又 PGME 等に可溶なフラーレン誘導体の製造並びに水酸基を修飾した水にも溶けるフラーレンの製造も実現されている。これら誘導体の他，有機薄膜太陽電池向けの n 型材料として各企業，大学，各研究所等で広く使用されている PCBM（Phenyl-C61-ButyriC ACid Methyl Ester，フェニル C61 酪酸メチルエステル）を始めとする有機薄膜太陽電池向け各種誘導体も揃え，現在では企業の応用開発が広がっている。

　FCC 社は客先訪問を徹底し，大きな市場を狙える分野や客先の開発への積極度等を考慮した上で，CFRP，電子材料，有機デバイス他というテーマを設定し，2006 年から約 2 年間，顧客の要求に合わせた開発を行った。三菱商事も FCC 社と一体となり，営業やマーケティングに積極参加し，サンプル提供やデータ取得の為，企業や大学との共同研究も行った。この時に蓄積された基礎データは，今もノウハウとして残り，販促用に利用されている。

　最近では開発のテーマを有機デバイスやフォトレジスト関連に絞りこみ，顧客の製品開発のサポートを行っている。このように更に用途を絞り込んだ理由は，リソース面の問題と市場構造面の分析からによる。リソース面からみた場合，高機能分野では顧客要求の技術レベルが大変高く，開発すべきフラーレン誘導体を実現するには，各応用分野に精通し，その製品に合ったフラーレン誘導体を工業的に実現する技術力を持つ人材が必要であり，更には何度も試行錯誤を繰り返す為，豊富な資金が必要となる。複数の用途で，多数の客先と個別の用途開発を進める事は，人，資金，時間に莫大なリソースが必要であり，現実的には，蓄積したノウハウ，事業のリターン，資金との兼ね合いから，ターゲットを絞る必要があった。またもう一つの理由である市場構造面

87

ナノカーボンの応用と実用化

からのアプローチにおいては，既存材料の代替市場への参入か，新市場の創造かという選択肢があった。それまでコンタクトしてきた客先からの市場分析や市場調査会社による分析では，フラーレンの潜在的市場は，既存の材料を置き換える代替市場が殆どであった。一般的に顧客が既存材料から代替品に，触手を伸ばすモチベーションが高まる理由は，コスト：数割安，性能：数割増（よく言われるのは，コスト 1/2, 性能 2 倍。すなわち 4 倍の付加価値）という商品である。仮に赤字覚悟で，コストを無理に顧客要請に合わせ，首尾よく顧客評価に至ったとしても，評価チャンスは殆ど一回勝負であり，その間に既存商品が価格を下げれば，顧客製品への最適化が出来ないうちに評価落ちする可能性が高い。提案当初より圧倒的性能差・価格差が無い限り，評価継続は難しく，新材料にとっては参入障壁が高いという事が，それまでのマーティング結果から得られていた。全くの新規物質であるフラーレン自身の工業的利用の特性の詳細が未だに解明されていない中，素材メーカー単独では，顧客の用途向けの最適化は極めて難しい状況にあった。このようなビジネス環境も踏まえ，有る程度の開発の長期化は覚悟の上で，フラーレンに可能性を見出し，工業的に利用できると確信を持って頂いた客先と用途開発を進め，新しい製品・新しい市場を創造するやり方が，フラーレンビジネスには向いているという判断の下，時間は掛かるが新市場創造という方向性に力を入れる事とした。有機デバイスの内，有機薄膜太陽電池においては，n 型材料のほぼデファクトスタンダード材料としてフラーレンが市場に認知されつつあるので，この用途開発は特定顧客とは組まずに，ユニバーサル的に開発を行っている。既存の代替市場へのアプローチは，顧客への定期訪問と展示会や広告宣伝による調査や販促を通じ，効率よく行なう方針としている。更に三菱商事や FCC では，フラーレンの研究の裾野を広げる為に，世界中の研究動向もウォッチし，新しい研究や先端分野にも積極的にサンプル販売を行っている。

　現在もこれら用途開発は継続しており，顧客によっては，量産試作手前迄進んでいるところもあるが，どの分野の顧客もボリュームある数量が使用される時期は，2015 年頃と予想している。これは，三菱商事がターゲットしている業界の顧客製品が最終システムに採用される迄に，基礎評価，試作品評価，すり合わせ，仕様決定，基礎研究から採用迄最低 5 年間要する事を示唆している。2015 年にこの予想通り市場が立ち上がれば，本格事業開始から 15 年後に，ビジネスとして将来が見える事となる。過去の歴史から見た新素材ビジネスの立ち上がり時間に対しては，かなり加速されているという見方も出来るが，後々歴史が判断する事となろう。

　最後に撤退の例も示す。先に発刊の『ナノカーボンの材料開発と応用』[1]でも説明した通り，有望なフラーレンの用途分野の一つとして，固体高分子形燃料電池用電解質膜および電極ユニットの研究会社として，2003 年 5 月にパートナーであるメーカーと合弁にてプロトン C60 パワー㈱を設立した。この会社は，フラーレンがプロトンの良伝導体である事を利用し，研究を進め特許申請も行ったが，残念ながら当時の技術では，フラーレン誘導体の有効な薄膜化が実現難しく有望な客先確保が見込めないと判断し，2 年後に清算した。このように一定の期間に一定の成果が上げられない場合，将来性も考慮した上で，早めに撤退の決断を行う事も新規事業を行なう上

第2章　フラーレン

で重要と思慮する。その後，複数の有力企業がこの分野で精力的に研究を行っており，大きな市場に成長する事を期待している分野の一つである。

9.3.2　ライフサイエンス用展開

この展開の具体例の詳細については，本書第2章6「フラーレンの抗炎症効果」，本書第2章7「フラーレンの臨床試験」，並びに本書第2章8「化粧品」を参照されたい。ここでは，10.2.2項のビジネス戦略と戦術の記述に沿い，ライフサイエンス分野のビジネスへの進め方やその背景について説明する。

三菱商事のライフサイエンス分野展開の中核企業は，前述の通りVC60社である。VC60社は，フラーレンの球という形状とビタミンCの172倍もあるといわれる抗酸化力の特徴を生かし，化粧品材料，医薬部外品材料，医薬品原料等の研究，開発，販売を担っている。VC60社は，三菱商事のライフサイエンス分野の事業会社であり研究開発のプラットフォームと位置付けられている。同社が手掛ける化粧品材料セグメントは，黒字体質が定着しており，今後の更なる飛躍に向け，いくつかの策を実行中であり，将来を見据えた研究にも布石を打っている。

三菱商事は，フラーレンの特性を活かせる分野を調査していた初期段階から，フラーレンの抗酸化機能・ラジカル抑制機能に注目していた。大学ともフラーレンの同機能について共同研究を行い，その応用分野として，創薬を含むライフサイエンス分野に焦点を当てる事とした。これらライフサイエンス分野の具体的出口としては，ビジネスに最も近い化粧品分野（中間原料）にまず狙いを定めた。その後，医薬部外品分野へ進出，更に外用塗布剤，ペットフード用食品添加物や最終的には創薬の中間原料迄，開発検討対象を広め，有望知財が確保できた段階で，長期的レンジでは，創薬ベンチャーが盛んな米国においてベンチャーの創出とその参加を考えている。

VC60設立当時の事業化にあたり，戦略と事業計画を十分練り，その計画実行に沿うよう組織を整えた。化粧品業界のマーケティングを進める為に，まず専門マーケターを雇い，売り出し方法，対象客先，必要データ，広告方法等セールス戦略を立てた。同時に研究員を雇用し，化粧品材料に必要且つ市場が要求するデータと徹底的に収集した。その後，セールス組織を拡張し，フラーレンコスメという市場を立ち上げた。

VC60設立時の開発・研究テーマとしては，安全性データ取得とフラーレンの抗酸化採用の人体に対する効果効能のデータ取得に主眼を置いた。現在フラーレンは，自然界（炭鉱跡や宇宙）での存在が発見されており，自然物と見られている。また産業技術総合研究所での暴露試験[2]でも有害性は見出されていない。しかしながら，事業化の当初，フラーレンのナノ安全性データは少なく，安全性を確認するデータが必要であった。研究費の大半は，VC60社のフラーレン製品の毒性試験，刺激性等各種安全性試験（GLP機関にて行った）等徹底した安全性のデータ取得に費やされた。VC60のフラーレン製品は，精製したフラーレンを，ソフトコンタクトレンズや，化粧品並びに錠剤食品の結合剤等などとして使われている高分子，PVP（Polyvinylpyrrolidone）で包接する事により大きさを平均で約700nm程度に制御し，敢えてナノ材料の領域を回避するよう工夫を行っている。この大きさ故に，真皮迄浸透する事はなく，二重の安全性が施されてい

89

る。

　フラーレンの抗酸化効果は，他のどのような物質よりも優れているが，製品としては，高価なものである為，高級化粧品向をターゲットとした。フラーレンの認知度を高める為に，女性雑誌やマスコミの取材も積極的に受け認知度を高めるとともに，高級製品としてブランドイメージを高める為に，適正な量が配合されたフラーレン製品には，VC60 社が認証するロゴ使用を認めるようにした。これらのマーティングや広告宣伝効果もあり，フラーレンコスメは，既に一定の知名度を得ており，フラーレンをネット検索すると，上位は殆どが化粧品関係で占められる程になっている。

　このように化粧品材料では実績が出来たので，このビジネスの拡張とともに，医薬部外品承認を数年以内で得て，例えば養毛・育毛剤やニキビ等の医薬部外品商品を開発する事を次のターゲットとしている。更に外用塗布剤等，直接体内に吸収されない比較的安全面でもハードルの低い医薬品への取組みを進める計画も検討している。一方で創薬の取組みは，長期に渡る為，研究の裾野を広げるよう大学との共同研究等を行い，知財面の確保に重点を置く作戦で進めている。昨今の新薬を取り巻く環境は，低分子の設計系から抗体医薬へ開発の軸足がシフトしている。これは癌やウィルス感染症を代表とする難病治療薬には，もはや既存の化合物の改良は行い尽くされ，画期的新薬を望めない状況が背景にある。この点，フラーレンは新しい化合物として有望と考えられており，実際にフラーレン誘導体を使用した企業や大学も多い。特にフラーレンの抗酸化機能は，基本的には全ての炎症系の疾患に有効であるという研究者の声もあるが，誘導体の異性体問題，水溶化や規格化，体内動態特性をどのように進めるか等，民間会社ではリスクが高く手を出しにくい分野でもある。したがい，三菱商事としては，開発企業出現を加速させる方策として，研究拡大を促進させる横展開（研究希望機関へのフラーレン供給）と薬として成功確率が高い研究テーマ（主体的に研究を進める希望を持つ企業とのパートナー化）を絞り込み，パートナーと開発を進める縦展開の 2 軸策を基本策として考えている。

　医薬品の研究は，各疾患に対応し各誘導体が開発されているが，フラーレンの特長の内，抗酸化作用，酵素増殖の阻害機能（逆転写酵素阻害機能／プロアテーゼ阻害機能），ラジカル発生機能，金属内包のいずれかの機能を利用した例が多い。将来チャンスがあるようならば，共同研究等を通じ，フラーレン誘導体中間材料供給をビジネス目的に，医薬メーカー等のパートナーとともに，創薬 JV の設立を検討したい。

　現状，創薬の取組みは，海外企業が先行しており，HIV 問題が深刻なロシアでは，過去約 10 年間の研究の後に，フラーレンの逆転写酵素阻害機能を利用した HIV や鳥インフルエンザ等ウイルス性の疾患向けに臨床試験の最終段階迄進めている企業がある。米国では，フラーレンの抗酸化作用を利用し，ルーゲーリック病やパーキンソン病等中枢神経疾患向け治療薬の開発会社，フラーレンの金属内包を利用した MRI 用造影剤の開発会社，更には，フラーレンに強烈な紫外光（日昼光の 200 倍程度）を照射すると，近傍の酸素等の分子をラジカル化させる特長を利用した光線力学療法向け治療薬等の開発も進んでいる。このようにフラーレンの創薬開発は，研究段

階であり，ビジネスとしての規模に成長するには，時間を要するが，この時間軸と開発リスクの
バランスを取りながら，進めてゆく事が重要と考えている。

9.4　おわりに

　三菱商事のフラーレンビジネスの歴史から，現在の取組み方針や戦略・戦術について解説し
た。日本の製造業は，かつて欧米を目差し欧米の基礎技術を低コスト・高品質で大量生産を行い，
高度経済成長を築いた時代を経て，オイルショックや円高等の障壁も越え，発展してきた。その
後，基礎研究や独創的技術を重視した体制へシフトし，昨今の多数のノーベル賞受賞という結果
に現れてきた。しかしながらバブル経済の崩壊以降，アジア諸国の追い上げ等もあり経済が低迷
する中，ここ数年国家レベルや企業でも出口の見えない研究の見直しが行われている。現在，企
業の中で柱になっている新ビジネスは，もともと 10-20 年前から研究者や技術者の強い思いから
継続され，絶妙のタイミングで花咲くケースが大半であると聞く。教科書的に将来の収益と研
究・開発を紐付け，テーマの優先順位付けを行う所謂「選択と集中」も重要であるが，今こそ研
究者の新しい発想の研究やビジネスアイデアを，研究や事業のポートフォリオとして取組み，ど
うマネージしビジネスにつなげていくのかが問われる時代に来ていると感じる。

　三菱商事は，製造業とは研究開発の数も質も比較対象にはならない程少ないが，新しい素材で
あり時間のかかるフラーレンビジネスに関しては経営トップの理解も得られ，上に述べたような
取組みが許されている。経営トップの判断に感謝するとともに，少しでも会社並びに社会に貢献
できるよう是非ビジネスを成功させてゆきたいと考えている。

文　　　献

1) 篠原久典監修，ナノカーボンの材料開発と応用，p9-p16，シーエムシー出版，2003 年 8 月
2) 産業技術総合研究所 安全科学研究部門，ナノ材料リスク評価書「フラーレン（C60）」，
   2009 年 10 月
   安全科学研究部門のウェブサイトからダウンロード可能　http://www.aist-riss.jp

第3章　カーボンナノチューブ

1　カーボンナノチューブの合成・販売

橋本　剛*

カーボンナノチューブ（以下 CNT）は飯島の発見から20年以上経ち，着実に産業化へ向けて進展している。かつてはナノテクブームにより，魔法の材料のように捉えられた時期もあったが，それも一段落つき，カーボン素材として現実的な応用事例がいくつか出てきている。特に導電性や強度を利用したアプリケーション開発が，樹脂や溶液などへの分散技術の進化とともに，現実のものになってきている。本項では，カーボンナノチューブについて基本的な理解ができるよう，まずその種類と合成法について解説をしたい。その上で，カーボンナノチューブの製造販売会社の立場として見た，実際のビジネスの流れについて話を進め，カーボンナノチューブの全体像が掴めるように努めていく。

1.1　CNT の種類

CNT は大きくわけて，2種類に分類される。ひとつは単層カーボンナノチューブ（Single Walled Carbon Nanotubes 略して SWNT）と呼ばれるもの。もうひとつは多層カーボンナノチューブ（Multi Walled Carbon Nanotubes 略して MWNT）と呼ばれるものである。

CNT の基本構造としては，炭素原子が六角形に配置されたグラファイトシートを筒状に巻いた形をしている（図1）。

このグラファイトシートが一層の場合は単層カーボンナノチューブ（図2），グラファイトシー

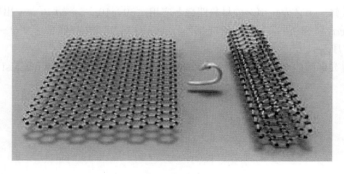

図1　CNT の基本構造

---

*　Takeshi Hashimoto　㈱名城ナノカーボン　代表取締役

第3章　カーボンナノチューブ

トが複層に同心円状になった場合は多層カーボンナノチューブ（図3）となる。

SWNTは直径1～5nmで長さが10μm前後，MWNTは直径が10～150nm程度で長さが10μm前後である。直径サイズが大きく違い，このことにより，性質，合成法，価格が大きく変わってくる。

図2　SWNT　　　　図3　MWNT

SWNTは直径が極めて細いため，量子的な効果が現れやすく，モデル的にも扱いやすいので，研究目的としても使われる。また1枚のグラファイトシートの丸め方（カイラリティー）により構造や物性が異なる。SWNTが半導体になったり金属になったりするなどのユニークな電気特性はその直径の細さに由来している。

MWNTは直径が太く，金属的な性質で理解されている。MWNTは直径分布が広いため，いくつかの系統に分けられる。10nm付近のもの，40～80nm付近のもの，150nm付近のものである。直径が細いものほどしなやかで，太いものほど剛直であるというイメージで捉えられる。

またSWNT・MWNTの性質と応用先としては図4にまとめたとおりである。

大きく分けて5分野で考えられる。エネルギー・エレクトロニクス・マテリアル・バイオ・ナノテクノロジーである。この中でも導電性を利用した用途について比較的事例が多い。CNTの利用を検討するときに，SWNTなのか，MWNTなのかを明確に意識する必要がある。

ナノカーボンの応用と実用化

分野	用途	対象	機能
エネルギー	リチウムイオン電池	SWNT／MWNT	電極材料、導電剤
	キャパシタ	SWNT／MWNT	電極材料
	燃料電池	SWNT／MWNT	触媒担持体
エレクトロニクス	透明電極	SWNT	透明導電性
	トランジスタ	SWNT	FETチャネル
	LSI配線	SWNT	配線材料
マテリアル	導電性塗料／樹脂	SWNT／MWNT	導電性フィラー
	導電性ペーパー／繊維	SWNT／MWNT	導電性フィラー
	強化樹脂／強化金属	SWNT／MWNT	高強度フィラー
	放熱部材	SWNT／MWNT	高熱伝導性フィラー
バイオ	細胞培養	SWNT／MWNT	細胞増殖
	バイオセンサー	SWNT／MWNT	高感度センサー材料
	ドラッグデリバリー	SWNT／MWNT	薬物キャリア
ナノテクノロジー	走査型プローブ顕微鏡	MWNT	SPM探針
	マニピュレーション	MWNT	ピンセット

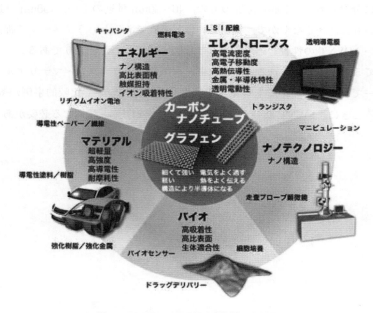

図4　SWNT・MWNTの性質と応用先

94

第3章　カーボンナノチューブ

1.2　CNT の合成法

　CNT の合成には，主に3つの方法がある。アーク放電法，レーザー蒸発法，CVD 法である。いずれの方法でもある程度の結晶性を持った SWNT，MWNT を生成するためには，触媒となる金属が必要であるという点で共通している。触媒として活性である金属の条件は，炭素のグラファイト化作用に優れ，適度な炭素に対する溶解度をもち，グラファイトに対してその結晶が安定配向できるという3つである。中でも Fe，Co，Ni がよく使われる。

　アーク放電法は，10 kPa 前後のヘリウムガスで満たされたガラス容器の中で正負のグラファイト（電極）棒間でアーク放電を起こし，グラファイトを昇華させるというものである。昇華させたグラファイトの半分程度は，気相中で凝縮し，真空チャンバー内の壁に煤となって付着する。残りは陰極の先端に凝縮して堆積物を形成する。煤に SWNT が，陰極堆積物に MWNT が存在する。アーク放電法で得られる SWNT はアモルファスカーボンが多いため精製作業が必要となる。また収率の面で CVD 法に劣るものの，結晶性の高さでは高品質である。

　レーザー蒸発法では，1200℃ に加熱したアルゴンガスの流れの中で，金属を混合したグラファイトをレーザー光により昇華する。昇華したグラファイトは電気炉の出口付近に煤として付着する。アーク放電法の場合と同様に，煤の中に CNT が存在する。一般に，レーザー蒸発法は，アモルファスカーボンは少なく，生成物中の SWNT の割合が高い。また結晶性も高い。しかし，レーザーによる熱エネルギーを利用するため，大型化が難しく，SWNT を量産化することは困難である。

　CVD 法は，炭化水素の熱分解を利用する。アーク放電法やレーザー蒸発法よりも大量かつ安価に単層 CNT を生成できるので，近年触媒 CVD 法（CCVD 法）による SWNT の生成方法の研究が盛んになっている。炭素源としては，HiPCO 法に用いられる一酸化炭素，その他にメタン，エチレン，アセチレン，ベンゼンなどの炭化水素ガス，アルコールが用いられる。触媒となるナノメートルサイズの金属微粒子を，これらの炭素源と約1000℃で反応させることでナノチューブを形成する。炭化水素ガスを原料とする方法では，比較的高温（800～1200℃）での反応が必要である。その際に起こる炭化水素ガス自身の熱分解により，アモルファスカーボンや結晶性の低い SWNT，MWNT が生成されやすく高品質なナノチューブの生成は難しい。また，炭素源として一酸化炭素を用いた HiPCO 法では，生成した単層 CNT に鉄などの触媒金属の不純物が多く含まれてしまうので純度や結晶性を高めるためには，精製や熱処理を行う必要がある。また，一酸化炭素は毒性が高く，さらに，実験条件も高温高圧（1000℃，3 atm 程度）が必要となるため，実験装置が大掛かりになるためという欠点がある。一方，アルコールを炭素源に用いる触媒 CVD 法（ACCVD 法）では，比較的低温な領域（600～900℃）で精製が可能であり，高結晶性，高品質の単層 CNT を合成できる。アルコールを炭素源として用いることで高結晶性の単層 CNT の生成できる理由としては，アルコールが有酸素分子であり，ナノチューブの生成を阻害するアモルファスカーボンなどの不純物炭素原子を効率的に除去するためだと考えられている。また最近では，（独）産業技術総合研究所（産総研）においてスーパーグロース法や e-dips

95

法など高純度・高結晶なSWNT合成法の開発が進められている。

1.3 CNTの販売

㈱名城ナノカーボンは2005年4月に設立された，ベンチャー企業である。ベースとしては名城大学安藤義則教授のCNT合成技術である。2011年4月現在で丸6年間活動を行っている。事業内容としてはR＆DユースのSWNT・MWNT製造・販売が主内容である。

CNTマーケットとしては大きく分けると2つの系統にわかれる。SWNTとMWNTである。何故なら価格帯が全く違うからである。2011年の段階で見ると，SWNTに関しては十～数万円／gという単位であり，MWNTに関しては十～数万円／kgという単位である。SWNTはgオーダー，MWNTはkgオーダーである。このことにより，使用用途・顧客層も大きく異なる。

例えば，同じ導電性用途を考えた時でも，SWNTは大量に混入するわけにはいかない。そのため，溶液に粘度の薄い状態で分散させ，それをスプレー・ディップ・スピン・インクジェットなどの方法で表面コートを行う。このような使い方により，透明度を保ちながら導電性を付与させ，タッチパネルなどで使用される，透明導電膜を形成することができる。SWNTの使用量は少量で済む。逆に安価なMWNTを使用しても黒くなってしまい機能が合わない。

また，熱可塑性樹脂などに混合し，樹脂全体の導電性を付与したい場合はMWNTの方が向いている。例えば半導体搬送用トレーなど静電気の発生を抑止する必要がある場合が考えられる。MWNTを数％添加し混練，射出成型することで，静電防止機能のついた導電プラスチックを大量に安くつくることができる。

このような中で，名城ナノカーボンではSWNTに関してはアーク放電法，MWNTに関してはCVD法を利用し製造・販売を行っている。またその他ではそれらのCNTを溶液分散した分散液，金属・半導体CNT，CNTコートディッシュなど原料に手を加えた加工品としての販売も行っている。

1.3.1 SWNT

合成法：アーク放電法

種類：SWNT APJ，SWNT SO，SWNT FH-A，SWNT FH-P

直径サイズ：1.4nm（APJ，SO）もしくは1～2.5nm（FH-A，FH-P）

販売先：大学，企業，公的研究機関など

用途：透明導電膜用，2次電池導電剤，細胞培養用，金属・半導体分離

真空容器中に適当なガスを流し込み，直流アーク放電を行い，プラズマを発生させ，陽極側の触媒入りカーボン電極を蒸発させることにより，煤を発生させる。その煤の中に，高結晶性単層カーボンナノチューブが大量に含まれている。ガスの種類と触媒の最適な組み合わせと蒸発時の運転方法により，結晶性の高い単層カーボンナノチューブを作製する。

電子顕微鏡で見てみると，精製前でも不純物が非常に少なく，結晶性が良いことがよくわかる。精製すると不純物はほぼ除去できている。

第3章　カーボンナノチューブ

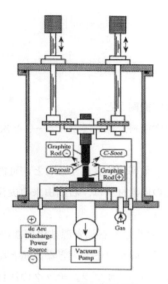

図5　合成装置模式図
（出典：X. Zhao, M. Wang, M. Ohkohchi, and Y. Ando, *Bull. Res. Inst. Meijo Univ.* **1**, 7（1996））

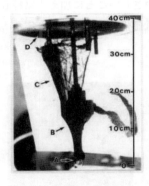

図6　30cm以上のネット

図7　リットル容器で1gの様子

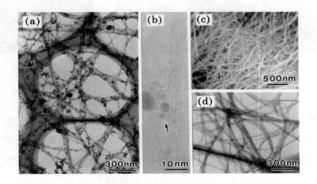

図8　電子顕微鏡写真
作製したままの単層カーボンナノチューブの（a）低倍のTEM像，（b）高分解能TEM像，精製した単層カーボンナノチューブの（c）SEM像，（d）TEM像

1.3.2 MWNT

　　合成法：CVD法
　　種類：MWNT
　　直径サイズ：10～40nm
　　販売先：大学，企業，公的研究機関など
　　用途：導電プラスチック，導電塗料，熱伝導フィラー，2次電池導電剤，2次電池電極，強度フィラー

原料に植物由来の樟脳を利用し，効率よく合成することが可能である。通常，CNTを含めた，カーボンブラックや人造黒鉛などの炭素材料は，石油由来の炭化水素ガスを原料に合成が行われる。

しかしながら，昨今のCO_2温暖化問題や石油資源枯渇問題の顕在化により，持続可能な社会を作るには，石油資源から植物資源へのシフトが大きな課題となっている。特にプラスチック業界はその意識が強く，ポリ乳酸などのバイオプラスチックの注目度は非常に高くなっている。

この動きは今後，炭素材料にも十分当てはまり，植物由来MWNTは「バイオカーボン」と呼んでも差障りがない。この植物由来MWNTは，環境にやさしいことに加え，原料も安価で合成におけるエネルギー効率が非常に高いことから将来的に低価格化が可能で，有望なMWNTと目されている（図9）。

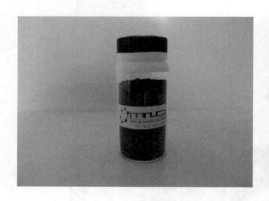

図9　MWNT実体写真と電子顕微鏡写真

1.3.3 CNT分散液

名城ナノカーボンでは，SWNT，MWNTそのものの販売からスタートした。しかしながら，使い方が難しいということで，当初の売上は低迷していた。顧客からのヒアリングを進めた結果，水やアルコールなどへの溶液へ溶かして使いたいとの声が大きいことがわかり，分散液の開発を行った。ナノマテリアル全般に言えることではあるが，CNTは非常に凝集しやすい。凝集してナノオーダーの素材が，マイクロオーダーになってしまうと，元の機能を引き出すことが難しく，

第3章　カーボンナノチューブ

むしろダマ状態として，機能を低下させるケースが多い。例えば樹脂に強度を持たせたいということでMWNTを練りこんだ場合，MWNT同士が絡み合い大きなパーティクルが樹脂内に混入している状態となり，その箇所からクラッキングが発生し破壊が生じる。これでは機能を上げるどころか，機能を落としてしまっている。このようなことから，比較的早い時期からCNTの分散技術の開発に取り組んだ。

分散液の作り方はいろいろな手法がある。まずよく利用されるのは，分散剤を投入し，せん断力をかけることによりほぐしこむ物理的分散法がある。また，CNTの表面に官能基をつけることで分散を行う化学的分散手法がある。どちらも一長一短があるが，最近良く行われているのは物理的分散法である。これは比較的簡易に処理が行えることや，CNTへの損傷もやり方次第で少なくできることなどが多用されている理由と考えられる。

ただ問題点としては分散剤となる界面活性剤やポリマー成分が電気伝導度の低いものが多く，分散はできたものの，CNTの周りを絶縁性の分散剤で覆ってしまう点にある。この点については，あとで除去しやすい分散剤や，もとから導電性を有する分散剤など様々な手法で，解決が図られようとしている。

弊社においても分散液としてすでに商品化しており多くのユーザーに利用されている（図10）。

また分散状態についての確認は，双方ともスポイドで一滴たらして自然乾燥させた後の基板の観察を行った。図11の分散前は殆どが凝集しており一部しか繊維状のものが見えない。図12の分散後は全体に繊維状の物質が確認できる。

図10　SWNT分散液

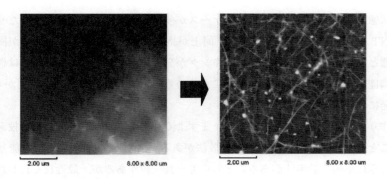

図11 分散前 SWNT AFM 写真　　図12 分散後 SWNT AFM 写真

1.3.4　金属型・半導体型 SWNT

　SWNT はグラフェンシートの巻き方により，金属型・半導体型の特性を帯びる。通常は金属型3，半導体型7の割合で混在している。これでは本来持っている SWNT の機能が十分に発揮できない。そのために金属型，半導体型に分けて利用することが求められていた。本来は合成の時点で金属型のみ合成，半導体型のみ合成できれば一番良いわけであるが，現時点でまだ作りわけの技術はできていない。そのため，混在している SWNT を金属型と半導体型に選り分けることが必要となる。その方法として産総研片浦，田中，首都大学東京柳らにより密度勾配遠心法，電気泳動法，ゲル分離法などの手法が考案されている。名城ナノカーボンにおいては密度勾配遠心法により金属・半導体 SWNT の精密分離を行い商品化している（図13，図14）。

図13　金属型 SWNT（青緑色）　　図14　半導体型 SWNT（赤色）

1.3.5　CNT コートディッシュ

　CNT コートディッシュはポリスチレンディッシュに CNT がウェットコートされた細胞培養容器である。肉眼ではほぼ透明状態となっている（図15）。しかしながら，電子顕微鏡で観察す

第3章　カーボンナノチューブ

図15　CNTコートディッシュ

図16　細胞培養前のCNTコート
ディッシュ表面の電子顕微鏡写真

図17　細胞培養後のCNTコート
ディッシュ表面の電子顕微鏡写真

ると CNT がランダムに絡み合った網目構造を確認することができる（図16, 17）。この網目構造が，細胞の足場となり培養機能の向上が確認できる。CNT 自体は直径 1nm 程度で非常に細いが，ネットワーク自体はその CNT が何本も束になったバンドルによって構成されている。

ナノカーボンの応用と実用化

　細胞増殖のメカニズムとしては，細胞の足場となる CNT 自体が，FBS などの血清と非常に相性がよく，CNT ネットワーク上に，効率的に FBS などの血清成分が吸着することが要因として考えられている。また，単層 CNT（SWNT FH-P）を利用した，CNT コートディッシュは増殖した細胞も容易にはがす事ができ，通常の細胞回収処理であれば，SWNT はディッシュから殆ど剥がれない。骨芽細胞のような接着性細胞などにおいては，血清濃度が低い場合に大きな効果が認められている（北海道大学赤坂による）。

　また，CNT のネットワーク構造により導電性（5000Ω／□〜10000Ω／□程度）も得られているので，底面に電極を設置すれば，細胞に対して容易に電気刺激を与えることができる。

1.3.6　おわりに

　このように CNT は材料の品質や価格などと同時に，ハンドリングのための技術が合わせて必要で，特に分散技術が重要である。販売活動においてもその意識が大事で，常にユーザーサイドに立った商品，技術の提供が求められるところである。名城ナノカーボンにおける商品ラインナップは，資金力の限られた大学ベンチャーという条件のなかで，顧客要望，技術展開を見極めながら，少しずつ広げていった。

　また技術や商品をタイムリーに提供するにあたっては自社技術にこだわらず，オープンイノベーションにより様々な研究機関と連携して開発を進めている。最近では研究機関が自ら開発した技術を名城ナノカーボンに持ち込み顧客ニーズを探るため試験販売を行う動きも出てきている。特に，研究機関で開発された「試験管スケール」の少量・不安定な技術を「ビーカースケール」に引き上げ販売に必要なロットを安定生産・確保することは弊社の得意とするところである。

　コアとなる材料技術を磨きつつ顧客要望に合わせた新たな商品・技術を継続して提供する役割，新しく開発された技術のニーズを探る場を提供する役割，このような機能を果たすことで，材料ベンチャーとして存在ができていると思われる。今後もこの役割は継続して果たしていくとともに，「ラボスケール」から「プラントスケール」への展開も合わせて目指し，CNT の工業化へ向け大きく貢献したいと考えている。

2 CNT透明導電フィルム

佐藤謙一[*]

2.1 はじめに

　液晶テレビ，スマートフォン，携帯電話，ゲーム機，カーナビゲーション，タブレットPCや太陽電池など，現在利用されている電子・通信機器等において透明電極（透明導電膜）は非常に重要な部材となっている。これら電子・通信機器は今後も利用拡大が続き，ますます透明電極の使用量は増加し，その重要性は増すものと推定される。

　現在この透明電極にはITO（Indium Tin Oxide（インジウムスズ酸化物））が用いられており，その使用量が増加している。日本国内のインジウムの使用量のうち，約90％がITOに使われているが，インジウムはレアメタルであるためにその供給安定性が鍵となる。現状日本ではインジウムの多くを輸入に依存しており，その輸入国と輸入量は図1のように変遷している[1]。2006年までは中国にインジウムの輸入の多くを依存していたが，中国国内での資源保護政策の影響により中国から日本への輸入量が減少し，2008年のデータでは韓国にとって代わり，日本の輸入量の約70％を依存している状態である。このように輸入国は代わったものの，日本が多量のインジウムを輸入していることに変わりはない。またインジウム自身の枯渇についても様々な議論があるが，枯渇不安が少なからず存在する。インジウムは他のレアメタルと比較するとリサイクルが進んではいるものの，今後の透明電極利用増大に備えて，さらなるリサイクル技術の発展や供給豊富なITO代替材料が求められ続けているのが現状である。

　ITOの代替材料としてはZnO（Zinc Oxide（亜鉛酸化物））またはZnOに0.1％程度のAlや

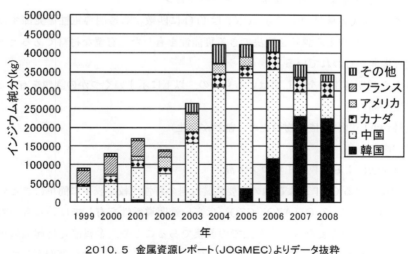

図1　日本のインジウム輸入国と輸入量の推移

---

[*] Kenichi Sato　東レ㈱　化成品研究所　ケミカル研究室　主任研究員

Ga を添加した AZO，GZO など）や導電性ポリマー（PEDOT/PSS（ポリエチレンジオキシチオフェン／ポリスチレンスルホン酸），ポリアニリン），銀（Ag）ナノワイヤやカーボンナノチューブ（CNT）などが検討されている。また最近では，2010 年度ノーベル物理学賞受賞を契機に爆発的に研究が加速されているグラフェンについても ITO 代替材料としての透明電極の可能性が検討されている[2]。

　透明電極にはガラス基材上の電極，PET など樹脂基材（フィルム）上の電極などがあるが，本節ではフィルム上の電極となる CNT 利用透明導電フィルムの開発状況に絞って話を進める。

2.2　ITO フィルムについて

　ITO フィルムはそのほとんどがタッチパネル用の透明導電フィルムとして利用されている。タッチパネルは様々な方式が存在するが，主流は抵抗膜式および静電容量式である。これまではゲーム機などで利用される抵抗膜式がそのほとんどを占めており，今後もその市場は維持していくと予想されている。一方で最近の iPhone をはじめとするスマートフォン，タブレット PC 等ではマルチタッチ可能な静電容量式の利用が進み，市場が急拡大している。

　抵抗膜式タッチパネルは，基本的にフィルムの上部電極，ガラスの下部電極を備え，いずれも透明電極は ITO を利用している。ITO フィルムの透明導電性は透過率が 88-90％，表面抵抗値が 200-500 Ω／□である[3]。ITO 代替材料を開発するには，ITO フィルムの最も大きな市場，抵抗膜式タッチパネルの透明導電性が 1 つの大きな目標になると考えられる。

2.3　CNT 利用透明導電フィルム開発のモチベーション

　先に述べた ITO 代替材料の中でも，CNT は ITO に匹敵する透明導電性を発揮する可能性があるとともに ITO が抱える課題を解決できる可能性を有した，有望な材料であると考えられ，数多くの研究開発が行われている。

　ITO は優れた透明導電性を有してはいるものの，以下に示すいくつかの課題を有する。

① 黄色度が高い
② 耐久性が低い（金属酸化物のため，割れが発生）
③ 値段が高い
④ スパッタ法による製膜（工程コスト高）

ITO の課題に対する CNT および他の主要代替材料の特性比較を表 1 に簡単にまとめる。

　ITO 代替材料として，ZnO（AZO，GZO）は高い透明導電性を有してはいるものの，ITO と同様に高温，高真空が必要なスパッタ法での製膜であることや，金属酸化物起因の耐久性不良（割れの発生）が懸念される。また導電性ポリマー（PEDOT/PSS）は色調が青色で，耐久性，特に湿熱性不良が懸念される。このような中，CNT は柔軟性が高いために耐久性が高い（割れが発生しない），ウエットコートによる roll-to-roll 塗工が可能であるなどから，先に示した ITO が抱える課題を克服しうる有望な代替材料として，多くの開発検討が行われてきた。

第3章　カーボンナノチューブ

表1　ITO と各種代替材料の特性比較

材料	透明導電性	色調	耐久性	ウエットコート
ITO	◎	△ (黄色)	△	×
CNT	○	◎	◎	○
ZnO (AZO, GZO)	◎	○	△	×
導電性 ポリマー	△	△ (青色)	× (湿熱不良)	○

2.4　CNT を用いた透明導電フィルム開発に必要な技術

CNT 利用透明導電フィルムを開発するために主として必要な技術は，

①　高品質な CNT およびその製造技術

②　CNT の分散化技術

である。

導電体である CNT の高品質化，その製造技術，および CNT の分散化技術は CNT 利用透明導電フィルムの基礎特性を決定づける要因であり非常に重要である。それぞれの検討開発状況を以下に記載する。

2.5　高品質な CNT およびその製造技術について

1991 年の飯島のカーボンナノチューブ発見[4]から高純度 CNT の製造技術，量産化技術について多くの研究開発が進められてきた。透明導電フィルム製造の為には導電性の高い CNT が必須である。CNT の導電性を高くするためには，高純度（アモルファスカーボンなどの不純物が少ない），高品質（高結晶性，高グラファイト化度），直径が細い（層数が少ない）CNT を製造する必要がある。つまり高純度，高品質の単層 CNT や 2 層 CNT が高性能な透明導電フィルムを作製する上で必要である。

CNT の製造方法として様々な方法が開発されてきたが，その中でも代表的な方法を図2に示す。

触媒担持気相成長法は担持体に触媒金属を担持し，加熱炉中で原料ガスと接触させることで CNT を製造する方法である。気相流動法は触媒前駆体を原料ガスとともに加熱炉中へ投入し，CNT を製造する方法である。本方法で製造される CNT として，昭和電工㈱の VGCF（気相成長炭素繊維）が知られている。アーク放電法は黒鉛電極間のアーク放電により CNT を製造する方法である。高品質な CNT 製造法として知られているが，高価な設備が必要とされることもあり，未だ本格量産には至っていない。いずれの CNT 製造方法にもそれぞれの強み，弱みがあると考えられるが，各種方法で高純度，高品質な CNT の製造検討が進められてきた。

105

ナノカーボンの応用と実用化

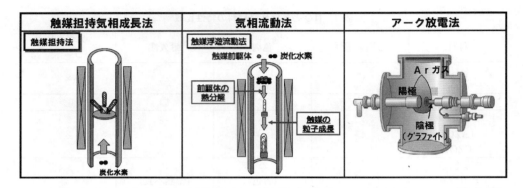

図2　代表的な CNT 製造法

　上記のように様々な CNT の製造法が検討されているが，いずれの方法においても CNT は通常，アモルファスカーボンや種々の層数の CNT 等の混合物として生成する。アモルファスカーボンはそれ自身の導電性が低いばかりでなく，透明導電フィルム作製時には透明性も低下させるため可能な限り生成抑制する，または除去する必要がある。また品質の低い（結晶性の低い）CNT や直径の太い CNT においても，自身の導電性が低いため，生成抑制もしくは除去の必要がある。そこで種々の高純度，高品質および直径の細い（層数の少ない）CNT の製造法が検討されてきた。

　高純度，高品質 CNT 製造法としては，丸山らのアルコール CVD（Chemical Vapor Deposition）法による単層 CNT の製造法[5]，斎藤らの e-DIPS（改良直噴熱分解合成：enhanced Direct Pyrolytic Synthesis）法による単層 CNT 製造法[6] や篠原らのアルコール CVD 法による2層 CNT 製造法[7] などが良く知られている。

　丸山らは，Y 型ゼオライトを担体に Fe/Co を触媒，エタノールを原料としたアルコール CVD 法と名付けられた高品質単層 CNT 合成法を開発している。本手法ではエタノールから生成する酸素ラジカル等が CNT 合成中に副生するアモルファスカーボンを酸化除去するために，高品質な単層 CNT を生成すると推測されている。また斎藤らの e-DIPS 法は Fe 触媒を原料であるエチレンとともに反応管内にスプレーする事で非常に高結晶性（ラマン G/D 比 ≧ 200）な単層 CNT を得ている。また篠原らのアルコール CVD 法では，アルコールを原料として用い，ゼオライトやメソポーラスシリカを担体とし，Fe/Co 触媒を用いることで高品質2層 CNT を製造することを可能とした。

　東レにおいて，触媒担持気相成長法（Catalytic Chemical Vapor Deposition（CCVD）法）を元に，高品質 CNT 製造法の開発を行っている（図3）。

　上述したように透明導電フィルム開発のためには高純度，高品質，直径の細い CNT が必要である。CCVD 法にて反応温度，触媒金属，担持体，原料の炭化水素など種々検討を行った結果，高純度，高品質2層 CNT の製造に成功している。この2層 CNT の特性について以下，走査型

第3章　カーボンナノチューブ

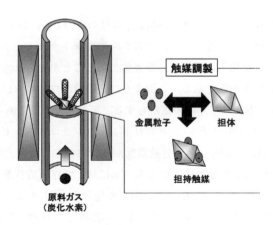

図3　東レ CCVD 法

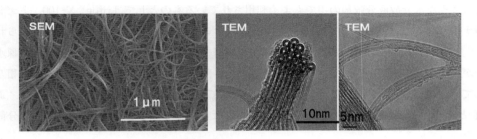

図4　東レ高純度2層 CNT の SEM, TEM 写真

表2　各種 CNT の体積抵抗値

	東レ2層 CNT	アーク法単層 CNT	CVD 法多層 CNT
直径（nm）	1〜2nm	1〜2nm	数十 nm
体積抵抗値（Ω・cm）	$7.0 \times 10E-4$	$1.2 \times 10E-2$	$1.2 \times 10E-1$

＊体積抵抗値の測定は東レ独自の手法による。

　電子顕微鏡（SEM）および透過型電子顕微鏡（TEM）写真を示す（図4）。SEM からは殆どが繊維状物質であることが確認でき，TEM からは2層 CNT が主生成物であることが確認できた。
　このようにして得られた高純度，高品質2層 CNT 自身の導電性を評価したところ，一般に純度が高く，高品質と言われるアーク放電法により製造された市販の単層 CNT，および CVD 法により製造した市販の多層 CNT と比較して，1桁以上低い体積抵抗値を示し，高導電性 CNT であることを確認することができた（表2）。

2.6　CNT 分散化技術

　CNT はグラファイト側壁を有し非常に疎水性が高く，それ自身は水には全く溶解しない。加えて有機溶媒にも全く溶解しないだけでなく，分散も殆どしないといった物性を有している。

ナノカーボンの応用と実用化

先に透明導電フィルム作製には高純度，高品質，直径の細い CNT が必要であることを述べた。しかしながら CNT は直径が細くなるに従い CNT 間のファンデルワールス力が強くなり CNT 同士がバンドル（束構造）を強固に形成し，凝集体となることが知られている。このような凝集体は，さらに溶媒への分散が困難である。このように透明導電フィルムに必要と考えられる高純度，高品質で直径の細い CNT は，分散の点からすると不都合な物質である。

これまでに CNT が NMP（N-メチル-2-ピロリドン）やジクロロベンゼンといった有機溶媒に分散化するといった報告もあるが，CNT 分散濃度が非常に低かったり，分散性が不十分であることが多かった。現在では CNT 分散検討が進み，水に対して界面活性剤やコール酸等の低分子化合物，高分子界面活性剤，でんぷんなどの糖由来の化合物，DNA などを分散剤として利用することで，比較的高濃度で単分散（CNT が 1 本 1 本に解離した状態）に近い状態で分散化が達成されている。

このような水分散液分散剤の中でもよく利用されているものとして Triton® X-100，ドデシル硫酸ナトリウム塩（SDS），ドデシルベンゼンスルホン酸ナトリウム塩（NaDDBS）が知られている[2]。これら分散剤はいずれも分子中のアルキル基や，芳香環を含むアルキル基などの疎水性部分が CNT と相互作用を示し，エチレングリコール部位，スルホン酸等の親水基が水と相互作用して，CNT を水中へ分散化していると考えられている。この考えをさらに進化させ，より CNT と相互作用が強い分子構造を求め，中嶋らはピレン誘導体を有効に利用し CNT の分散性向上を図っている[8]。

先に記載した様に，高純度，高品質で直径の細い CNT は通常，非常に強固なバンドルを形成している。そのバンドルを解離するためには強いエネルギーが必要であり，CNT 分散手法としては超音波照射による分散が最も汎用に用いられている。分散のメカニズムは超音波のエネルギーにより，バンドルの末端からギャップ，スペースが生じ，そこに上記のような CNT と相互作用する分散剤が入り込み，この CNT と分散剤の安定化により CNT のバンドルが解離し，液中へと単分散化していくと考えられている[9]。

また上記のような分散剤を利用した CNT 分散化の他に，CNT 末端や側壁のグラファイト構造を酸化等の手法で官能基化し，そこを足がかりとして所望の官能基を導入し，各種溶媒に溶解，分散化する手法も知られている。ただし，本手法は官能基化というステップを踏むこと，およびグラファイト側壁を破壊し官能基化することから元々CNT が保有する導電性を低下させると考えられ，より簡便な分散剤を利用した CNT 分散化が主流となっている。

東レにおいても，CNT の各種分散検討を行なっている。先に記載した高純度，高導電2層 CNT は直径が 1〜2nm と単層 CNT 並に細く，導電性という点では優位だが，分散という点では CNT 同士がバンドル（束）を強固に形成するため効率的な分散手法が必要である。各種分散検討の結果，図5に示すように高度に CNT が分散した2層 CNT 分散液を得ることができた。分散後の CNT について AFM 像を記載する（図5）。

108

第3章　カーボンナノチューブ

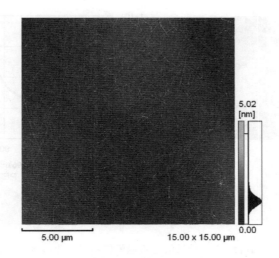

図5　分散後の2層CNTのAFM像

2.7　ドーピング方法

　上記，高品質なCNTおよびその製造技術，CNT分散化技術の他に，透明導電フィルムにて開発検討されている技術についていくつか記載する。
　透明導電膜の表面抵抗値低下を目的として，CNT自身の導電率向上のため各種ケミカルドーピングが提案，検討されている[10]。ドーピング剤として硫酸（H_2SO_4），硝酸（HNO_3），塩化チオニル（$SOCl_2$）などが良く知られているが，酸素（O_2）ガスや二酸化窒素（NO_2）ガス，F_4TCNQ（Tetrafluorotetracyano-p-quinodimethane）といったものも検討されている。ドーピング手法は簡単で，CNT透明導電フィルムをドーピング剤の溶液に浸積する，またはドーピング剤のガス中に曝す方法が一般的である。
　CNTだけでは表面抵抗値が高い場合には，このようなドーピング手法は表面抵抗値を低下させる上で，簡便で非常に有用な手法となっている。ただし，酸のような揮発性のドーピング剤については表面抵抗値が徐々に上昇するという現象も見られるため，抵抗値安定化など課題も多い。ただしドーピングは表面抵抗値低下には簡便で有効な手法であることから今後もさらに検討が進むものと推測される。

2.8　CNT分散液塗工方法

　CNT透明導電フィルム作製のためにはCNT分散液を各種フィルムへ塗工する。ITOのスパッタ法とは異なり，CNTはウエットでのroll-to-roll塗工が可能であることが大きな優位性であることを既に述べた。塗工方法としては一般的にディップコートやスピンコート，バーコートなどが知られている。
　また上記したCNT透明導電フィルムの製造法とは全く異なる方法として，CNT分散液のろ

ナノカーボンの応用と実用化

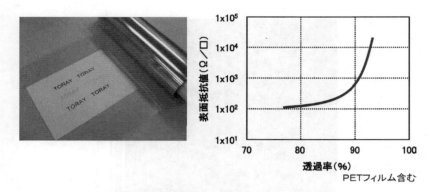

図6　東レ2層CNT塗工フィルムと透明導電性

過法が知られている[11]。これはCNT分散液をろ過膜にろ過，その後，フィルム基材などへ転写することによって，CNT透明導電フィルムを得る方法である。本法は手法としては簡便であるが，大面積への対応が課題であると考えられている。

東レにおいても上記のようにして得られた高純度・高導電2層CNT分散液をPETフィルムへ塗工し，透明導電性を評価した。結果を図6に示す。

2層CNT分散液は安定的にPETフィルムに塗工することが可能であり，図6の写真に示すroll-to-rollでフィルムを得ることも可能である。これまでにITO透明導電フィルムと同程度の透明導電性を有したフィルムが得られている。フィルムの物性試験を各種行っているが，CNT利用透明導電フィルムの優位性である折り曲げ耐久性等についても良好な結果が得られている。このようにCNTはフレキシブルな透明導電フィルムへの展開も十分に可能であることが証明できつつある。

2.9　今後の展開と期待

透明導電フィルムはCNTの非常に高い導電性を活かした用途である。またCNT透明導電フィルムはITOが抱えている課題を解決可能な有望な代替材料であることから，今後益々，実用化に向けた研究開発が展開していくと期待される。

また最近はCNTと同じ炭素同素体のグラフェンに大きな注目が集まっている。グラフェンの透明導電膜に関する報告は別章に記載されているので参考いただきたいが，供給安定性に優れたITO代替材料としてCNT，グラフェンなどの高機能炭素材料の実用化研究開発が一層加速されていくことを期待している。

第3章　カーボンナノチューブ

文　　献

1) 2010. 5　金属資源レポート（JOGMEC）よりデータ抜粋
2) Sukang Bae *et. al. Nature Nanotechnology*, **5**, 547-548 (2010)
3) タッチパネル最前線，2010 年 9 月 10 日，日経 BP 社
4) S. Iijima, *Nature*, **354**, 56 (1991)
5) Y. Murakami *et. al. Chem. Phys. Lett.*, **374**, 53 (2003)
6) T. Saito, *J. Phys. Chem. B*, **109**, 10647-10652 (2005)
   T. Saito, *Applied Physics Express*, **2**, 095006 (2009)
7) N. Kishi *et. al. J. Phys. Chem. B*, **110**, 24816-24821 (2006)
8) N.Nakashima *et. al. Chem. Lett.*, **31**, 638-639 (2002)
9) M. S. Strano *et. al. J. Nanosci. Nanotech.*, **3**, 81-86 (2003)
10) H-Z. Geng *et. al. J. Am. Chem. Soc.*, **129**, 7758-7759 (2007)
    B. Dan *et. al., ACS Nano*, **3**, 835-843 (2009)
11) Z. Wu *et. al. Science*, **305**, 1273-1276 (2004)

3 CNT 透明導電塗料

角田裕三[*]

3.1 はじめに

カーボンナノチューブ（CNT）は，その特異的な形状特性と優れた電気的，熱的，化学的，機械的並びに光学的特性等々の観点から，高性能多機能ナノ材料として幅広い基礎研究，用途開発，実用化研究がなされている。量産化技術の確立した多層 CNT（MWNT）は，主に化学的に安定な高導電フィラーとして，二次電池，樹脂や金属との複合材料を中心に実用化が進んでいるのに対して，極細の単層ないし 2 層 CNT（SWNT ないし DWNT）は，タッチパネル，電子ペーパー，FPD 用透明電極，トランジスタ等の高性能デバイス用に検討が進められている。表 1 にCNT の特性を，表 2 に用途開発の分野別一覧表をまとめて示した。

一方，CNT 透明導電塗料については，タキロンが初の実用化に成功しているが[1]，自社の透明樹脂プレート用に自消されているのみであり，詳細な情報は公表されていない。本項では，実用化が進んでいる CNT 透明導電塗料に関する開発状況と技術課題について，弊社の事例を中心に概説する。

表 1　CNT の特性

特性	具体例
形態／大きさ	アスペクト比が非常に大きなナノサイズの凝集体 ・SWNT（直径 0.5〜3nm，長さ 0.5〜2μm）のバンドル構造 ・MWNT（直径 5〜100nm，長さ 1〜10μm） ・基板成長合成法による SWNT や MWNT の長さは，100μm〜10mm のモノあり 嵩密度は 0.02〜0.15g/cm^3 と非常に小さい
化学的	sp^2 混成軌道の炭素原子で構成され，化学的，熱的に極めて安定 粒子表面は疎水性 真密度は 1.3〜1.4g/cm^3 で通常の樹脂並み
電気的	電流密度は 1GA/cm^2 で銅の 1000 倍 電子移動度はシリコンの 70 倍 SWNT は金属と半導体の混合物，MWNT は金属導電性 電子放出特性に優れる
機械的	引張り強度は 50〜70GPa で鋼の 100 倍 引張り弾性率は 2000〜5000GPa 柔軟で弾力性，可撓性，摺動性に富む
熱的	熱伝導率は 2000〜3000W/mK で銅の 10 倍，ダイヤモンドの 3 倍
光学的	屈折率は 1.5〜1.6 色調は黒っぽいがニュートラル
加工性	水や有機溶剤への液相分散は可能 塗料，インク，薄膜としての応用展開は可能だが，樹脂混練分散は開発途上

---

*　Yuzo Sumita　㈲スミタ化学技術研究所　代表取締役

第3章　カーボンナノチューブ

表2　CNTの機能と期待される用途

分野	用途	対象CNT	機能
複合材料	導電性塗料／樹脂	MWNT	導電性フィラー
	導電性ペーパー／繊維	MWNT	導電性フィラー
	強化樹脂／強化金属	MWNT	高強度フィラー，高熱伝導性フィラー
エレクトロニクス	透明導電膜	SWNT／DWNT	導電チャネル
	電界効果トランジスタ	SWNT	FETチャネル
	LSI配線	SWNT〜MWNT	配線材料
エネルギー	リチウムイオン電池	MWNT	電極材料
	電気二重層キャパシタ	SWNT／DWNT	電極材料
	燃料電池	SWNT〜MWNT	水素貯蔵，電極の担持体
電子放出	電界放出ディスプレイ	SWNT〜MWNT	陰極の電界放出電子源
	X線管	SWNT〜MWNT	電界放出電子源
ナノテクノロジー	走査型プローブ顕微鏡	MWNT	SPMの探針
	マニピュレーション	MWNT	ナノチューブのピンセット
化学材料	吸着剤	MWNT	環境汚染物質の吸着材
	センサー	SWNT〜MWNT	高感度センサー材料
医療材料	骨再生	SWNT〜MWNT	骨芽細胞増殖
	遺伝子導入	MWNT	レーザーマイクロインジェクター
	DDS	SWNT〜MWNT	薬物キャリア

3.2　CNT透明導電塗料の調製と評価

　CNT透明導電塗料の基本的な製造プロセスは，①CNTの選択，②CNT分散液の調製，③バインダー／モノマーの配合（塗料化），④塗工／製膜，⑤塗膜特性の評価という手順となる（図1）。以下，各工程について詳述する。

3.2.1　CNTの選択

　CNT透明導電塗料の透明性（全光線透過率）と導電性（表面抵抗値）はトレードオフの関係にあり，両者を実用レベルで両立させるには，用いるCNTの選択が非常に重要となる。SWNTのような細くて長い結晶性の良いCNTが好ましいと考えられるが，対象用途次第では価格も重要な判断要因とならざるを得ないので，ここではMWNTをベースにした透明導電塗料に限定する。MWNTメーカーは多数あるが，その公表分析値は統一的な分析方法が確立していない上，ロット振れ等が大きく，現時点では必ずしも信用できるものではないと考えている。そこで著者らのCNT選別方法から詳述する。

　透明導電塗料の特性は，塗膜中のCNTネットワークの良否で決定されるので，著者らは，先ず入手可能な，代表的な市販MWNT17種のSEM像を同一倍率，4水準で観察した。同じMWNTを倍率を変えて観察することで，そのMWNTの全体像が把握でき，各社MWNTを同一倍率で観察することで，MWNT間の相対比較が容易になる。写真1は，同一倍率で撮像した各社MWNTのSEM像の一例である。結晶性が良好で太いMWNT（B，C）から針状の細いMWNT（K），結晶性は期待できないが細くて長いMWNT（F，J）や曲線性に富んだMWNT

ナノカーボンの応用と実用化

(H, I) まで多種多様であり，この SEM 写真像から非常に多くの情報を得ることができる。次に，より直接的に塗膜中の CNT ネットワーク特性を定量化するために，PET フィルム上にナノネット膜を調製し，裸のナノネット膜特性を評価した。表3に概略プロセスを示す。先ず，弊社の標準水系分散処方で MWNT を分散し，その分散液を PET フィルム上に塗布製膜し，乾燥後，分散剤を水洗除去し再乾燥し，その乾燥塗膜の表面抵抗値と光線透過率を測定した。分散剤が完全

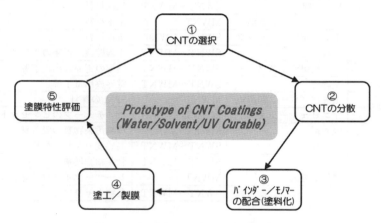

図1　CNT 含有透明導電塗料の調製方法

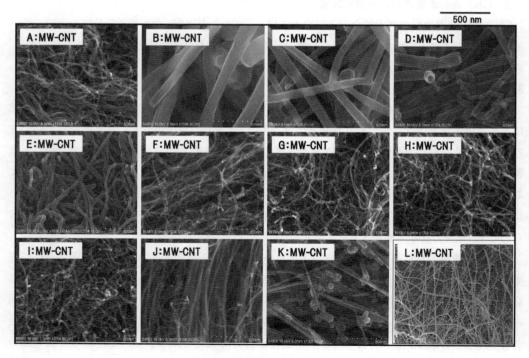

写真1　各社 MWNT の SEM イメージの一例

第3章　カーボンナノチューブ

表3　MWNT ナノネット膜の調製法と特性評価

- Preparation of MW-CNT Aqueous Dispersion
  1. Add 0.4g of MW-CNT and 0.8g of Water Soluble Dispersant in 100ml of Ionized Water
  2. Disperse the above Solution with Ultrasonic Homogenizer for 60min.
  3. Make 10min. Treatment with Centrifugal Separator (2000G)
  4. Prepare the MW-CNT Aqueous Dispersion by adding Small Amount of Water Soluble Leveling Agent into the Supernatant Liquid

- Preparation of MW-CNT Nanonet on PET Film
  5. Coat the MW-CNT Aqueous Dispersion on PET Film with No.3 Barcoater
  6. Make Drying Process of 110℃×60sec.
  7. Wash out the Dispersant and Leveling Agent by Showering 40℃ Water on PET Film
  8. Blow off the Water Droplet and Make Drying Process of 110℃×2min.

- Evaluation of MW-CNT Nanonet on PET Film
  ・Surface Resistivity : Mitsubishi Chemical's Loresta-EP and Hiresta-UP
  ・Transmittance and Haze : Nippon Denshoku's Haze-meter NDH2000

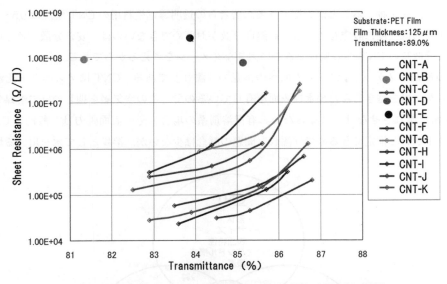

図2　各社 MWNT のナノネット膜のシート抵抗値と透過率の関係

に除去されているかどうかは不明だが，MWNT 間の相対比較は可能と考えた。得られた各社の MWNT ナノネット膜のシート抵抗値と全光線透過率の関係を図2にまとめた。ここでは MWNT メーカーからの誤解を避けるために，CNT メーカー名は開示していないが，SEM 写真像から予測される推定とナノネット膜の実測データとの間に見事な相関が認められた。著者らは，このナノネット膜特性と量産性，品質安定性，価格を総合的に勘案して，目的に応じた

115

MWNTを選択している。このCNTの導電性評価方法は，MWNTのみならず広くSWNTやDWNTを含めた一般的なCNTの透明導電性評価に拡張することができる。

3.2.2 CNT分散液の調製

CNTが決まると次はその分散である。強固なバンドル構造（単繊維同士が束になった構造）の有無によって，CNTの分散の難易度は大きく異なる。写真1に見られるように，一般的なMWNTは，SWNTやDWNTと異なりバンドル構造を形成していないので，問題は絡み合ったMWNT凝集体から孤立した単繊維状MWNTに如何にダメージ少なくマイルド分散させるかということになる。SWNTの分散に関しては，数多くの報告があるが[2~12]，MWNTに関しては，まとまった解説書はない。ここでは著者らのマイルド分散の考え方を述べる。

ナノ粒子の分散は畢竟，界面科学の応用問題であり，CNTの分散も界面科学的観点からアプローチする必要がある。図3は，CNT液相分散におけるCNT，溶媒，分散剤等各主要成分の相互作用因子と留意点を示したものである。先ず溶媒は，次工程で配合するバインダーやモノマー等塗膜物性を左右する主原料が水系か有機溶剤系かで決定されるので選択肢は少ない。予め開発する塗料系で決定されてしまう。それに対して，CNTと分散剤は透明導電性を左右する決定的な因子である。比表面積の大きいCNTを溶媒中で孤立分散させるには，CNT濃度とCNT／分散剤の量的関係を押えることが大切である。著者らの透明導電塗料用のCNT濃度は0.5~1wt%程度と比較的低濃度に設定している。高濃度分散がお薦めできないのは，安定分散が難しいことと高濃度分散時のCNTへの無視できない大きなダメージを考えるからである。

分散の最初のステップはCNT表面への溶媒の「濡れ」である。CNTはアスペクト比が大きくしかも空気層を抱きこんだ疎水性表面を有しているので，この空気層を押しのけて溶媒分子とCNT表面を濡れさせなければならない。有機溶剤系の場合，その表面張力は一般的にCNTのそれより小さいと推定できるので「濡れ」問題の懸念は少ないが，溶媒として水を用いる場合に

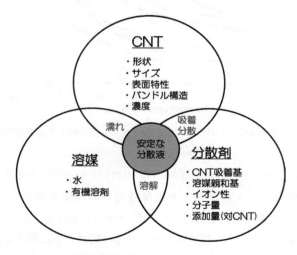

図3　CNT液相分散における各成分の留意点とその役割

第3章 カーボンナノチューブ

は，水の表面張力が CNT のそれより大きいので，ある種の濡れ剤が必要となる。分散剤が濡れ剤を兼ねることが一般的だが，必要により別途濡れ剤を用いることもある。

「濡れ」の次は分散剤の「吸着」である。この「濡れ」と「吸着」は同時平行で進行すると考えられる。分散剤が吸着して初めて分散効果が発揮できる。分散剤の一般的な分子構造は，粒子に吸着する「吸着基」と溶媒中に広がる「溶媒親和基」からなる。「溶媒親和基」は溶媒への溶解を支配する部分で，水系の場合にはイオン性基や水可溶性のポリマー鎖であり，溶剤系では，長鎖炭化水素基や溶剤可溶性のポリマー鎖である。CNT 表面は基本的には官能基を有していないので，水系，溶剤系いずれの場合も「吸着基」の設計が難しい。分散剤分子中に芳香族環や窒素原子を導入して，CNT 表面に広がる π 電子との π–π 相互作用力や π–σ 相互作用力のような弱い分子間相互作用を吸着の基点とするか，もしくは CNT の疎水表面を包み込むような分散剤の包接能を利用することが多い。

代表的な水中分散剤としては，低分子の界面活性剤や水溶性ポリマー，水溶性多糖等多種多様存在するのに対して，油中分散剤は有機溶剤の種類が多岐に亘るため決定版というものがなく，櫛型のオリゴマー分散剤や樹脂分散剤が用いられる場合が多い。いずれにしても，CNT 表面が溶媒に濡れると溶媒中に溶解している分散剤分子が吸着するが，吸着がワンデアワールス力による弱い吸着である場合，CNT 表面への「吸着」と溶媒中への「溶解（脱着）」の平衡状態となっていると想定される。したがって，一旦分散できても長時間の放置で平衡状態がずれて再凝集することが懸念される。CNT／分散剤の量的関係が重視される所以である。低分子型分散剤に比べ，高分子型分散剤は多点吸着やラッピング（包接）分散が考えられるので，比較的少量の使用で「分散」と「凝集防止」に有効に作用する場合が多い。著者らは，塗料系では水系，有機溶剤系いずれの場合も，高分子型分散剤が好ましいと考えている。問題は，数ある分散剤の中でどの分散剤が有効かを見極めることであるが，残念ながら失敗と成功を繰り返す経験則に頼らざるを得ないのが実情である。

一方，分散機はビーズミルやジェットミルのような強力な摩擦剪断力を負荷できる分散機より，適度なキャビテーションを印加できる超音波分散機の方がマイルド分散という観点からは適しているが[13]，著者らは量産性を優先して，多段ビーズを用いた循環式ビーズミルを採用している。いずれにしても，CNT の表面特性を正確に把握した上で，個々の溶媒にマッチした最適分散剤を選定すれば，目的とする溶媒中にマイルドに分散させることはできる。

3.2.3 バインダー／モノマーの配合（塗料化）

次のステップは，塗膜物性を決定する樹脂バインダーを CNT 分散液に配合する塗料化工程である。紫外線硬化性塗料の場合には，この段階で UV 硬化性モノマーやオリゴマーを配合することになる。ここで直面する問題は，分散液に樹脂溶液やエマルジョンを投入した際に，微妙に分散平衡を保っていた CNT がショックを受けて再凝集を起こすことである。先に述べたように，配合時のショックを和らげるために，分散剤調製時に予め溶媒やイオン性を合わせるよう注意を払っても，それでも再凝集はしばしば発生する。殊に，樹脂溶液やエマルジョンを外部購入して

117

ナノカーボンの応用と実用化

いる場合，バインダー溶液に関する技術情報が開示されていないケースが多いので，特に要注意である。また分散液を外部購入して自社で塗料配合する場合でも同じ問題に直面する。著者らは，CNT 分散工程と配合工程は一体として捉えなければならないと考えている。塗料に無機フィラーを配合しなければならないケースも要注意である。無機フィラーにより分散剤の吸着・脱着平衡関係が大幅に崩れるからと推定している。著者らの経験では，この塗料化工程段階で塗料開発が中断するケースが多いように思われる。しかし，分散・配合を界面科学的に捉えることにより，完璧ではないけれど実用レベルで安定配合ができるので，拙速な判断は残念なことである。著者らは，あらゆる溶媒系に安定分散した MWNT 分散液を供給できる量産体制を構築するとともに，分散液の情報開示に心がけている。

　CNT 分散液に樹脂溶液やエマルジョン，モノマーやオリゴマー，無機フィラー等の主要塗膜成分が安定配合できれば，後は架橋剤，触媒，レベリング剤等の添加助剤を配合してプロトタイプの塗料は調製できる。

3.2.4　製膜

　前述したように，塗膜の透明性と導電性はトレードオフの関係にあるが，その透明導電特性は導電成分の CNT と絶縁成分の樹脂成分・分散剤の比率に支配されるが，塗膜の厚さにも大きく影響される。透明性を重視すれば膜厚はできるだけ薄い方が好ましいが，塗膜本来に期待される強靱な機械的強度の観点からは膜厚の下限値には限界がある。著者らは，一般的に乾燥膜厚 50 ～300nm の範囲で設計している。実験室的にはバーコータで，実用的には汎用の RtoR 方式を採用している。

　有機溶剤系塗料の場合，塗膜の表面抵抗値は乾燥温度により著しく異なる。高温で乾燥するほど出来上がった塗膜の表面抵抗値は低い。これは一般的なナノ粒子の製膜に特有なことなのか，CNT に特有な現象なのか，理由はよく分からないが，乾燥工程中の CNT 粒子の対流現象と関係あるのではないかと推定している。いずれにしても乾燥条件の最適化も重要なポイントである。

　製膜後の CNT の存在形態を把握するために，水系塗料系から製膜した塗膜をアセトンでラビング処理することにより表面バインダー成分を除去し，プローブ顕微鏡観察をした。アセトン処理前後の PSM 観察結果を写真 2 に示した。図から明らかなように，CNT は塗膜中にほぼ均一に非バンドル状態で分散していることが分かった。

3.2.5　塗膜特性の評価

　このようにして作製した水系，有機溶剤系および紫外線硬化系の 3 種類の代表的なプロトタイプ塗料の PET フィルム上の塗膜物性を表 4 に示した。今回採用した MWNT の場合，表面抵抗値を静電防止レベルの 10^6～$10^7 \Omega/\square$ に設定すると，全光線透過率は 82～88% となり，CNT の存在で 1～7% の吸収のあることが分かった。興味あることに，水系や溶剤塗料系に比し，UV 硬化系では著しく光線透過率が良好である（CNT による吸収は僅か 1.2%）。直接的な理由は，投入 CNT 量が他の塗料系に比べて圧倒的に少ないことであるが，表面抵抗値がほぼ同じレベルで

第3章 カーボンナノチューブ

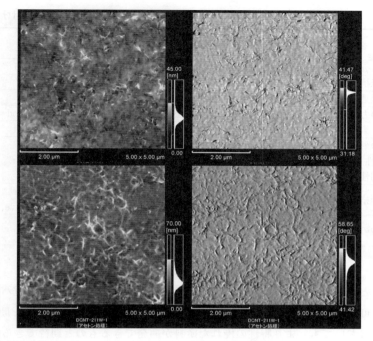

写真2 アセトン処理前後のMWNTコーティング表面のプローブ顕微鏡による形状・位相観察

表4 MWNT含有透明・静電防止塗料の塗膜物性の一例

項目	測定条件	DCNT-211W (水系)	DCNT-206S (ケトン溶剤系)	DCNT-200UV (UV硬化系)
塗工方法	No.3 バーコーター	○	○	○
乾燥・硬化条件	110℃×60秒	○	○	○
照射条件	600mJ/cm^2	—	—	○
膜厚（μm）	計算値	0.2	0.3	0.2
表面抵抗（Ω/□）	ハイレスタ UP（三菱）	2.8×10^6	1.6×10^7	8.2×10^6
全光線透過率（％）	ヘイズメータ（含PETフィルム） 積分球（PETフィルム除く）	83.5（▲5.6） 93.7	82.5（▲6.5） —	87.8（▲1.2） 98.8
ヘイズ（％）	ヘイズメータ（日本電色）	1.0	1.5	1.8
基材密着性	セロテープ剥離	100/100	100/100	100/100
表面硬度	鉛筆硬度	HB	HB	H
耐擦過性試験 （試験後の表面）	綿布ラビング試験 （200g/100回）	合格 (8.5×10^6)	合格 (2.5×10^7)	合格 (5.2×10^7)
耐水性 （試験後の表面）	蒸留水 （72時間浸漬）	合格	合格	合格
耐薬品性 （試験後の表面）	IPA （72時間浸漬）	合格	合格	合格

基材：PETフィルム（125μm） 全光線透過率（89.0％）

ナノカーボンの応用と実用化

表5 各種導電材料を配合した透明・静電防止塗膜の位置付け

塗膜 ＼ 導電材料	帯電防止性ポリマー	導電性酸化物	導電性ポリマー	MW-CNT
膜厚 （μ）	1～2	0.5～3.0	0.05～0.5	0.1～0.3
表面抵抗値 （Ω/□）	10^9～10^{10}	10^3～10^9	10^2～10^8	10^3～10^9
全光線透過率／ヘイズ値	Excellent	Poor	Good	Poor～Good
塗膜の力学特性	Excellent	Poor～Good	Poor～Good	Excellent
塗膜の柔軟性	Good	Poor	Excellent	Excellent
塗膜の耐久性（耐水性／耐酸性／耐アルカリ性／耐溶剤性）	Good（湿度依存性あり）	Poor～Good	Poor	Excellent
製膜価格（塗料価格／加工費）	Cheap	Moderate	Moderate～Expensive	Moderate
その他の特徴	UV 系中心	脱アンチモン	水系中心	顧客対応可能（水性／油性／UV 系）

あることから考えて，UV 照射により CNT が塗膜表面に局在化し，導電パスが形成し易くなっている可能性がある[14]。この点を切り口に，3.2.4 項で述べた製膜条件を最適化すれば，水系や溶剤系においても，より特性の優れた塗料が開発できるものと期待できる。勿論，今回用いた MWNT に代わり，より繊維長の長い MWNT やより繊維径の細い SW/DWNT を採用すれば限りなく透明導電性は改善できる。表4から，得られた CNT 塗膜は，基材密着性に優れるうえ，機械的強度や耐水性，耐溶剤性にも優れ，200% 程度の延伸には十分追随できることができ，かなり汎用性の高い高性能塗膜と考えることができる。

　なお，基材として PET フィルムの代わりポリカーボネートフィルムを用いた場合，少しの配合系の変更はあるものの，水系，UV 硬化系いずれの塗料系でも 10^6 Ω/□ レベルで全光線透過率 90% の塗膜が開発されている。

3.2.6 他の塗布型透明導電塗料との比較

　現在市場で流通している同レベルの透明導電塗膜と比較したのが表5である。ATO や ITO 等の金属酸化物，ポリチオフェンやポリアニリン等の導電性ポリマーが比較対象となる。金属酸化物系は実績もあり，技術も完成域に近いと思われるが，硬い微粒子をベースにしているので，塗膜の光線透過率や力学特性に不利であるばかりでなく，柔軟性が決定的に劣る。それに対して導電性ポリマーは光線透過率や塗膜柔軟性に極めて優れているが，塗膜の耐久性，耐薬品性で課題を抱えていると言える。新たに登場した CNT 塗膜は，透明性や導電性でまだまだ改良しなければならない技術課題は多いが，塗膜の強靭さや環境耐性，塗料価格等の優れた点を考慮すると十分市場参入できると考えている。

3.3 おわりに

　CNT とりわけ MWNT を中心とした透明導電塗料について概説してきたが，残念ながら市場

第3章　カーボンナノチューブ

での広がりはまだ足踏み状態である。導電塗料市場では MWNT のナノ粒子性を生かした「透明性」より，過酷な環境下に耐えうる「異方導電剤」として期待されているように思われる。即ち，導電性カーボンの10分の1の添加で，目標とする導電性を均一性よく発現できる導電部品，摩擦磨耗面からの脱落の少ない高耐久性導電塗料，電極材料に添加することにより大幅に寿命が改善できる二次電池用電極等の用途がそれである。一方，導電材料から離れて，グラファイト構造由来の高潤滑性や耐腐食性を訴求した㈱竹中製作所の特殊塗料[15] としての展開も期待できる。CNT が潜在的に保有する多面的な特性を活かした応用開発がより積極的に展開されることを念じてまとめとしたい。

文　　献

1)　タキロン社 HP，www.takiron.co.jp
2)　M. J. O' Connell *et al.*, *Science*, **297**, 593 (2002)
3)　V. C. Moore *et al.*, *Nano Lett.*, **3**, 1379 (2003)
4)　Y. Lin *et al.*, *J. Mater. Chem.*, **14**, 527 (2004)
5)　H. Li *et al.*, *J. Am. Chem. Soc.*, **126**, 1014 (2004)
6)　T. Takahashi *et al.*, *Chem. Lett.*, **34**, 1516 (2005)
7)　A. Ortiz-Acevedo *et al.*, *J. Am. Chem. Soc.*, **127**, 9512 (2005)
8)　Y. Tomonari *et al.*, *Chem.-Eur. J.*, **12**, 4027 (2006)
9)　A. Ishibashi *et al.*, *Chem.-Eur. J.*, **12**, 7595 (2006)
10)　N. Minami *et al.*, *Appl. Phys. Lett.*, **88**, 093123 (2006)
11)　T. Yamamoto *et al.*, *Jpn. J. Appl. Phys.*, **47**, 2000 (2008)
12)　D. Minami *et al.*, *J. Jpn. Soc. Colour Mater.*, **84**, 39 (2011)
13)　T. Goto *et al.*, *Kobunshi Ronbunshu*, **67**, 89 (2010)
14)　E. Sato *et al.*, *TANSO* 2006 [No.223] 176
15)　竹中製作所 HP，www.takenaka-mfg.co.jp

4 電子デバイス（薄膜トランジスタ）

宮田耕充[*]

4.1 はじめに

カーボンナノチューブは，その極めて高いキャリア移動度，熱的・化学的安定性，柔軟性，そして液相プロセスへの適用性から，魅力的な電子材料として注目を集めてきた[1]。これらの特長を活かした応用の一つとして，近年，ナノチューブの薄膜トランジスタへの利用が国内外で精力的に研究されている[2~13]。薄膜トランジスタは，電界効果型トランジスタの一種であり，主に液晶ディスプレイのアクティブ素子などに利用されている。従来のトランジスタは，シリコンウェハーなどの半導体層となる単結晶材料を基板として用いることが特徴であるが，薄膜トランジスタは，ガラスやプラスチックなどの基板上に半導体層，誘電体層，電極となる薄膜を蒸着やスピンコートなどの手法で形成することが特徴である。現在，薄膜トランジスタの半導体材料として主にアモルファス状のシリコン薄膜（アモルファスシリコン）が実用化されているが，一方で有機材料や酸化物などの新しい半導体材料の開発が近年盛んに行われている。特に，溶解性のある有機半導体材料[14]は，印刷などの簡便な手法で大面積かつ低コストにデバイスを作製できるため，従来のデバイス作製プロセスを一新する可能性がある。現在まで，様々な種類の有機材料が研究されてきたが，それらのキャリア移動度はアモルファスシリコンと同程度（$< 1\ cm^2V^{-1}s^{-1}$）であり，多結晶（$50~300\ cm^2V^{-1}s^{-1}$）や単結晶（$~1000\ cm^2V^{-1}s^{-1}$）シリコンなどの無機材料[15]と比較して低い。一方，カーボンナノチューブは，その高い移動度を活かし，無線通信タグなどの高周波デバイス等へ応用可能な材料として期待されている。

カーボンナノチューブを薄膜トランジスタに応用する場合，図1に示すようなデバイス構造と半導体層としてのナノチューブのネットワークを利用することが多い。このネットワーク薄膜を

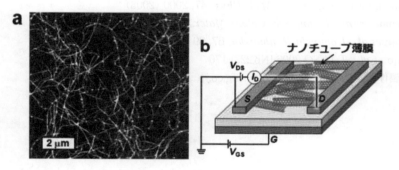

図1 シリコン基板状に形成されたカーボンナノチューブ薄膜の (a) 原子間力顕微鏡像と (b) デバイスの模式図と回路
S：ソース電極，D：ドレイン電極，G：ゲート電極，V_{DS}：ドレイン―ソース間電圧，V_{GS}：ゲート―ソース間電圧，I_D：ドレイン電流の略

---

[*] Yasumitsu Miyata　名古屋大学　物質科学国際研究センター　助教

第3章　カーボンナノチューブ

利用したデバイスは，2003年にSnowらによって提案された[2]。このデバイスでは，一般にゲート─ソース間電圧によってナノチューブのキャリア密度を制御し，薄膜を流れる電流の増幅や遮断（スイッチング）を行う。ナノチューブ薄膜トランジスタの特性を比較するパラメーターとしては，ドレイン電流の最大値と最小値の比であるオンオフ比や，キャリアの動きやすさの指標であるキャリア移動度（単位電界あたりのキャリアの速度増加に相当する）がよく用いられる。薄膜の利点として，個々の素子の特性を平均化できるため，高い再現性や集積化による論理回路の作製が可能になる点が挙げられる。このような集積化は，位置や構造制御の問題から，一本のナノチューブを利用したデバイスでは現在でも困難である。2011年には，高品質なナノチューブを利用した薄膜において，高いオンオフ電流比（6×10^6）とキャリア移動度（$35\ \mathrm{cm^2 V^{-1} s^{-1}}$）や論理回路の試作が名古屋大学の大野らのグループによって報告されている[12]。このように優れた特性を示すことが実証されてきたが，その魅力的な特性を最大限に引き出すには，ナノチューブの分散・分離・製膜などの化学プロセスにおいても解決すべき多くの課題が残されている。本項では，まずこれらの課題に関連したカーボンナノチューブ試料の一般的な特徴を説明する。次に，トランジスタ特性の向上に関連した半導体ナノチューブの分離技術や製膜技術の現状について，筆者らの最近の研究を交えながら紹介する。

4.2　ナノチューブ試料の特徴

　一般に，カーボンナノチューブはグラフェンシートの巻き方で一義的に構造が定義され，この巻き方の違いで全体の1/3は金属，残りの2/3は半導体になることが知られている[16]。通常の合成法において生成した試料は，常に金属と半導体ナノチューブの混合物となる[17]。このような混合物を用いたとき，薄膜におけるナノチューブ密度を低く抑えることで，比率の高い半導体ナノチューブのみに電気的なパスを形成させることが出来る。このような希薄なナノチューブ薄膜では高いオンオフ電流比を得ることは可能となるが，一方で薄膜トランジスタの単位チャネル幅辺りのオン電流やキャリア移動度は大きく制限されることになる。半導体ナノチューブの純度を向上させることで，より高密度なナノチューブ薄膜で高いオンオフ比とオン電流（キャリア移動度）を同時に実現することができる。この問題を解決するために，様々な半導体ナノチューブの選択的合成法[18]や精製法[19]が提案されてきている。

　半導体ナノチューブの純度に加え，ナノチューブの長さもまたトランジスタ特性，特にキャリア移動度やオン電流を決める重要なパラメーターとなる。図1のような薄膜では，電流は多数のナノチューブを経由して電極間に流れるため，ナノチューブ間の接触面での抵抗（接触抵抗）が薄膜全体の電気抵抗に大きく寄与することになる。この接触抵抗を低減するために，長いナノチューブを利用することが重要となる。例えば，長いナノチューブを用いた薄膜では，電子がナノチューブ間の飛び移る回数が減るために，接触抵抗を低減することができる。従って，材料の特性を最大限に活用するには，高純度かつ長尺な半導体カーボンナノチューブを利用することが強く望まれている。

4.3 ナノチューブの分散・分離法

　ナノチューブの金属・半導体分離を行うためには，通常は束状で存在するナノチューブを溶液中に孤立分散させる必要がある。この孤立分散処理には，2002 年に O'Connell らによって報告された，界面活性剤を含む水溶中でナノチューブを超音波照射する手法[20]が一般的に利用される。最近の筆者らの研究においては，アーク放電法で合成された試料（名城ナノカーボン社，SWNT SO を利用）30mg を 30ml 程度の 1%コール酸ナトリウム水溶液に入れ，超音波照射を行っている。ナノチューブに入るダメージを最小限にするため，バス式の超音波装置（コスモバイオ社のナノラプターNR-350 を利用）で 1 時間ほど照射を行う。コール酸ナトリウムを使用する理由は，ドデシル硫酸ナトリウムに比べ効率良く孤立分散でき[21]，かつ分散後にドデシル硫酸ナトリウムと混合することでゲルろ過による分離が可能なためである。得られた分散液に対して，超遠心分離（20 万 g，1 時間）を行い束状のナノチューブを沈殿させることで，孤立ナノチューブが多く含まれる上澄み液を回収できる。

　ナノチューブの孤立分散液からは様々な手法で半導体分離が可能だが，本項では最近大きな注目を集めているゲルろ過を利用した手法を紹介する。ゲルろ過を利用した分離法は，産総研の田中・片浦らのグループとドイツ・カールスルーエ研究所の Kappes のグループにより 2009 年に報告された[22, 23]。田中・片浦らの手法はアガロースゲルを用い，カールスルーエの手法はSephacryl を単体として利用する点が異なる。その他の条件，例えばナノチューブをドデシル硫酸ナトリウム水溶液で分散した系で分離が可能になる点や，半導体ナノチューブが選択的にゲルに吸着し金属ナノチューブは溶出する点，などは同じである。このゲルとドデシル硫酸ナトリウムを使用する手法は，電気泳動やゲル吸着の実験より田中・片浦らによって 2008 年より示されてきた[24, 25]。様々な分離法の中で，ゲルろ過法は簡便性やスケールアップの容易さに秀でている。以下に示すように，筆者らは，混合界面活性剤系とリサイクルプロセスをゲルろ過に導入することで，半導体ナノチューブの純度の向上と長さ分離が可能なことを見出してきた。

　筆者らが行っているゲルろ過の具体的な手順を以下に示す。まず，直径 1〜3cm 程度の透明なガラスやプラスチックの円筒にゲル（Sephacryl-S200）を充填しカラムを作製する。このとき，ゲルの高さは 10cm 程度とし，充填後に内部の溶媒を 1%ドデシル硫酸ナトリウム水溶液に置換する。この後，1%コール酸ナトリウム水溶液で分散した孤立ナノチューブ試料と，等量の 1%ドデシル硫酸ナトリウム水溶液を混合した溶液をゲルの上に静かに注ぎ，ろ過を行う。ナノチューブ溶液がゲル内部に浸透した後，溶出液として 1%ドデシル硫酸ナトリウム水溶液を流し続ける。ここで，直径 1.4nm 程度の SWNT SO 試料を利用した場合，最初に金属ナノチューブを多く含む青色の溶液，続いて次に束状の金属と半導体ナノチューブを含む灰色の溶液が溶出される。一方で，半導体ナノチューブは 1%ドデシル硫酸ナトリウム水溶液では溶出されず，ゲルに吸着されたままである。溶出液を 1%コール酸ナトリウム水溶液に変えると，吸着していた半導体ナノチューブを回収できる。

　回収された試料の純度評価を行うために，近赤外—可視域の光吸収スペクトルがよく利用され

第3章 カーボンナノチューブ

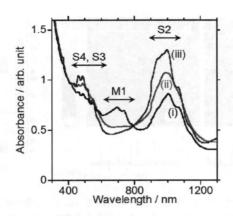

図2 (i) 分離前の試料，および (ii) 1回目のゲルろ過後，(iii) 15回繰り返しろ過した後の半導体ナノチューブ濃縮試料の光吸収スペクトル

る。図2に，分離前と半導体濃縮された試料の光吸収スペクトルを示す。ナノチューブの種類と光吸収エネルギーの関係を示す片浦プロット[26]との比較より，1100〜900nm，600〜400nmの吸収帯は半導体ナノチューブのS2バンドとS3,S4バンドに，800〜600nmの吸収帯は金属ナノチューブのM1バンドにそれぞれ相当することが分かる。半導体が濃縮された試料は，M1バンドの吸収ピークが大きく減少している。

この半導体濃縮された試料のスペクトルを拡大すると，僅かながら金属ナノチューブ由来のM1ピークが観測される。この金属ナノチューブは，デバイス特性では特にオンオフ比の低下の原因となるので，可能な限り除去することが望ましい。この金属ナノチューブは，ゲルろ過を繰り返すことによって光吸収で検出するのが困難なレベルまで除去可能である。まず，コール酸ナトリウムで溶出した試料を再び等量の1%ドデシル硫酸ナトリウム水溶液と混合する。この溶液を再び1%ドデシル硫酸ナトリウム水溶液を含むカラムでろ過することで，半導体ナノチューブがゲルに再び吸着する。ここで，使用するゲルの体積は，最初に溶出した試料の体積よりも半分以下にすることが望ましい。この場合，半導体ナノチューブは一部ゲルを通り抜けて溶出してくる。この試料に対し何度もゲルろ過を行い，最後に吸着した半導体ナノチューブを再びコール酸ナトリウムで回収する。図2に示すように試料 (iii) ではM1ピークがほぼ完全に消失しており，このような簡便な操作で高純度な半導体ナノチューブを得ることが可能である。

半導体の高純度化に加え，この操作はナノチューブの長さ分離が可能である。分離された半導体ナノチューブを再びゲルろ過した際に，吸着と非吸着の試料に分かれる。このような吸着と非吸着の試料について，原子間力顕微鏡を用いて長さ分布の評価を行った結果を図3に示す。図3eのヒストグラムに示すように，非吸着試料では1μmよりも長いチューブを多く含むことが分かる。ここで，分離されたナノチューブの断面プロファイルに着目すると，およそ高さが1〜2nm程度であり，使用したチューブの直径（約1.4nm）と比較的よく一致する。従って，分離中にチューブが凝集して束状になり集合状態が変化したために分離されたのではなく，長さの違

ナノカーボンの応用と実用化

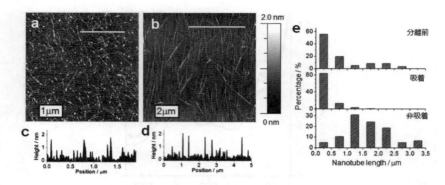

図3　長さ分離した試料の原子間力顕微鏡像（a, b）と像中の白線に沿った断面プロファイル（c, d），および長さ分布のヒストグラム（e）
（a, c）が吸着試料，（b, d）が非吸着試料

いで分離されたといえる。ここで使用したゲルは分子やタンパク質のサイズ排除クロマトグラフィーに利用されており，このサイズ排除効果より短いチューブの方がゲルを流れる時間（距離）が長いと考えられる。長さに依存して吸着する確率が異なるため，結果としてナノチューブが長さ分離されたと予想される。通常のサイズ排除クロマトグラフィーではゲルと分子の間には相互作用がないが，ナノチューブとゲルの間には何らかの相互作用があるために，このような金属・半導体および長さ分離の両方が可能であるといえる。

4.4　ナノチューブの製膜法

分離されたナノチューブで高特性薄膜トランジスタを実現するには，次に高密度かつ均一に配向したナノチューブ薄膜の作製が重要となる。均一にチューブを堆積するために，ナノチューブと親和性の高いアミノ基で表面修飾された基板がよく利用される。このような基板は，表面洗浄されたシリコンウェハーを（3-アミノプロピル）トリエトキシシランの蒸気にさらすことで簡単に作製できる。この基板にナノチューブ分散液を滴下すると，ナノチューブが基板表面上に選択吸着して図1，4に示すような均一な薄膜が形成される。製膜されたナノチューブは，水やアルコール等で濯ぐ程度では基板からはく離せず，レジストの塗布・除去を含むリソグラフィープロセスによる薄膜加工や電極作製にも適用できる。

この製膜法においてナノチューブの密度を向上するには，滴下後の静置時間を長く，また分散液の濃度を高くすることが必要である。分散液のナノチューブは，密度勾配遠心法を利用して濃縮することができる。筆者らは高濃度化した分散液を，基板上に滴下し飽和水蒸気圧下で1日程度放置することでナノチューブを吸着させている。さらに，分散液を基板上から除去するときに，エアガンでガスを吹き付けることで，その方向にナノチューブを配向することが出来る。図4に，配向した高密度薄膜の原子間力顕微鏡像を示す。10本／μm程度の密度で，孤立状もしくは細い束状のナノチューブが配向している様子が観察できる。

第3章　カーボンナノチューブ

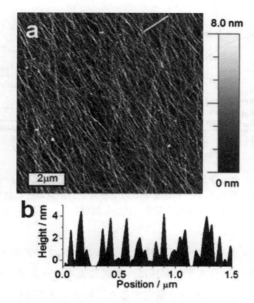

図4　(a) 配向ナノチューブ薄膜の原子間力顕微鏡像,
　　　(b) 図4a右上の白線に沿った断面プロファイル

　上記の手法以外にも,気相プロセスを用いた製膜法もよく利用される。気相プロセスでは,基板上に化学気相成長法を用いてナノチューブを直接合成するか,気相中で合成したナノチューブを基板上やフィルター上に堆積させる。これらの手法は,超音波分散処理を行わないため,ナノチューブの長さを維持できるという利点がある。名古屋大学の大野らのグループは,メンブレン状にナノチューブを堆積し,その後にシリコンやプラスチックなどの任意の基板上に転写するという簡便な手法で非常に高性能な薄膜トランジスタを作製している[12]。さらなる特性の向上という観点からは,高品質な半導体ナノチューブの選択合成法の開発が望まれる。
　気相プロセスとは対照的に,液相プロセスでは分離した高純度半導体試料やインクジェットなどの印刷プロセス[10]が使える点が長所だが,一方で超音波分散処理による短尺化や分散剤の除去などが課題として挙げられる。特に,ナノチューブにダメージを与えない孤立分散法は,薄膜トランジスタだけでなく透明導電性薄膜などの応用にとっても開発が強く期待される技術である。

4.5　トランジスタ特性

　図4に示す薄膜に,図1bの模式図のようにソースおよびドレイン電極を蒸着することで,デバイスを作製しトランジスタ特性の評価を行った。ここで使用した表面酸化膜を持つシリコンウェハーの場合は,シリコン部分がゲート電極として利用している。図5は,作製したデバイスのゲート電圧に対するドレイン電流の変化（V_{GS}-I_D特性）と,異なるゲート電圧印加時のソース―ドレイン間電圧に対するドレイン電流の変化（V_{DS}-I_D特性）である。デバイスのオンオフ

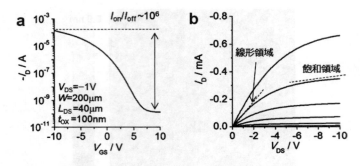

図5 (a) ゲート電圧に対するドレイン電流の変化（V_{GS}-I_D 特性），
(b) 異なるゲート電圧下でのソースドレイン電圧に対する
ドレイン電流の変化（V_{DS}-I_D 特性）

比は 10^6 程度であり，また，チャネル幅で規格化したトランスコンダクタンスは 0.78Sm^{-1} であった。多くのナノチューブトランジスタと同様に，酸素によるホールドーピングの影響により大気下で p 型の特性が観測される。真空中で測定すると，酸素の影響がなくなりデバイスは両極性を示す。図5b では，通常の電界効果型トランジスタと同様に，ソース—ドレイン間電圧が $-1 \sim 0$V ではドレイン電流は線形に増加する線形領域，高い負の電圧で電流値が飽和する飽和領域が存在する。ナノチューブ薄膜トランジスタの場合，V_{DS}-I_D 特性が線形な領域において，後述する平行板モデルで求めたキャリア移動度が特性の比較に用いられることが多い。この平行板モデルの場合，キャリア移動度，μ，は以下の式

$$\mu = \frac{L_{DS} t_{OX}}{W \varepsilon_{OX} V_{DS}} \cdot \frac{dI_D}{dV_{GS}}$$

を用いて求められる。ここで，W は電極幅，ε_{OX} はシリコン酸化膜の誘電率，L_{DS} はチャネル長，t_{OX} は酸化膜の厚さである。この式から得られた移動度は，$164 \text{ cm}^2\text{V}^{-1}\text{s}^{-1}$ であった。この値は，高いオンオフ比を維持しながらも，従来の塗布により作製されたカーボンナノチューブ薄膜の移動度（$\sim 40 \text{ cm}^2\text{V}^{-1}\text{s}^{-1}$)[11]，有機薄膜[14]やアモルファスシリコンの移動度（$\sim 1 \text{ cm}^2\text{V}^{-1}\text{s}^{-1}$）を超えている。また，多結晶シリコンの移動度（$50 \sim 300 \text{ cm}^2\text{V}^{-1}\text{s}^{-1}$)[15]に匹敵する特性といえる。この結果は，長尺かつ高純度な半導体ナノチューブの薄膜が本質的に高い移動度を有することを示している。デバイスの作製プロセスの観点からは，多結晶シリコンは，薄膜形成に高温プロセスが必要であるため，基板やコストの制約が大きい。一方，カーボンナノチューブの特徴は，このような高い移動度を示す薄膜が簡便な塗布で作製できることであり，将来の高性能プリンテッドエレクトロニクスに向けたナノチューブの大きな可能性を示している。

最後に，ナノチューブ薄膜トランジスタのキャリア移動度評価の際に使われる，平行板モデル[2]と厳密なモデル[4]の特徴について触れる。これらのモデルの間では，ゲート電圧をかけたときに蓄積されるキャリア密度の評価値が異なる。平行板モデルは，ナノチューブの被覆率（密度）は

第3章　カーボンナノチューブ

考慮せずチャネル全面を平行板コンデンサの電極として近似する。このモデルは，有機材料やシリコンで広く利用されているため，他材料と特性の比較がしやすい。本項では，この平行板モデルで求めたキャリア移動度を示している。平行板モデルでは，ナノチューブの被覆率が低いほど蓄積されたキャリア密度を過大評価してしまうため，ナノチューブ自体の移動度を低く見積もる。一方，チューブ密度を考慮してキャパシタンスをより正確に評価した，厳密なモデルでは，ナノチューブ自体の性能評価に適している。目的に適したモデルを使うことで，より正確に材料やデバイスの評価が可能である。

4.6　おわりに

　カーボンナノチューブの薄膜トランジスタ応用について，特に材料や製膜プロセスが抱える問題点と最近の研究の進展について紹介した。カーボンナノチューブの魅力的な特性は，電子デバイスを含む多様な分野での応用を期待させるが，未だ材料の質に関しては問題が多い。特に，分散・分離・製膜などの化学プロセスについて，より長尺かつ高純度な半導体ナノチューブを安価に生産する手法，純度・長さ分布の簡便な評価法，均一な薄膜の作製法，V_{GS}-I_D特性やV_{DS}-I_D特性におけるヒステリシスなどの原因となる不純物の除去法の開発など，重要な課題が山積みである。また，実際にナノチューブ薄膜トランジスタを組み込む具体的な用途開発も必要である。本項で紹介したように，近年，半導体ナノチューブの分離技術が大きく進展し，塗布プロセスを用いて多結晶シリコンに匹敵する高い移動度（164 cm^{2}V^{-1}s^{-1}）を示す素子を作製できるようになってきた。さらなる研究の進展で，単結晶シリコンに匹敵する性能を有する素子がフレキシブルな基板上や簡便な作製プロセスで実現できると考えられる。将来的には，このような特徴を活かした様々なカーボンナノチューブの電子デバイスが産業化に繋がっていくことを期待したい。

　本項で紹介した研究は，共同研究者である，篠原久典教授，塩沢一成氏，浅田有紀博士，北浦良准教授，大野雄高准教授，水谷孝教授の多大な助力によってなされたものである。ここに深く感謝致します。

文　　献

1)　Q. Cao, *et al.*, *Adv. Mater.*, **21**, 29（2009）
2)　E. S. Snow, *et al.*, *Appl. Phys. Lett.*, **82**, 2145（2003）
3)　M. Shiraishi, *et al.*, *Chem. Phys. Lett.*, **394**, 110（2004）
4)　S. J. Kang, *et al.*, *Nat. Nanotechnol.*, **2**, 230（2007）
5)　N. Izard, *et al.*, *Appl. Phys. Lett.*, **92**, 243112（2008）
6)　Q. Cao, *et al.*, *Nature*, **454**, 495（2008）
7)　S. Fujii, *et al.*, *Appl. Phys. Express*, **2**, 071601（2009）

ナノカーボンの応用と実用化

8) C. Wang, *et al.*, *Nano Lett.*, **9**, 4285 (2009)

9) Y. Asada, *et al.*, *Adv. Mater.*, **22**, 2698 (2010)

10) H. Okimoto, *et al.*, *Adv. Mater.*, **22**, 3981 (2010)

11) N. Rouhi, *et al.*, *Adv. Mater.*, **23**, 94 (2011)

12) D. M. Sun, *et al.*, *Nat. Nanotechnol.*, **6**, 156 (2011)

13) M. C. LeMieux, *et al.*, *Science*, **321**, 101 (2008)

14) S. Allard, *et al.*, *Angew. Chem. Int. Ed.*, **47**, 4070 (2008)

15) Y. G. Sun, *et al.*, *Adv. Mater.*, **19**, 1897 (2007)

16) 齋藤理一郎・篠原久典（共編），カーボンナノチューブの基礎と応用，p.18，培風館 (2004)

17) Y. Miyata, *et al.*, *J. Phys. Chem. C*, **112**, 13187 (2008)

18) L. Ding, *et al.*, *Nano Lett.*, **9**, 800 (2009)

19) M. C. Hersam *Nat. Nanotechnol.*, **3**, 387 (2008)

20) M. J. O' Connell, *et al.*, *Science*, **297**, 593 (2002)

21) W. Wenseleers, *et al.*, *Adv. Funct. Mater.*, **14**, 1105 (2004)

22) T. Tanaka, *et al.*, *Appl. Phys. Express*, **2**, 125002 (2009)

23) K. Moshammer, *et al.*, *Nano Res.*, **2**, 599 (2009)

24) T. Tanaka, *et al.*, *Appl. Phys. Express*, **1**, 114001 (2008)

25) T. Tanaka, *et al.*, *Nano Lett.*, **9**, 1497 (2009)

26) H. Kataura, *et al.*, *Synth. Met.*, **103**, 2555 (1999)

5 キャパシタ

浅利琢磨*

5.1 キャパシタとは

電荷を蓄えたり放出したりする受動素子として，積層セラミックコンデンサ，フィルムコンデンサ，電解コンデンサなどがある。一般にコンデンサは，対向する二つの電極の間に誘電体を挟んだ形で構成される。例えば，アルミ電解コンデンサではアルミニウム酸化被膜を，タンタルコンデンサではタンタル酸化被膜をそれぞれ誘電体に用いている。これに対して，電気二重層キャパシタには他の電解コンデンサのような誘電体はない。その代替として，電極と電解液の界面に形成される電気二重層という状態を誘電体の機能として利用している。本項では，電気二重層容量を用いた蓄電素子についてキャパシタとして概説する。

電気二重層キャパシタの充放電は，正負極に用いた電極（一般的に活性炭）表面に形成される電気二重層へのイオンの吸着・脱着を利用したものである。この充放電による二重層の変化を図1に示す[1]。

電気二重層キャパシタは，電解液の種類により水溶液系と有機（非水溶液）系の二種類がある。水溶液系は有機系に比べて低抵抗な特徴がある一方で，有機系は水溶液系に比べて単セル当たりの耐電圧を高くできるため高容量な特徴がある。また製品構造ならびに形状は，表1に示すように大きく3種類に分類できる。

コイン型構造では，ペレット形状の活性炭電極に電解液を含浸し，両電極間の接触による短絡防止のためにイオン透過性で電気絶縁性を有したセパレータを配し，上フタと下ケースとの間にパッキンを介して封口を行っている。用途として，メイン電池交換時のデータバックアップ（携帯電話，デジタルカメラ，携帯情報端末など）や，太陽電池内蔵時計の二次電池などがある。

捲回型構造では，バインダなどと調合した活性炭粉末をアルミ箔上に塗布し定尺に切断し，リード線を接続して，セパレータを介して巻き取り，アルミケースに挿入し電解液を注入し，ゴムパッキンで封口し外装スリーブをかぶせている。用途として，太陽電池の二次電池（道路鋲，

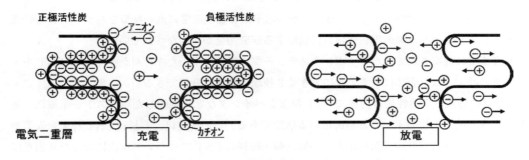

図1 電気二重層キャパシタの充放電による二重層の状態[1]

＊ Takuma Asari　パナソニック㈱　先行デバイス開発センター　プロジェクトリーダー

ナノカーボンの応用と実用化

表1 電気二重層キャパシタの構造と製品形状[1]

	コイン型	捲回型	積層ラミネート型
構造	活性炭電極 上フタ セパレータ パッキン 下ケース	アルミケース 外装スリーブ 内部素子 ゴムパッキン 外部端子	外部端子
製品形状			

LED ライトなど）や，玩具の二次電池（モーター駆動用）などがある。特に，Ni-Cd 電池の代替品として地球環境負荷の小さいことで注目を集めている。

　積層ラミネート型構造では，電極とセパレータを交互に重ね合わせ，その一枚一枚の電極からリード線を引き出して外部端子に接続し，電解液で含浸した後にアルミラミネートフィルムで密封している。用途として，薄型形状にできることから携帯電話向けの LED フラッシュ電源などがある。

　このように従来の電気二重層キャパシタでは，重量当たりの表面積が大きい活性炭を電極活物質として使用してきた。

5.2　カーボンナノチューブ（CNT）を電極に使用したキャパシタ

　カーボンナノチューブ（CNT）はグラフェンを筒状に捲いた円筒状であることから，重量当たりの表面積が最大 $2250\mathrm{m}^2/\mathrm{g}$ と大きく，かつ電子伝導性が非常に高い特徴を持つ。これら特性を利用して，キャパシタの電極活物質に利用する研究開発が多くなされている。

　現在までに提案されてきたカーボンナノチューブを電極に用いたキャパシタ（以降，CNT キャパシタと呼ぶ）は，表2に示すように大きく3種類の構造に分類できる。

　1つ目の構造は，活性炭と同様に CNT 粉末をバインダなどと混練したペーストを集電箔（通常はアルミ箔）上に塗工して電極に用いる構造である。この構造は，容易に CNT 粉末を入手できる反面，重量当たりの表面積が大きい低層数・細径の CNT ではバンドル状になったり相互に絡まったりするため，その電極製造プロセスによっては所望の表面積を得られず，容量が低くなる場合も多い。

　2つ目の構造は，垂直配向 CNT を集電箔上に転写して電極に用いる構造である。この構造は，

第3章　カーボンナノチューブ

表2　電極種類ならびに形成方法の違いによるキャパシタ構造差ならびに抵抗への影響

活物質	活性炭粉末	CNT粉末	垂直配向CNT	垂直配向CNT
形成方法	塗工	塗工	転写	直接成長
構造				
活性炭比抵抗	－	少し低い	低い	極めて低い

シリコン基板などの上に触媒粒子を形成し，気相成長法（CVD）にてCNTを垂直配向に成長させた後，アルミ箔上に転写して電極として用いるものである。一般に，熱CVDで垂直配向CNTを合成する場合，炭素系原料ガスの熱分解におよそ750℃以上が必要である。一方で，キャパシタで一般に集電箔材料として用いられるアルミニウムは，融点が約660℃であるためCVDプロセス時の基板として使用できない。そのため，シリコンやステンレスなどを基板として使用し，垂直配向CNTを基板上に形成した後に，アルミ箔上にCNTを転写する場合が多い。この手法で作製した垂直配向CNTはCNT間の絡まりなどがCNT粉末ペーストより少なく，大表面積が得られることが多い。

　3つ目の構造は，垂直配向CNTを集電箔上に直接合成して電極に用いる構造である。基板には，融点750℃以上のニッケル基板やステンレス基板を用いる製造プロセス，とアルミニウム基板を用いる製造プロセス，とがある。この構造におけるキャパシタ特性のメリットとして，CNTの一端が触媒粒子を介して基板と物理的に接続されているため，上記2つ目の構造よりも低抵抗が得られる点がある。

　以下，各構造における事例について説明する。

5.2.1　CNT粉末を塗工もしくは成形して電極にした構造

　CNT粉末をバインダなどと混練しペースト塗工して作製したキャパシタ電極構造，もしくはCNT粉末を濾紙でこしとってペーパー状にしたキャパシタ電極構造について，下記に概説する。単層CNT粉末を活物質としたキャパシタ電極における文献2～5）では，静電容量20～300F/gとかなり大きな幅を持った結果が示されている。この幅は，使用した電解液種，活物質比率（バインダなどを使用時に低下），または単層CNT粉末の結晶性によるものと想定される。硫酸などの水系電解液では，電解質径が小さいため比較的に高い静電容量を示すが，水の電気分解のため使用電圧は1V程度になる。一方で，プロピレンカーボネート（PC）に電解質を溶解させた有機系電解液では，水系に比べて電解質径が大きいため静電容量が低くなるが，使用電圧を3V

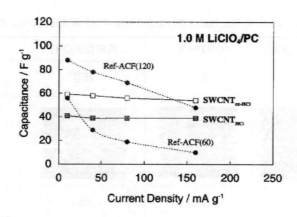

図2 単層CNTペーパー状電極における電流密度と静電容量の関係[6]

程度にできる。また，単層CNT粉末の結晶性が低いものではアモルファスカーボンなどが混在しているために，CNT表面の容量を正確に測定することは困難である。

一方，群馬大の白石ら[6]はHiPCo™法で合成した単層CNT粉末を活物質としてペーパー状のキャパシタ電極を作製している。HiPCo™法は，高圧下でCOガスを炭素源とすることで，Fe触媒から非常に結晶性の高いCNTを合成できる手法である。この手法で合成した単層CNT粉末（直径1nm程度）をペーパー状に成形しバインダを使用せずにチタン製メッシュを集電体として使用し1M LiClO$_4$/PC溶液で評価した場合に，静電容量45F/gを得ている。窒素ガスによるBET表面積が約500m^2/gであることから，単位表面積あたりの静電容量が約10μF/cm^{2}である。活性炭での5.5μF/cm^{2}と比較し，HiPco法の単層CNT粉末では約2倍高い容量を発現しているといえる。また，図2に示すように充放電電流密度が高い領域での容量発現が改善している。

5.2.2 垂直配向CNTを転写して電極にした構造

シリコン基板などの上に触媒粒子を形成し，気相成長法（CVD）にてCNTを垂直配向に成長させ，その後に集電箔であるアルミニウム箔に転写したキャパシタ電極について，下記に概説する。

日立造船㈱と関西大学の本田・石川ら[7]は，垂直配向多層CNTをシリコン基板上に合成しアルミ箔に転写することで電極とした構造を提案している。その結果，静電容量40〜60F/gを得ている。本構造の多層CNT電極では，図3に示すように市販されている活性炭電極に比べ充放電電流密度が高い領域での容量発現が改善している。

また産総研の平岡・畠らは，シリコン基板もしくはステンレス系金属基板上[8]に垂直配向した単層もしくは二層CNTを形成し，アルミニウム箔上に転写しキャパシタ電極を作製している。その場合の微分容量は4〜5μF/cm^2[9]となっている。また，単層CNT（平均直径2.5nm）の先端キャップ除去[10]により単層CNTの内外表面の電気二重層容量を利用することを提案してい

第3章　カーボンナノチューブ

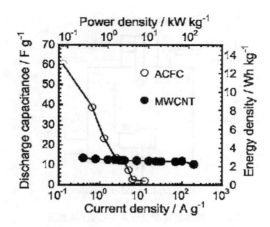

図3　垂直配向多層CNT転写電極における電流密度と静電容量の関係[7]

る。その結果，外表面のみと内外表面の窒素BET吸着法による各表面積は1300m^2/gと2240m^2/gになり，静電容量はそれぞれ73F/gと114F/gと測定されている。この先端キャップ除去した単層CNT内外装表面積は，グラフェンシート両面の理論表面積限界2630m^2/gの85％程度を発現していることになる。

5.2.3　垂直配向CNTを根元接続して電極にした構造

金属箔上に触媒粒子を形成し，気相成長法（CVD）にてCNTを垂直配向に成長させたキャパシタ電極について，下記に概説する。

カリフォルニア大学デイビス校のDuら[11]は，ニッケル基板上に垂直配向多層CNT（MWNT）を形成したキャパシタ構造を提案している。ニッケル基板の融点が高いため，熱CVDを使用しても垂直配向CNTを基板上に直接合成することが可能になっている。その結果，静電容量20F/gで両極間電圧1.0Vの場合に，パワー密度30kW/kgになることを報告している。パワー密度の最大値P_{max}は，$P_{max}=V_i^2/4R$（V_i：充電時電圧，R：等価直列抵抗ESR）[12]となる関係から，低抵抗なキャパシタになっているものと思われる。しかし，ニッケル集電箔の材料コストはアルミニウム箔に比べて極めて高く，コスト観点から量産は難しいと想定される。

一方，パナソニックの浅利ら[13,14]はアルミニウム箔上に垂直配向CNTを直接形成したキャパシタ構造を提案している。熱CVDを用いたCNT製造プロセスでは，原料ガスの熱分解温度（一般的に750℃以上）がアルミニウム箔の融点（660℃）を超えることが問題になっていた。この問題を解決するために，プラズマにより原料ガス分解することでアルミニウム箔温度を融点660℃以下に設定し，垂直配向CNTを物理的に接続した状態で直接アルミニウム箔上に合成しキャパシタ電極とすることが可能になった。

図4に示すように早稲田大学の川原田らが開発した先端放電型プラズマCVD装置[13,15,16]を用いることで，基板温度640℃で二層CNT合成が可能になった。先端放電型プラズマCVD装置

ナノカーボンの応用と実用化

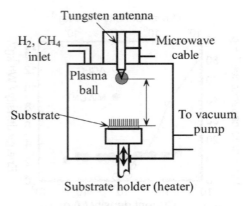

図4　先端放電型プラズマ CVD 装置図[13]

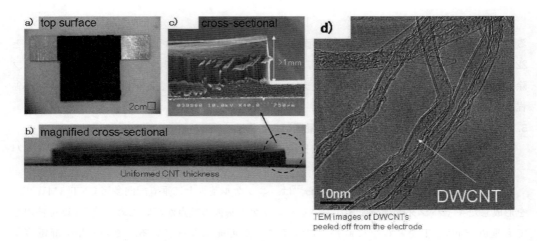

図5　アルミニウム箔上に直接形成した垂直配向二層 CNT 電極の写真[14]

は，真空チャンバー内にタングステン製のアンテナがあり，そのアンテナ先端にプラズマを固定して生成できる特徴がある。プラズマがアンテナ先端に固定されているので，上下に稼働する基板ホルダによって基板とプラズマの距離を変更できる。この装置では，基板にイオン原子は到達せず，ラジカル原子のみが到達できるリモートプラズマ状態になっていると想定される。リモートプラズマ効果により，基板直上にプラズマを形成した CVD 装置に比べて，プラズマによる基板温度の上昇や CNT エッチングの影響は非常に少ない。そのため，熱 CVD のように原料ガスを熱分解するために高温を使用する必要がなく，CNT 合成に必要な触媒粒子温度を外部昇温装置で決定することが可能である。

アルミニウム箔（100μm厚）上にオレイン酸鉄粒子（平均粒径5nm）をディップ法により塗工し，前記の先端放電型プラズマ CVD 装置により垂直配向二層 CNT を物理的に接続した状態

でアルミニウム箔上に形成した。図5にアルミニウム箔上に直接形成した垂直配向二層CNT電極の写真を示した。図5のa）は，T型のアルミニウム箔（100μm厚）に垂直配向CNTを成長させた状態の上面から撮影した写真である。黒色部がCNT電極部を示し，銀色部はアルミニウム箔が露出している引出電極部を示す。図5のb）は，断面の全体像を撮影した写真で，CNT電極の両端部で厚みが増しているが，その他部分はほぼ一定のCNT膜厚を保持していることが判明できる。両端の厚みが増すのは，CVD中で原料ガス分解物が上方からだけでなく横方向から流入するためと考察している。図5のc）は，断面を拡大して電子顕微鏡で撮影した写真である。CNTが，垂直配向状態で1mm以上の厚さで存在していることが判明できる。図5のd）は，アルミニウム箔上の垂直配向CNTから剥ぎ取ったCNT粉末を透過電子顕微鏡で撮影した写真である。この写真からCNTが二層であることが判明できる。

アルミニウム箔上に直接形成した垂直配向二層CNTをキャパシタ電極にした場合，1.0M EMIBF4（エチルメチルイミダゾリウムテトラフルオロボレート）／PC（プロピレンカーボネート）電解液では，単極あたりの静電容量は39～111F/gとなった。また，CNT層間0.34nmには電解質イオンがインターカレーションできないことから図6に示すように静電容量はCNT層数

	1層CNT	2層CNT	n層CNT
表面積	1	1	1
容量/重量	1	1/2	1/n

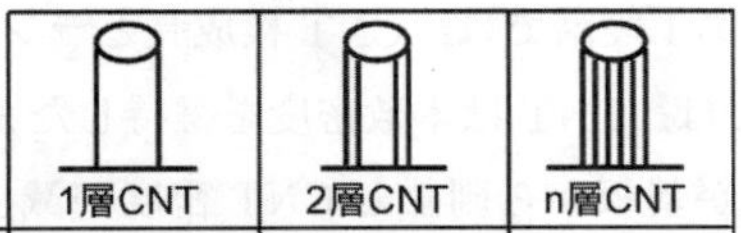

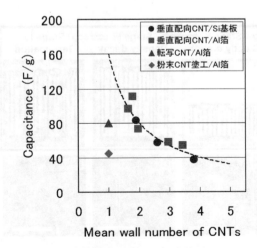

図6　CNT層数と単位重量当り静電容量の相関関係（想定）[14)]

図7　CNT層数と単位重量当り静電容量の相関関係（実験データ）[14)]

に依存し，本実験ではCNT先端キャップを除去していないためCNT外表面のみに電気二重層容量を発現するものと考えられる。

浅利らの実験結果では，図7に示すように静電容量 Y = 160/CNT層数 X の関係式で近似できることから，単層CNT外表面を使用した場合の静電容量が160F/gになるものと推定できる。また，窒素BET吸着法によるCNT外壁の比表面積は約1000m^2/gであることから，CNT1層外壁の単位表面積あたりの静電容量は16μF/cm^{2}となる。また，1対の電極を対抗させた構造におけるセル抵抗は転写構造（両極当たりの静電容量13.4F/g）が8.9Ωcm^{2}に対し，直接合成構造（両極当たりの静電容量14.2F/g）では1.9Ωcm^{2}となり約1/5の低抵抗になった。この結果から，垂直配向CNTを根元接続して電極にした構造では転写構造よりも低抵抗なキャパシタを設計できるメリットがあるものと考えている。

5.3 今後の課題

今後の課題として，大きく2つの課題がある。

まず1つ目の課題は，更なる容量増と抵抗減への取り組みにある。一般に，基板上に触媒金属粒子を介して成長する垂直配向CNTは，4段階の成長状態をとると報告されている[17]。図8に示すように，CNT成長の第1段階では，CNT核成長とランダム方向に成長したCNTが絡み合う状態になる。第2段階では，CNTは本数密度を維持したまま経時的に長さを増す状態になる。第3段階では，CNT一端が基板から剥離しCNT密度が減少する状態になる。最後に第4段階では，CNT成長が止まる状態になる。

このような成長プロセスでは，キャパシタ電極として使用するためにCNT電極厚みを増加させた場合，CNT成長プロセスで一部のCNT根元が外れる問題がある。その結果，CNT根元が外れたCNT表面の容量はCNT間接触を経由するため利用しづらく，また基板とCNTが剥離

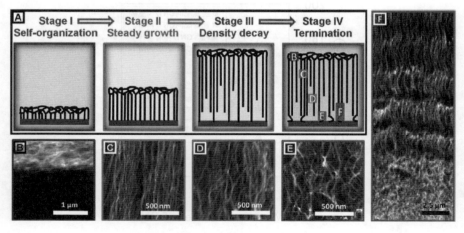

図8　垂直配向CNT合成における4段階成長[17]

第3章 カーボンナノチューブ

しているため抵抗上昇する。つまり，CNT 電極厚みを増加させても，CNT 一端と基板表面の物理的な接続を維持することができれば，更なる容量増と抵抗減が見込める。

次に2つ目の課題は，CNT 電極の製造コスト減への取り組みにある。CNT 電極の製造には真空設備を必要とするため，新規設備投資額が多額になる場合が多い。従来活性炭電極の材料コストを考慮すると，現状では更なる大面積化合成や CNT 合成速度増が必要になっている。

これら2つの課題を解決できれば，垂直配向 CNT を電極に用いたキャパシタの量産化が可能になるだろう。

文　　献

1) パナソニックエレクトロニックデバイス㈱，電気二重層コンデンサ テクニカルガイド，第6版
2) C. Liu, A.J. Bard, F. Wudl, I. Weitz, J.R. Heath, *Electrochem. Solid-State Lett.* **2**, 577 (1999)
3) J.N. Barisci, G.G. Wallace, R.H. Baughman, *Electrochim. Acta* **46**, 509 (2000)
4) E. Frackowiak, K. Jurewicz, S. Delpeux, F. Beguin, *J. Power Sources* **97-98**, 822 (2001)
5) K.A. An, W.S. Kim, Y.S. Park, Y.C. Choi, S.M. Lee, D.C. Chung, D.J. Bae, S.C. Lim, Y.H. Lee, *Adv. Mater.* **13**, 497 (2001)
6) S. Shiraishi *et al., Electrochem. Commun.* **4**, 593 (2002)
7) Y. Honda *et al., Electrochem. Solid-State Lett.* **10**, A106 (2007)
8) T. Hiraoka *et al., J. Am. Chem. Soc.* **128**, 13338-13339 (2006)
9) T. Hiraoka *et al., Adv. Funct. Mater.,* 2010, **20**, 422-428
10) T. Hiraoka *et al., Adv. Funct. Mater.,* **19**, 1-7 (2009)
11) C. Du *et al., Nanotechnology,* **16**, 350-353 (2005)
12) B. E. Conway, Electrochemical Supercapacitor, p370, NewYork: Kluwer-Academic/ Plenum (1999)
13) T. Iwasaki *et al., Phys. Stat. Sol.* (RRL) **2**, No. 2, 53-55 (2008)
14) T. Asari *et al.,* Proceeding of International Conference on Advanced Cpacitors, 2010
15) G. Zhong *et al., CHEMICAL VAPOR DEPOSITION,* 11 (3), 127-130, MAR 2005
16) 岩崎孝之ら，プラズマ・核融合学会誌，**81**，(9), 665-668 (2005)
17) M. Bedewy *et al., J. Phys. Chem. C,* **113**, 20576 (2009)

6 リチウムイオン二次電池

林　卓哉*

6.1 はじめに

リチウムイオン二次電池はリチウム原子と電子が正極と負極でイオン化と再結合をすることで電気を貯蔵する，繰り返して充電や放電を行える電池である（図1）。現代の文明で二次（充電式）電池は欠かすことのできないものとなっており，携帯電話，スマートフォンやノートパソコンのような小型電子機器には基本的にリチウムイオン二次電池が電源として使用されている。一部のハイブリッド自動車，電気自動車にもリチウムイオン二次電池が採用されており，今後もこの用途での使用例が増加すると思われる。

二次電池の基本構造は図1に示したように正負の電極と電解液，セパレーターからなっている。これら電極や電解液の種類によって異なる二次電池となる。主な充電式の電池には鉛蓄電池，ニッケルカドミウム蓄電池，ニッケル水素充電池，リチウムイオン二次電池があり，それぞれに長所や短所がある。

鉛蓄電池は正極に二酸化鉛，負極に鉛を使用し，電解液として希硫酸を用いる。1セルあたりの起電力が約2Vとなっており，材料も安価であるため多く生産されている。主な用途には自動車エンジン始動用電源，バッテリーフォークリフト用電源，無停電電源（UPS）などがある。構造上大型になるため，大きなサイズや重量が許容される用途に用いられる。希硫酸や鉛といった有害物質が含まれるために廃棄の際に手間がかかる。

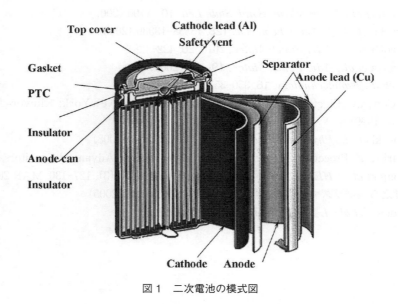

図1　二次電池の模式図

---

*　Takuya Hayashi　信州大学　工学部　電気電子工学科　准教授

第3章　カーボンナノチューブ

　ニッケルカドミウム蓄電池は正極にニッケル酸化物，負極にカドミウム化合物，電解液として水酸化カリウム水溶液を利用し，起電力は 1.2V である。用途としては大出力が必要な電気自動車，電動工具，家電機器などがあるが，使用条件によってはメモリー効果が大きく，環境に有害なカドミウムを使用しているため使用事例は減少しつつある。しかし，製造コストが低いため廉価な製品では現在でも使用されている。

　ニッケル水素蓄電池は正極に水酸化ニッケル，負極に水素吸蔵合金を使用し，電解液として水酸化カリウム水溶液を用いる蓄電池である。起電力は 1.2V であり，有毒なカドミウムを使用しておらず容量も向上したため，ニッケルカドミウム蓄電池の置き換え用途として広く利用されている。用途としてはニッケルカドミウムと同様の用途やハイブリッド自動車の一部に使用されている。従来のニッケル水素蓄電池の欠点として自己放電が多く，過放電にも弱いため不便な面もあったが，2005 年に三洋電機が発売した市販ニッケル水素充電池は負極材料の見直し等により自己放電やメモリー効果を大幅に低減することに成功している[1]。

　近年の電子機器の小型化，多機能化，高性能化に伴って機器の駆動に必要な容量密度は高くなる一方である。このような要求に答えられる蓄電池のひとつとしてリチウムイオン二次電池がある。リチウムイオン二次電池は多様な構成があるが，一例として正極にリチウム金属酸化物，負極に炭素系物質やシリコンを使用し，電解液としてプロピレンカーボネートとエステル類を用いたものがある。電圧が高いことも利点となっており，一般的に 3.5〜4V の電圧を得ることができ，他の蓄電池を 3 セル直列にした分の電圧に近い値が得られるため，高電圧が必要な用途では有利である。特徴として自己放電やメモリー効果が小さいこと，容量密度が高いことがあり，電源の小型化に貢献できる。しかし，容量密度が高いために発熱が大きく，反応性に富んだリチウムを使用しているために条件によっては爆発的な反応により電池が破壊されてしまうことがあり，安全性を確保するための保護回路が必要になる。用途としてはニッケルカドミウム蓄電池やニッケル水素蓄電池の置き換え，ハイブリッド自動車の一部や電気自動車，そしてノートパソコン，スマートフォン等の小型電子機器が挙げられる。

6.2　カーボンナノチューブのリチウムイオン二次電池への利用

　ここでまず簡単に炭素材料を負極に用いたリチウムイオン二次電池のリチウム吸蔵について説明する。リチウムイオン二次電池に使用される主な炭素材料は結晶性のよいグラファイトやグラフェンのような積層構造を持った黒鉛化性材料から黒鉛化されにくい樹脂を炭化したものまで幅広く検討されている。基本的なリチウムイオン吸蔵機構は 2 つあり，ひとつはグラファイト六角網面層間にリチウムイオンがインターカレーションしていくもの（図 2(a)），そして炭素体が不定形な構造を取ることにより生じる空隙に吸蔵されるもの（図 2(b)）がある。インターカレーションによる最大のリチウムイオン吸蔵量は炭素原子 6 個に対してリチウムイオン 1 個という LiC_6 の比率になり，理論容量は 372 mAh/g になる。一方，不定形な炭素の場合にはリチウムイオンの吸蔵サイトがグラファイト層間に限られないため，インターカレーションのみによる吸蔵

141

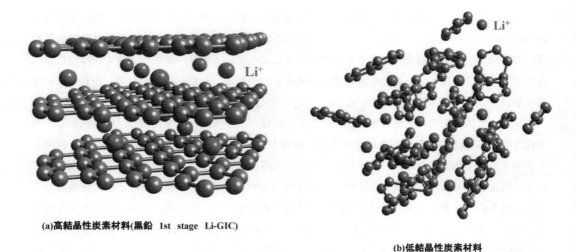

図2 (a) グラファイト層間にリチウムイオンがインターカレーションされるモード，
(b) 炭素体の空隙やエッジ部にリチウムイオンが吸蔵されるモード

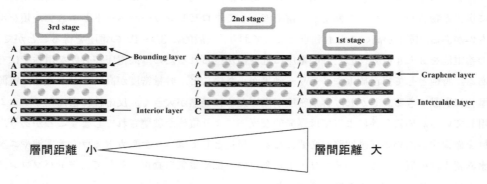

図3 グラファイト層間にリチウムイオンがインターカレーションされる度合いによって層間距離が変化する

よりも多くのリチウムイオンを吸蔵することが可能になり，容量も 372 mAh/g よりも大きくなることが多い。いずれの電極材料も図3にあるようにリチウムが吸蔵されると体積膨張を生じる。実際の電池においても充電するたびに体積が膨張し，放電のたびに体積が収縮することを繰り返す（図4）。体積の膨張収縮過程が完全に可逆ではないために充放電サイクルのたびに容量が低下する現象がみられる。これは負極の体積が完全に元に戻らずに膨張した部分が残り，それが原因となって隙間が生じるために炭素体と電極との電気的な接触が失われてしまい，リチウムイオンを吸蔵するサイトが減少することが原因の一つであると考えられている。これは電極劣化によるサイクル特性の低下と呼ばれており，蓄電池の容量向上と同じくらい重要な課題となっているが，蓄電池ではまず避けることができない現象であるため，現在に至るまで完全な解決はみら

第3章　カーボンナノチューブ

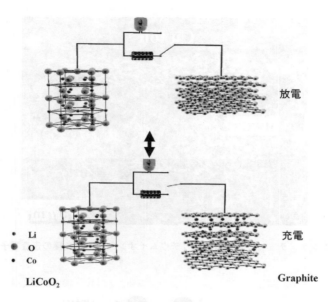

図4　リチウムイオン二次電池の模式図
上が放電状態で下が充電状態となり，負極材料が膨張と収縮を繰り返すことが分かる。

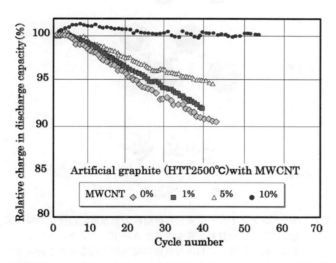

図5　負極材料にカーボンナノチューブを混合することでサイクル特性が向上する

れていない。
　そこでカーボンナノチューブを従来の炭素負極材料に混合することでサイクル特性の向上を目指した研究が行われた[2,3]。その結果，カーボンナノチューブを負極炭素材料に10%混合すると，カーボンナノチューブを混合しない場合に比べて約10倍サイクル特性が向上することが見出された（図5）。これは先ほど説明した充放電による負極の劣化による導電性の低下をカーボンナ

143

ナノカーボンの応用と実用化

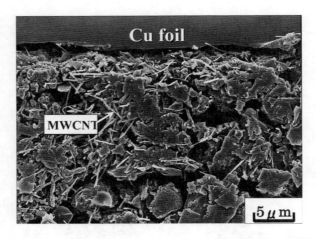

図6　カーボンナノチューブを混合したリチウムイオン二次電池負極の走査電子顕微鏡写真

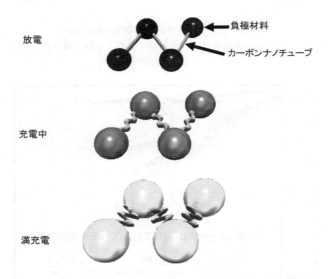

図7　カーボンナノチューブ混合負極材料の充放電時の変化の模式図
　　　充電により負極材料が膨張するとカーボンナノチューブがバネのように
　　　体積変化を緩衝して負極材料間の電気的なつながりを維持する。

ノチューブが防ぐためである。負極材料は基本的に粒子状物質からなっており，それをペースト状にしたり圧粉したりして負極の構成をするが，そこにカーボンナノチューブを混合すると複合材料のようになって負極の強度向上に役立つ（図6）。さらに負極材料の体積変化により負極粒子間に生じる電気的な隔たりを導電性のカーボンナノチューブがバネのように電極材料の体積変化の緩衝材として働いてつなぐことで粒子間の導電性を確保してリチウム吸蔵放出が電極全体で効率よく行われるようになる（図7）。

第3章　カーボンナノチューブ

近年では炭素材料をベースにした負極材料より高容量を得られるシリコンベースの材料が負極として脚光を浴びている。シリコンは理論的には4200mAh/gの容量が見込まれており，エネルギー密度の高さから大きな期待が寄せられている。しかし，シリコン負極は高容量が得られる反面，充放電時の体積変化が300%以上にもなり，電極の劣化が著しいという問題があった。電極の劣化は従来の炭素ベースの電極材料と同様に電極構成粒子の欠落や導電性の低下という形で現れる。ただ，体積変化が大きいために劣化が炭素ベースの材料よりもずっと早い段階，少ないサイクル数で現れる。この問題を解決するためにシリコンベースの電極を構成する際にもカーボンナノチューブを電極材料に混入することで複合効果による強度向上と導電性確保を行う研究も推進されている[4]。カーボンナノチューブを混合することでサイクル特性は向上することが確認されており，シリコンベース負極の利用への課題が一つ解決される見込みが立っている。このほかにもカーボンナノチューブをシリコンでコーティングする試みも行われている。

カーボンナノチューブそのものをリチウムイオン二次電池に用いる試みは数多く行われており，負極・正極双方への利用が検討されている。負極としてナノチューブそのものを利用するとナノチューブが円筒構造を保ったままではグラファイト層間にリチウムイオンが入り込むことが困難であるため，大きな容量は得られていない[5]。カーボンナノチューブの構造をボールミリングや酸化，薬品処理等で破壊することで層間へのリチウムイオンの挿入だけではなく，ナノチューブ断面エッジ部分や細片化された炭素体によって構成される空隙へのリチウムイオン導入が可能になるために容量が向上するが，サイクル特性を改善する必要がある[6,7]。また，層間へのインターカレーションではなく，ナノチューブや表面が化学修飾されたナノチューブが束になった際に生じる空間にリチウムイオンを吸蔵する手法も検討されている[8]。ナノチューブ表面を化学修飾したカーボンナノチューブを正極に使用する試みもされており[9]，量産性や大きさの課題を解決すべく研究が継続されている。

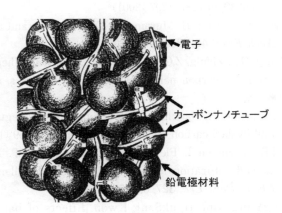

図8　鉛蓄電池の負極の模式図
鉛電極材料間にナノチューブが入ることで電極強度上昇に貢献し，
伝導性の向上にも寄与する。

6.3 カーボンナノチューブのその他の蓄電池への応用

　カーボンナノチューブは鉛蓄電池の電極に混合され，長寿命化に貢献している。正極の活物質として鉛粉にカーボンナノチューブを混合したペーストを使用することでサイクル特性が改善し，自動車などのバッテリーに使用した場合には従来のバッテリーの倍程度の寿命が見込まれるようになった（図8）。鉛蓄電池の寿命が倍に伸びれば廃棄に手間のかかる鉛や硫酸の排出が半分になり，車のランニングコスト低下だけでなく環境負荷の低減に貢献することが可能になる。

6.4 おわりに

　カーボンナノチューブは既にリチウムイオン二次電池負極に使用されてサイクル特性の改善に貢献している。しかし，電子機器や電気自動車等，より高容量かつサイクル特性に優れた長寿命なリチウムイオン二次電池への要求は今後も加速することが確実である。充電池の構成上，電極の劣化は避けることができない課題である。このような問題を解決するために導電性や機械特性，熱安定性に優れたカーボンナノチューブ材料はまさに最適であり，電極材料が炭素やシリコン，あるいはそれ以外の物質へと移り変わっていっても，電極の劣化が生じる可能性がある限り，今後もカーボンナノチューブのリチウムイオン二次電池での活躍の場はあるものと見込まれる。

文　　　献

1)　安岡茂和，自己放電を大幅に抑制した市販用ニッケル水素電池 "eneloop" の開発，電子情報通信学会技術研究報告，EE，電子通信エネルギー技術，106, 21-24 (2007)

2)　M. Endo, Y. A. Kim, T. Hayashi, K. Nishimura, T. Matsushita, K. Miyashita and M. S. Dresselhaus, *Carbon*, Vol.**39**, pp1287-1297 (2001)

3)　M. Endo, T. Hayashi, Y. A. Kim, H. Muramatsu, Development and application of carbon nanotubes, *Jap. J. Appl. Phys.*, **45**, 4883-4892 (2006)

4)　Y. Zhang, X.G. Zhang, H.L. Zhang, Z.G. Zhao, F. Li, C. Liu, H.M. Cheng, Composite anode material of silicon/graphite/carbon nanotubes for Li-ion batteries, *Electrochimica Acta*, **51**, 4994-5000 (2006)

5)　E. Frackowiak, S. Gautier, H. Gaucher, S. Bonnamy and F. Beguin, Electrochemical storage of lithium multiwalled carbon nanotubes, *Carbon* **37**, 61-69 (1999)

6)　B. Gao, C. Bower, J.D. Lorentzen, L. Fleming, A. Kleinhammes, X.P. Tang, L.E. McNeil, Y. Wu, O. Zhou, Enhanced saturation lithium composition in ball-milled single-walled carbon nanotubes *Chem. Phys. Lett.* **327**, 69-75 (2000)

7)　JiYong Eom, DongYung Kim, HyukSang Kwon, Effects of ball-milling on lithium insertion into multi-walled carbon nanotubes synthesized by thermal chemical vapour deposition, *Journal of Power Sources,* **157**, 507-514 (2006)

第3章　カーボンナノチューブ

8) Daniel T. Welna, Liangti Qu, Barney E. Taylor, Liming Dai, Michael F. Durstock, Vertically aligned carbon nanotube electrodes for lithium-ion batteries, *Journal of Power Sources*, **196**, 1455-1460 (2011)

9) Seung Woo Lee, Naoaki Yabuuchi, Betar M. Gallant, Shuo Chen, Byeong-Su Kim, Paula T. Hammond & Yang Shao-Horn, High-power lithium batteries from functionalized carbon-nanotube electrodes, *Nature Nanotechnology,* **5**, 531-537 (2010)

7 放熱・配線応用

岩井大介*

7.1 はじめに

カーボンナノチューブ（CNT）が1991年に発見されて以来[1]，最初の10年間は大学を中心とした各研究機関によって学術的な研究が盛んになり，新材料としてのユニークな構造およびその構造からくる特異な物性が明らかにされてきた。2000年代に入って，その特異な物性に着目したCNTの応用研究が盛んになり，複合材料，環境，エネルギー，バイオ・医療，エレクトロニクス等，様々な分野でCNT応用に向けた取り組みがなされてきている（表1）。エレクトロニクス分野に絞ってみると，ナノエレクトロニクスの中心的テーマとして発展し，応用研究範囲はトランジスタ，透明電極，LSI配線，放熱配線など大きな広がりを見せている[2~6]。応用研究が始まって10年余り，まさにこれから実用化という意味での真価を問われる時期に入ってきている。ここでは，CNT応用の一例として，その高い熱伝導性を利用した放熱・配線応用について紹介する。

7.2 カーボンナノチューブの配向合成技術

CNTの合成法には様々なものがあり，応用ごとに，それに向く合成法も異なってくる。代表的な合成法のイメージを図1に示す。結晶性が高い単層のCNTが必要になるトランジスタ応用の場合には，レーザー蒸発法が向く。複合材料など，大量にCNTが必要となる場合には，主に気相流動法が用いられる。今回紹介する放熱・配線応用の場合は，触媒担持CVD（chemical vapor deposition）法が主に用いられ，その特徴はCNTの配向合成にある。CNTの物性は異方性が大きく，熱伝導，電気伝導に関しては，その軸方向の特性が優れている。従って放熱・配線応用の場合を考える場合は，その伝導方向とCNTの軸方向をそろえることが鍵となり，合成段階で配向したCNTが得られる触媒担持CVD法が好ましいと言える。触媒担持CVD法を用いて合成したCNTの例を図2に示す。触媒を担持した領域にのみ，配向したCNT束が形成される。放熱パスあるいは電気パスとなるCNT束の位置，大きさはフォトリソグラフィにより形成される触媒担持領域によって規定されるため，μmオーダーでの位置，大きさ制御が可能である。

表1　カーボンナノチューブの応用の広がり

分野	ナノ材料	環境	エネルギー	バイオ・医療	エレクトロニクス
特徴	軽量・高強度 高熱伝導	高比表面	高比表面	ナノ構造 中空構造	ナノ構造 電流耐性
応用例	強度補強材 導電性樹脂 NEMS	フィルター CO_2固定	二次電池 水素吸蔵	バイオセンサー ドラッグデリバリ	ディスプレイ トランジスタ配線

* Taisuke Iwai　㈱富士通研究所　R & D 戦略本部　シニアマネージャー

第 3 章　カーボンナノチューブ

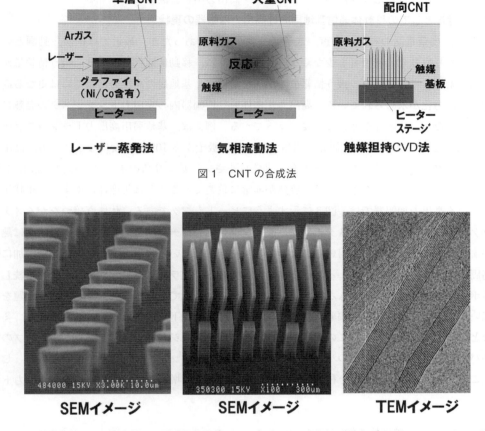

図 1　CNT の合成法

図 2　触媒担持 CVD 法を用いて形成した配向 CNT 束の SEM イメージおよび CNT の TEM イメージ

7.3　放熱応用

　半導体技術の進歩を支えてきているのは，主に微細化技術であり，その流れは現在も続いている。半導体チップの微細化によって半導体製品の性能は飛躍的に進歩し続けている反面，チップの発熱問題が顕在化してきており，放熱技術は半導体分野において近年非常に重要になってきている。一番身近な例としてコンピュータの CPU 発熱は，よく知られるところである。現状でも半導体チップ上で目玉焼が焼けるほどの発熱があり，このままいくと近い将来チップ温度は原子炉温度に達してしまうとも言われている。近年普及が目覚しいハイブリッド車や電気自動車も良い例である。モーター駆動用に用いるパワー半導体モジュールは数十キロワットという消費電力からも分かるように，放熱性が非常に重要になることは想像にたやすい。また，移動通信システムの基地局で用いられる高周波・高出力増幅器も同様に発熱問題を避けては通れない。これら半導体分野に山積する発熱問題の一つの解として，高い熱伝導性を有するとされている CNT[7,8] を用いた放熱技術開発が盛んになってきている。ここでは，放熱応用の一例として，CNT バンプ

149

を用いた移動体通信基地局向けのフリップチップ高出力増幅器開発を紹介する[9,10]。

7.3.1　背景としての移動体通信基地局向け高出力増幅器の現状

　10年前，携帯電話の利用は音声，電子メールが主流であったが，最近では画像，動画といったものをやり取りする利用者も少なくない。このように，移動体通信分野では，扱う情報量が加速度的に増加してきている。扱う情報量の増加を受けて，基地局の高出力増幅器には更なる高周波化，高出力化が求められている。高出力化に伴い，増幅器内の高出力トランジスタの発熱量も大きくなるため，放熱性が非常に重要になってくる。例えば，基地局用高出力トランジスタチップの出力電力は，裸電球1～2個分に相当する出力の数十から100W程度になる。一方，高出力トランジスタのチップサイズは数ミリ角と非常に小さい。数ミリ角のチップから裸電球1,2個分の出力が発生することを考えれば，放熱が非常に重要であることは想像にたやすい。現状用いられている高出力増幅器では，図3に示すようにヒートシンクである筐体に直接つながるメタルパッケージに高出力トランジスタチップを直接マウントし，チップを通してヒートシンクに熱を逃がすフェイスアップ構造を用いることで放熱性を確保している。一方，今後の情報量増加に伴う高周波化を考えた場合，フェイスアップ構造の増幅器はグランドとチップを電気的に接続しているボンディングワイヤの大きな接地インダクタンスによって増幅率が低下するという問題を抱えている。高出力増幅器の増幅率低下は，システムの効率低下，消費電力増大に直結する。ミリ波などの高周波増幅器では，この問題を避けるためにトランジスタチップを裏返し，チップの電極とパッケージの電極を金属のバンプを介して接続するフリップチップ構造を用いている。しかし，このフリップチップ構造を移動体通信基地局向け高出力増幅器に適用する場合，高出力トラ

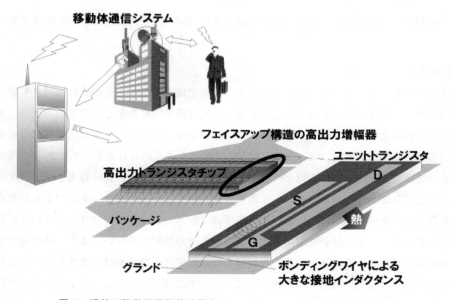

図3　現状の移動体通信基地局向けフェイスアップ高出力増幅器概念図

第3章　カーボンナノチューブ

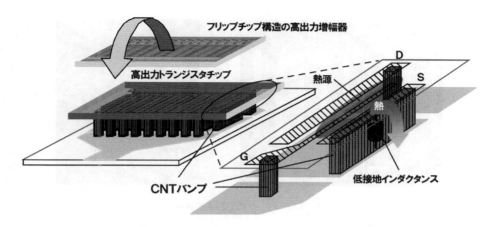

図4　CNT放熱バンプを用いたフリップチップ高出力増幅器概念図

ンジスタで発生する大量の熱を逃がすためには，現状の金属バンプの放熱性では不十分である。今後，情報量増加に対応した移動体通信基地局向け高周波・高出力増幅器を実現するために，高い増幅率と高い放熱性を兼ね備えた構造が切望されている。

7.3.2　CNT放熱バンプを用いた基地局向けフリップチップ高出力増幅器のコンセプト

富士通研究所は，次世代の移動体通信基地局向け高出力増幅の実現を狙って，図4に示すようにCNTの高い熱伝導性を利用しCNT放熱バンプを用いたフリップチップ高出力増幅器を提案している。CNTバンプサイズは合成技術のところでも述べた様に，フォトリソグラフィを用いてパターンニングされる触媒領域によって規定されるため微細加工性に優れ，トランジスタのソース，ゲート，ドレインの各電極に直接接続することが可能であり，電気的な配線としても機能する。発熱源であるトランジスタ直近に放熱性の高いCNTバンプが接続されるため，良好な放熱性が得られる。また，ソース電極に接続された高さ$10〜30\mu m$のCNTバンプを介してソースは基板側のグランドと接続されるため，従来のボンディングワイヤ（$100〜300\mu m$）を介していた場合と比較して接地インダクタンスが低減される。つまり，高い周波数においても高い増幅率を維持することが可能になる。

7.3.3　CNTバンプ形成プロセスおよび増幅器アセンブリプロセス

ここでは，CNTバンプの形成プロセスおよびCNTバンプを用いたフリップチップ高出力増幅器アセンブリプロセスについて説明する。まず，配線パターンを施したフリップチップの受け側基板にフォトリソグラフィによって触媒金属を所望の位置に形成した後，触媒担持CVD法によってCNT形成を行う。CNTは触媒金属上にのみ選択的に形成される。触媒としてはAl/Fe，ガスソースとしてArで希釈したアセチレンを用い，時間制御によってバンプとして所望の高さである$10〜30\mu m$程度のCNTを基板に対して垂直な方向に配向形成する。CNTバンプサイズとしては，高出力トランジスタの微細電極パターンに直接コンタクトできるように幅$10\mu m$以下のものも容易に形成可能である。受け側AlN基板上にCNTバンプを形成した状態のSEMイ

151

ナノカーボンの応用と実用化

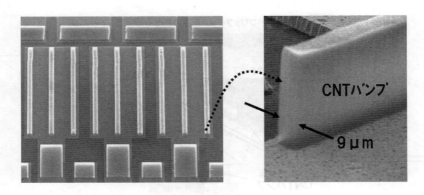

図5 CNTバンプのSEMイメージ

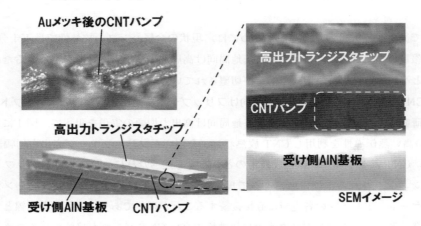

図6 Auメッキ後およびフリップチップ後の顕微鏡写真

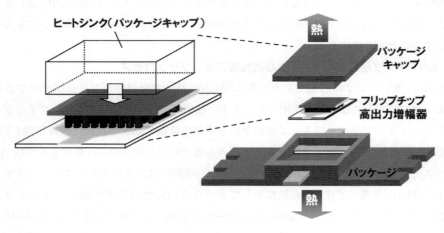

図7 ダブルサイド放熱構造

第3章　カーボンナノチューブ

メージを図5に示す．各バンプはCNTの束で構成され，その面密度はおよそ$10^{11}cm^{-2}$である．バンプを構成しているそれぞれのCNTは，直径はおよそ10～20nm程度の多層CNTである．CNTバンプを介して，高出力トランジスタチップをフリップチップボンディングする際の各電極とCNTバンプの密着性をあげるためにCNTバンプ表面にはAuメッキを行う．Auメッキを行った後，CNTバンプと高出力トランジスタチップの各電極を熱圧着して，フリップチップ高出力増幅器が完成する．Auメッキ後，フリップチップ後の顕微鏡写真およびSEMイメージを図6に示す．最終的に図7に示すイメージのように，フリップチップ高出力増幅器はパッケージにマウントされる．その際にパッケージキャップを高出力トランジスタチップ裏面にコンタクトさせ，上下方向に放熱パスを設けるダブルサイド放熱構造を用いることで，より放熱性を高めている．

7.3.4　CNT放熱バンプを用いたフリップチップ高出力増幅器の特性

次に，CNTバンプを用いたフリップチップ高出力増幅器の特性について述べる．高出力トランジスタには移動体通信基地局向け高出力増幅器として開発を進めているGaN-HEMTを用いている．

① DC特性：抵抗，放熱性

まず，CNTバンプの放熱性，配線抵抗を確認するために，フェイスアップおよびフリップチップ増幅器の電流・電圧特性（DC I-V特性）の測定を行った．なおCNTバンプの基本特性を評価しやすい様に用いたトランジスタの総ゲート幅は2.4mmであり，フリップチップ裏面からの放熱は行っていない．結果を図8に示す．CNTバンプはソース，ゲート，ドレインの各電極に接続されており，放熱パスかつ電気的配線の役割を果たす．CNTバンプの抵抗はソース・ドレイン間の抵抗に含まれ，DC I-V特性の立ち上がり抵抗に反映される．フェイスアップ増幅器とフリップチップ増幅器の立ち上がり抵抗に差が見られないことから，CNTバンプ自身の

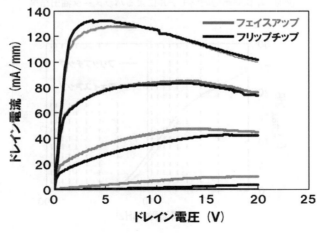

図8　電流・電圧（DC I-V）特性

抵抗は無視できるほど小さいことがわかる。高電圧かつ高電流の領域に見られる負性抵抗は増幅器の発熱に起因しており，熱抵抗の指標になる。熱抵抗が大きければ増幅器の温度が上昇し，負性抵抗も大きくなる。両者の間に負性抵抗の差は見られず，CNTバンプが増幅器の発熱を効果的に逃がしていることが分かる。増幅器の熱抵抗からCNT1本当たりの熱伝導率は，およそ1400W/m・Kと計算される。

② **小信号特性：接地インダクタンス低減効果**

CNTバンプで直接トランジスタのソース電極とグランドを接続したことによる接地インダクタンスの効果を確認するために，フェイスアップおよびフリップチップ増幅器のSパラメータ測定を行い，小信号等価回路パラメータを抽出した。総ゲート幅はDC特性の場合と同様に2.4mmである。結果を図9に示す。両者間で異なる回路パラメータは，接地インダクタンス（L_s），入力容量（C_{gs}），出力容量（C_{ds}）である。容量は配線とグランド間の寄生容量も含んだ形

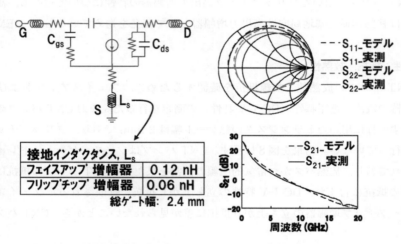

図9　小信号等価回路モデルによるパラメータ抽出結果

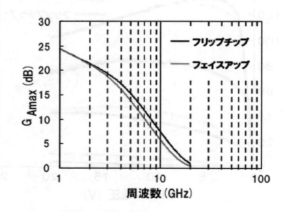

図10　最大有能電力利得（G_{Amax}）の周波数依存

第3章　カーボンナノチューブ

になっている。C_{ds} はフリップチップ構造のほうが大きな値を示したが，これはトランジスタチップのドレイン電極と受け側基板のグランドの距離が短いことによるものであり，CNT バンプの高さを高くすることで低減可能と考えられる。問題の接地インダクタンス（L_s）はフェイスアップ増幅器で 0.12nH であるのに対し，フリップチップ増幅器では 0.06nH と小さい値が得られ，低減効果が確認された。また接地インダクタンス低減による増幅器の高周波領域での増幅率維持効果を確認するために，測定した S パラメータから最大有能電力利得（G_{Amax}）の周波数依存を求めた結果を図 10 に示す。フェイスアップ増幅器とフリップチップ増幅器の G_{Amax} を比較すると，3 GHz 以上の領域で差が見られ始め，5 GHz 付近ではフリップチップ増幅器のほうが小さい接地インダクタンスを反映して 2 dB 以上高い値となった。所望の高周波において CNT バンプ高さを最適化することで，フリップチップ増幅器の更なる高増幅率化は可能と考えられる。

③ CNT バンプを用いた基地局向けフリップチップ高出力増幅器の放熱性と出力特性

これまでは，CNT バンプの基本特性を評価するために，総ゲート幅が比較的小さいトランジスタを用いてきた。ここでは，実際に基地局向け増幅器として 100W クラスの高出力トランジスタチップを実装した増幅器を用いて，その放熱性と出力特性を見る。トランジスタの総ゲート幅は 28.8mm，放熱にはダブルサイド放熱構造を用いている。ダブルサイド放熱構造を用いることで，従来のフェイスアップ構造にくらべて，放熱性は 1.5 倍程度向上した。これは，言い換えると，高出力トランジスタのチップサイズを従来の 2/3 に縮小できる，つまり，増幅器の小型化が可能になるということである。出力特性を図 11 に示す。周波数は 2.4GHz，電源電圧は 50V，電流は 200mA で AB 級動作である。増幅率 18dB，出力電力 49.3dBm（～85W）と 100W クラスの高周波増幅器特性が得られた。この結果は CNT バンプの微細加工性によるトランジスタ電極への直接接続，高い熱伝導性によって達成されたものである。フリップチップ構造を用いた 100W クラス増幅器の例は他には無い。将来，扱う情報量の増加に伴って，移動体通信システムの利用周波数が 3 GHz を超えて場合には，CNT 放熱バンプを用いたフリップチップ高出力増幅

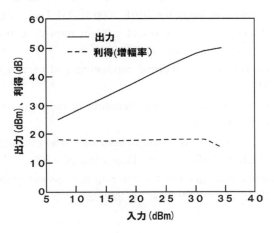

図 11　CNT バンプを用いたフリップチップ高出力増幅器の入出力特性

ナノカーボンの応用と実用化

器技術が適用候補の一つと考えられる。

7.4 おわりに

　CNT応用の一例として放熱かつ配線応用であるCNTバンプを用いたフリップチップ高出力増幅器について紹介してきた。これはCNT応用のあくまで一例に過ぎず，他の章でも紹介されているように，CNT応用は大きな広がりを見せている。CNTの特異な構造，その構造からくる優れた特性があるからこそ，ここまでの応用の広がりがあったことは間違いない。今後，アイディア・試作段階の応用から実用化につながっていくかどうかは，CNTの優れた特性を如何に引き出して，応用にマッチさせていくかにかかってくる。このナノ材料の優れた特性を引き出すための鍵は，ほとんどの応用に共通で，CNTと他の界面制御技術，密度制御も含めたCNTの正確配置技術であろう。材料発見から20年余り，CNT応用の実用化例が今後数多く世の中にでてくることを期待してやまない。

文　　献

1) Iijima, Sumio (7 November 1991). "Helical microtubules of graphitic carbon". *Nature*, **354**：56-58

2) P. Avouris *et al.*：Carbon Nanotube Electronics. IEEE 2002 IEDM Tech. Digest, pp. 281-284

3) 粟野祐二ほか，カーボンナノチューブの電子デバイス応用，応用物理，Vol.73, No.9, 1212-1215 (2004)

4) H. Dai *et al.*：Carbon Nanotubes: From Growth, Placement and Assembly Control to 60mV/decade and Sub-60mV/decade Tunnel Transistors. IEEE 2006 IEDM Tech. Digest, pp. 431-434

5) I. Amlani *et al.*：First Demonstration of AC Gain From a Single-walled Carbon Nanotubes Common-Source Amplifier. IEEE 2006 IEDM Tech. Digest, pp. 559-562

6) M. Nihei *et al.*：Electrical properties of carbon nanotube bundles for future via interconnects. *Jpn. J. Appl. Phys,* **44** (2005) 1626

7) S. Berber *et al.*：Unusually high thermal conductivity of carbon nanotubes. *Phys. Rev. Lett.,* **84**, 4613 (2000)

8) P. Kim *et al.*：Thermal transport measurements of individual muliwalled nanotubes. *Phys. Rev. Lett.,* **87**, 215502 (2001)

9) T. Iwai *et al.*：Thermal and source bumps utilizing carbon nanotubes for flip-chip high power amplifiers. IEEE 2005 IEDM Tech. Digest, pp. 265-269

10) I. Soga *et al.*：Thermal management for flip-chip high power amplifiers utilizing carbon nanotube bumps. IEEE RFIT 2009 Proc. pp. 221-224

8 カーボンナノチューブのコーティングによる導電繊維「CNTEC」

秋庭英治*

8.1 はじめに

カーボンナノチューブ（CNT）は，1991年に日本で発見されて以来，その優れた機械的特性，導電性能，熱伝導性，電磁波・磁気遮蔽性能，熱安定性などの特性を活かすべく，リチウムイオン電池部材など様々な用途や製品への応用がなされてきた。しかし，CNTは凝集が生じ易く，CNT本来のナノオーダーのサイズメリットや，上記の優れた機械的特性や導電性能などを十分に活かし切れていないのが実状である。

当社は，茶久染色㈱および松文産業㈱と共に，北海道大学古月文志教授の協力を得て，CNT均一水分散技術を応用したCNTのコーティングによる導電繊維「CNTEC（シーエヌテック）」の開発に成功した。本プロジェクトは，経済産業省による平成20，21年度地域イノベーション創出研究開発事業に採択され，北海道大学，茶久染色㈱，松文産業㈱，愛知産業技術研究所，クラレリビングの5団体による産官学コンソーシアムとして進めてきた。本項では，このCNTネットワーク形成による新規導電繊維「CNTEC」の特徴および用途開発，そして安全性に関する課題について紹介する。

8.2 CNT分散液

基本技術は，北海道大学大学院地球環境科学研究院総合化学部門環境修復分野の古月文志教授の開発による，CNTの均一な単体水分散技術である[1,2]。

CNTの凝集はその表面原子が配位的に不飽和で有る為，隣接同士に配位して，ファン・デル・ワールス力による安定化エネルギーを獲得する事によって起きる。本製造では分子内に正電荷及び負電荷を同時に持っている両性界面活性剤を分散剤として用いており，これがCNT凝集体の表面で自己組織化し，両性イオン分子膜を形成する。CNT凝集体を覆う両性イオン分子膜は，双極子間の強い静電的相互作用によって，他のCNT凝集体を覆う両性イオン分子膜と静電的に結合し，この結合力がCNT間の凝集に打ち勝つことができる。こうしてCNTが凝集することなく安定に存続する単体分散液の開発に成功した。この方法は汎用のビーズミルで行う事ができ，特殊な装置を必要としないため工業生産に適しているといえる。

このCNTの均一な単体水分散液にバインダーを配合しコーティング用原液とすることができる。この際，この両性界面活性剤は，極性のあるバインダーの使用に対しても安定である為，繊維素材別に接着性・耐久性の良好なバインダーの選択肢も多くなるという利点もある。

8.3 CNTコーティング導電繊維

前記のCNTの均一な単体分散液を用いたCNTコーティングによる導電糸「CNTEC」の開発

---

* Eiji Akiba クラレリビング㈱ 研究開発部 部長

に際し、この導電繊維を用いた繊維製品の取り扱い性、柔軟性、汎用性を考慮し、ベースとなる繊維素材としてポリエステルマルチフィラメントを採用した。

　マルチフィラメントへのCNTコーティングにあたり、伝統的な糸染色技術の一つである、糸プリント方式を基本とした技術開発を進めてきた。その結果、バインダーを配合したCNT分散液をマルチフィラメントの表面のみだけでなく、糸束の芯部まで浸透させ、マルチフィラメントを構成する1本1本の単糸表面すべてに均一な導電層の塗膜を作成させる手法を確立した。CNTの均一な単体分散液中の分散状態は、単糸表面への導電層中でも存続し、CNTのネットワークを形成し導電性能を発揮している（写真1, 2）。CNTを塗工したマルチフィラメントは、必要に応じてさらに導電層の上に別のポリマーをオーバーコートすることも可能である。

　繊維の電気抵抗値は、繊維表面に付着し固化したバインダー中に含まれるCNTの量、つまり

写真1　CNTコーティング前後

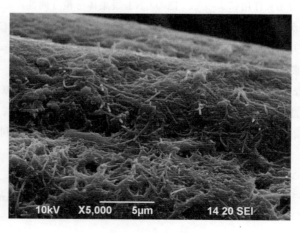

写真2　単糸表面

第3章 カーボンナノチューブ

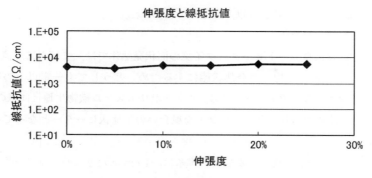

図1 伸張時の抵抗値変化

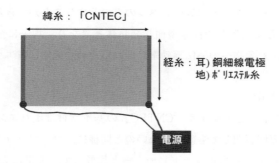

図2 ファブリックヒーター構成

単位面積あたりのネットワークを形成するCNTの量に比例する。CNTが高濃度であるほど低い電気抵抗値となり、CNT分散液の濃度の設定によって、導電繊維の電気抵抗値を設定することができる。現在、10^3から$10^{10}\Omega/cm$の範囲で、任意の抵抗値にピンポイントで設定することができるようになった。さらに「CNTEC」では設定した電気抵抗値は、繊維が伸張しても変化が少なく、約20%の破断直前までほぼ一定の値を示している（図1）。この特徴は、「CNTEC」の製品化の際には、多少の変形では性能が変化したり破損しない製品が可能である点で有利である[3~5]。

8.4 導電繊維「CNTEC」応用製品

以下に「CNTEC」の特徴を生かした応用製品の事例を紹介する。

8.4.1 ファブリックヒーター

$10^3\Omega/cm$の線抵抗値を持つ「CNTEC」を緯糸に、レギュラーポリエステルを経糸に配置し、さらに生地の両端の経糸部分に銅細線を配置した織物を作成した。両端の銅細線部分に通電すると、緯糸の「CNTEC」すべてに通電して生地全体が発熱する（図2）。こうして、生地状の発熱体「ファブリックヒーター」を開発することができた[6~8]。

「ファブリックヒーター」の特徴は以下の通りである。

・特徴①：薄くて軽量，ソフト

ニクロム線などの従来型コードヒータータイプの面状発熱体では，まばらに配置されたコードヒーターを布帛などで覆って均一な発熱状態にするため，どうしても一定以上の厚みが必要であった。しかし，「ファブリックヒーター」は，通常のポリエステル織物生地と同様の生地ゆえに，1 mm以下の薄い発熱体であり，軽く，ソフトな風合いの生地状ヒーターとなっている。

・特徴②：全面発熱

「ファブリックヒーター」を構成する織物の緯糸は，1 cmあたりに数十本の密度で配置されており，その1本1本が発熱するため，生地全体がムラなく発熱する。緯糸1本あたりの通電量，発熱量はわずかだが，高密度に配置されることにより単位面積あたりの発熱量は従来型のニクロム線などのコードヒータータイプと同等のレベルのものとすることができる。局部的に加熱したコードヒーターをまばらに配置した従来型面状発熱体と異なり，均一に全面発熱する「ファブリックヒーター」では，対象物への熱伝導効率に優れるため効果的に省エネ性能を発揮することができる（写真3，4）。

・特徴③：高い耐屈曲疲労性

「ファブリックヒーター」を構成する「CNTEC」の基本素材はポリエステルであり，通常のポリエステル生地が数万回屈曲しても破損しないのと同様に「ファブリックヒーター」も破損せず，ニクロム線や炭素繊維からなるコードヒーターと比較して，非常に高い屈曲疲労性を示す。さらに，ニクロム線や炭素繊維は，数％の伸張で破断するのに対し，「CNTEC」自体は約20％の破断伸度まで，線抵抗値を維持するため，「ファブリックヒーター」の特定部分に多少の応力集中による変形があっても，導電発熱性能を維持することができる。

さらに，電極部分を構成する経糸の銅細線部分は，特殊な織物技術を用いて構成しており，10,000回の屈曲試験（JIS L 1096スコット形法）後も断線のない良好な耐屈曲疲労性を発揮しており，シートヒーターなど屈曲の激しい用途にも十分適用可能な耐久性を有している。

・特徴④：自在な発熱量の設計

用いる電源として，乾電池の直流数Vから交流200 Vまで，各々の印加電圧に応じて，目標の発熱量に相当するワット密度（W/m^2）とすることができる。ある値の印加電圧でのワット密度は，電極の幅と，生地中の「CNTEC」の織密度により自在に設計が可能である。電極幅が狭いほど，「CNTEC」の密度が高いほど抵抗値が下がり，電流値が上がって，より高い発熱量に相当するワット密度とすることができる。

以上の特徴を持つ「ファブリックヒーター」は，電気製品として漏電防止性能を備えるため，通常は樹脂による絶縁コーティングを施した製品としている。用いる樹脂は目的に応じて使い分けることができ，例えばクッション製を必要とする場合には絶縁性ゴムを用い，また薄さの特徴を出すためには，塩ビやEVA，ポリエステルなどの絶縁性樹脂を薄くカバーすることができる。

具体的な事例の一つに，JR北海道で採用となった水タンク凍結防止モジュールがある。これ

第3章　カーボンナノチューブ

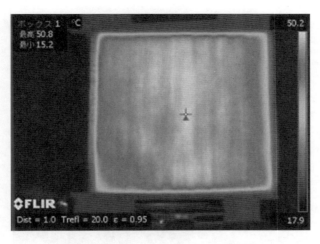

写真3　ファブリックヒーター発熱状態

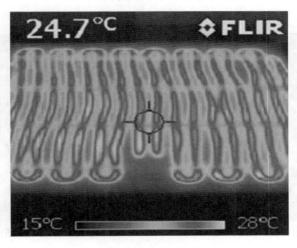

写真4　市販コードヒーターの発熱状態

は，直流24 V電源による発熱体であり，「ファブリックヒーター」の生地を難燃ポリエステルで完全にシールした上に，ケイ酸マグネシウムペーパーとクロロプレンゴムにてカバーし，多層構造とした薄型の発熱モジュールである（写真5）。鉄道車両用材料燃焼試験の結果，所定の難燃性をクリアし，網走と知床斜里の間を運行する，「流氷ノロッコ号」のトイレの水タンクに取り付けてモニター評価を行った。2009年および2010年の1〜3月の運行時期に合わせて評価を行い，外気温が−20℃を下回る環境下にても，発熱体は室温＋30℃の性能を維持し，水タンク内の水温は常に10℃以上を維持することができ，2010年に正式に採用となった[9]。

さらに，「ファブリックヒーター」を防水絶縁ゴムで封入した約3 mm厚みの融雪ゴムマットを作成し，これを用いたロードヒーティングの実証実験を，2011年の1〜3月の期間，北海道大

161

写真5　凍結防止モジュール

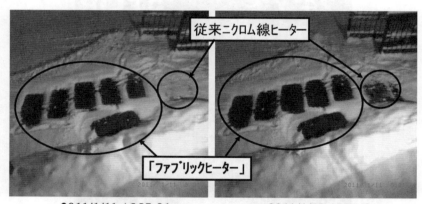

写真6　ロードヒーティング実証実験

学の正門からの歩道部分にて実施した。歩道約16 mのインターロッキングブロックの下に，「ファブリックヒーター」による融雪ゴムマットを16枚設置し，対照として従来のニクロム線によるロードヒーティングを一部に設置して，両者の比較を行った。その結果，同じ250 W/m^2 のワット密度での運転にて，「ファブリックヒーター」による融雪ゴムマット部分では，明らかに従来ニクロム線部分よりも早く融雪しており，電気エネルギーをより効率よく融雪に利用できる省エネ効果があることが判明した（写真6）。これは，「ファブリックヒーター」の全面発熱性と，CNTからの赤外線輻射の効果によるものと推定し，検証を進めている。

「ファブリックヒーター」の用途開発は，凍結防止や融雪マット，ロードヒーティングの他に，車両用発熱シートや，室内暖房，寝具などのリビング製品，衣料関係などへ，前記の4つの特徴

第3章 カーボンナノチューブ

写真7 クリーニングブラシ

が生かせる分野にてマーケティングを進めている。

8.4.2 複写機ブラシ

「CNTEC」の特徴の一つである，抵抗値をピンポイントで任意に設定できる利点を生かし，複写機のブラシの開発を槌屋ティスコ㈱と共同で進めている。特にクリーニングブラシには，物理的＋静電気的に感光体等に付着しているトナーを除去する性能が求められており，次世代のバージョンアップしたブラシとして以下の要求特性がある。

① 単糸繊度が2デニール以下であること
② 電気抵抗値が $10^9 \Omega/cm$ レベルであり，振れ幅が少ないこと
③ 摩擦耐久性が高いもの

これらをふまえ，単糸1.5デニールのポリエステルマルチフィラメント加工糸を用いて検討した結果，要求特性を満たすブラシの開発に成功した（写真7）[10]。現在さらに，種々の抵抗値に設定できる利点を生かして，次世代のブラシの開発に取り組んでいる。

8.4.3 その他

現在は $10^3 \Omega/cm$ が最低抵抗値であるが，このレベルでも微弱電流の電極やセンサーとして利用できる分野もあり，検討を進めている。今後のさらなる低抵抗値化による金属電線代替も重要な課題の一つである。また，「CNTEC」の織物は「ファブリックヒーター」としての利用のみでなく，電磁波遮蔽や高熱伝導性の特徴もあり，応用を進めている。さらに，「CNTEC」のCNTコーティングの手法は，糸のみでなく生地や不織布への適用も可能であり，新素材・新製品の開発にも注力してゆきたい。

8.5 安全性

CNTは，そのサイズと形状からアスベストと類似の毒性が懸念され，数多くの研究がなされてきており，現在はISOとOECDが主体となって国際的な基準作りが進められている。最近のCNTに関する認識として，病理学的にアスベストとは明らかに挙動が異なり，暴露のレベルを制御して使用する動きがある。産業技術総合研究所からは，CNTの暫定暴露限界値として $0.21mg/m^3$（8時間／日，連続5日間，防護なし）が示され，またBayer Material Scienceより同社のBaytubesの職業暴露限界値 $0.05mg/m^3$ が提示された[11]。また最近，米国国立労働安全衛

163

ナノカーボンの応用と実用化

生研究所（NIOSH）からは，CNTの生涯の暴露限界値として$7\mu g/m^3$が示されており，いずれも生体への暴露吸入実験結果に基づく基準として注目されている[12]。

当社では，CNT自体の安全性確認はもちろん，製造工程でのCNT脱落防止対策と環境測定による安全性の確認，および製品の安全性，製品最終処理までの一貫したリスク評価管理を進めて行く所存である。

一例として，「CNTEC」の織物製造工程中の，特に高速で「CNTEC」が糸ガイドに擦過する製織工程にて，ナノ物質の脱落を確認すべく，労働安全衛生総合研究所と産業技術総合研究所により，粒子濃度の測定が実施された。その結果，本工程では，CNTが単体のナノ粒子として観測されないことが判明した。一方，CNTを含む比較的大粒径の粒子の脱落は観測されたが，これは通常の粉塵対策で防御可能であることも判明した。詳細は2011年5月の日本産業衛生学会にて開示される。

8.6 おわりに

CNTは日本で発見された，今や世界の宝といえる素材である。CNTの持つ様々な特性は，まだほんの少ししか活用されておらず，さらに多くの研究者が挑戦すべき課題が多くある。今後，CNT自体のハザード性が明らかとなるとともに，CNT単体の脱落を防ぎ十分なリスク管理をしつつ，CNTの特性を有効に発揮する製品を開発する知恵が，研究者に求められていると考える。

「CNTEC」の実用化にあたり，当初からのパートナーである北海道大学の古月教授，茶久染色㈱，松文産業㈱，尾張繊維技術センター，そして三井物産㈱，三井物産テクノプロダクツ㈱，槌屋ティスコ㈱，さらに「ファブリックヒーター」の開発に協力していただいている，㈱オーノ，エスティエム㈱，サンライズ工業㈱，㈱イノアック技術研究所に，深く感謝する次第である。

文　　　献

1)　古月文志，特開2007-39623（P2007-39623A）
2)　Bunshi Fugetsu, Wenhai Han, *Chemistry Letters* **34**, 9, 1218（2005）
3)　古月文志，秋庭英治，特願2007-225966
4)　古月文志，秋庭英治，蜂矢雅明，特願2008-224821
5)　秋庭英治，繊維学会誌，**65**，P242-245（2009）
6)　秋庭英治，カーボンナノチューブの精製・前処理と分散・可溶化技術，P255-259，技術情報協会（2009）
7)　古月文志，秋庭英治，蜂矢雅明，特願2009-034482
8)　Bunshi Fugetsu, Eiji Akiba, Masaaki Hachiya, Morinobu Endo, *Carbon,* **47**, P527-544（2009）

第 3 章　カーボンナノチューブ

9)　藤原直哉，古月文志，秋庭英治，蜂矢雅明，西村浩之，J-RAIL2010 12 月，第 17 回鉄道技術連合シンポジウム，P231, 232 (2010)

10)　秋庭英治，蜂矢雅明，山内秀隆，古月文志，特願 2010-046548

11)　鶴岡秀志，工業材料，**58**, 6, P32-41 (2010)

12)　http://www.cdc.gov/niosh/docket/review/docket161A/

第4章　グラフェン

1　大面積低温合成

長谷川雅考*

　炭素原子1個分の厚さの膜であるグラフェンは，英 University of Manchester の研究グループが粘着テープでグラファイトの層を剥離する方法で2004年に作製し，その存在を実証した[1]。この方法はグラフェンを形成するためにたいへん優れた手法である。一方，この方法で得られるグラフェンの大きさは最大で数十ミクロン程度であり，グラフェンを工業的に利用するためには，まずは大面積の合成手法の確立が必須である。そこで，より大面積のグラフェンを実現するため，グラフェンの CVD 合成法の研究開発が精力的に行われている。

　工業利用の可能性のあるグラフェンの大面積合成法として最初に提案されたのは，ニッケル箔を基材とする熱 CVD 法である。この手法は米 University of Houston が2008年に報告した[2]。彼らは 5mm × 5mm，厚さ 0.5mm のニッケル箔を基材とし，メタン，水素，アルゴンの混合ガスを原料として CVD を試みた。この手法では 1000℃でメタンを熱分解し，ニッケル箔中に炭素を一旦溶解する。その後アルゴン雰囲気の反応炉の中で数百度のゾーンに試料を機械的に押し出して急速冷却し，ニッケル箔に溶解した炭素を表面に析出してグラフェンを形成する。グラフェンを得るには，適度（10℃/sec）に速い冷却で基材に溶解した炭素原子を析出する作業が必要で，遅すぎても，また速すぎてもグラフェンを得るのは難しいとされている。合成後はニッケル箔を硝酸溶液で溶かしてグラフェンを基材から分離し，別の基材に転写することが出来る。ニッケルを基材とする熱 CVD では所望のグラフェンを得るために冷却速度の制御がたいへん重要であり，様々な工夫がなされているようである。

　このようにニッケルを基材とする熱 CVD 法の開発により，グラフェンの大面積合成の可能性が示された。ニッケル基材の課題は，冷却速度の制御のため反応炉に細工を施す必要であり，それでも薄いグラフェンを合成するのは難しいことであった。この問題を解決するアイデアとして，米 University of Texas のグループが2009年に，銅箔を基材に用いるグラフェンの熱 CVD 法を開発した[3]。同グループは，1cm 角の銅箔上に熱 CVD 法でグラフェンを成膜し，基材全面で高品質の単層グラフェンが得られることを示した。

　ニッケルと銅基板上へのグラフェン成長機構の違いは，同位体炭素によるメタンを用いる成膜実験によって詳細に検討されている[4]。銅箔を CVD の基材として用いる場合，メタンの熱分解

---

*　Masataka Hasegawa　㈱産業技術総合研究所　ナノチューブ応用研究センター　ナノ物質
　　　コーティングチーム　研究チーム長

第4章　グラフェン

による炭素原子の基材への溶解はニッケルと比較してほとんど無視できる。炭素原子は銅表面に吸着しグラフェンが形成される。このため，銅を基材とするCVDでは，ニッケル基材ほど冷却速度に気を使う必要はなく，単層グラフェンを再現よく合成することが可能である。この利点から，グラフェンのCVD合成では銅を基材として用いるのが現在一般的である。韓国のSungkyunkwan University のグループは銅箔を基材とする熱CVDで，2010年に単層グラフェンによる30インチの大面積透明導電シートを作製した[5]。シート抵抗が125Ω/sq，光透過率が97％という，優れた性能を備えている。銅箔を基材とする熱CVD法は，このように30インチのグラフェンの合成が実証され，グラフェンの大面積合成のための主要な手法としてさらに開発が進められている。

　グラフェンは高キャリア移動度特性による高速電子デバイス応用の他，透明性と電気伝導性を両立するためITO（酸化インジウムスズ）を代替する稀有な透明電極材料としての期待も大きい。グラフェンの透明電極利用を実現するためには，工業的にはロール・ツー・ロール法のようなグラフェンの低コスト連続成膜技術が必要不可欠である。しかし上記のようなグラフェンの熱CVD法は成膜温度が1000℃程度と高いため，このままロール・ツー・ロール法に適用することは困難であり，より低温の成膜法が求められている。さらに現状の熱CVDでは数十分以上かけて成膜を行っており，大量生産実現のためには高速の成膜が必要である。

　産総研ナノチューブ応用研究センターでは，グラフェンの産業応用を実現するため，現状の熱CVDと比較して低温合成が可能で，かつ短時間に大面積のグラフェンを成膜する手法の開発を進めている。このため，従来からナノ結晶ダイヤモンド薄膜の低温・大面積合成手法として開発を進めてきたマイクロ波プラズマCVD法[6~8]を，グラフェンの低温・高速・大面積成膜法として適用する試みを行い，グラフェンの透明電極応用の可能性を実証することを目標として開発を開始した[9]。さらにこの手法をグラフェンのロール・ツー・ロール成膜手法へと拡張する検討を進めている。

　プラズマCVD法において成膜温度を下げるためには，成膜中に基材を低温に保つことが第一に必要である。基材は成膜用ガスとの衝突で加熱されるため，低圧での成膜が基材を低温に保つために最も有効である。例えば従来のダイヤモンド薄膜のマイクロ波プラズマCVD合成では5～10kPa程度の圧力が一般的であるが，この圧力では基材の温度を低温に保つのは困難である。我々のナノ結晶ダイヤモンド薄膜の合成では，低温合成を実現するため通常20Pa以下を使用し，400℃以下の成膜温度を実現した。一般的なマイクロ波プラズマでは，圧力をここまで下げると成膜に必要なプラズマが安定に生成されなくなる。そこで我々は，表面波励起のマイクロ波プラズマを利用することでこの問題を解決した。

　図1はグラフェン膜の合成に用いた表面波励起マイクロ波プラズマCVD装置の模式図である。本装置で使用するマイクロ波は2.45 GHzである。マイクロ波用角型導波管を反応容器の上蓋に接続する。導波管にはマイクロ波を放射するスロットが設けてある。マイクロ波は大気側と反応容器側との隔壁である石英窓を介して反応容器に導入する。この手法では，マイクロ波を反

167

ナノカーボンの応用と実用化

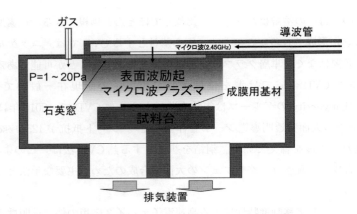

図1　表面波励起マイクロ波プラズマCVD装置の模式図

応容器に導入するための石英窓の表面に沿ってマイクロ波の電力が集中するため，プラズマはこの石英窓表面に沿って励起する。それにより圧力が低くても高密度のプラズマを安定して維持することが可能である。最低1Pa程度までを成膜に利用することができ，基材を低温に保つにはたいへん有効である。この結果，基材の温度を300～400℃に抑えられる。プラズマが高密度であることから成膜速度も大きい。

さらに表面波励起マイクロ波プラズマには基材を低温に保つために重要な特長がある。石英窓に沿って高密度のプラズマが励起するため，マイクロ波の電界はプラズマによって遮蔽される。このため基材が直接マイクロ波に曝されることによる加熱を避けることが出来る。これは特に金属に対して有効であり，銅やニッケルを用いるグラフェンの合成で基材を低温に保持するのにたいへん好ましい性質である。

表面波励起マイクロ波プラズマCVD装置を使用して，グラフェンの合成を行った。基材は厚さ$30\mu m$のA4サイズの銅箔である。CVDの原料ガスはメタンとアルゴンの混合ガスを基本とし，これに水素を添加することで膜質の向上を図っている。およその混合比はメタン：アルゴン：水素＝2：1：1であるが，現在最適条件を探索中である。

圧力5Pa程度，マイクロ波パワー3 kWでグラフェンの合成を行った。合成中の基板温度は300～400℃に抑えることができ，熱CVD法の1000℃と比較して圧倒的に低温である。また合成時間は30-60秒であり成膜速度も大きい。このような合成温度および合成速度であればロール・ツー・ロール連続成膜が十分可能と考えられ，現在検討を進めている。

図2に合成したグラフェンの典型的なラマンスペクトルを示す。原料はメタン，アルゴン，水素の混合ガスであり，合成中の基板温度は300℃，合成時間30秒である。ラマン測定の励起波長は638nmであり，合成したグラフェンを銅箔からガラス基材へ転写して測定を行った。このようにDピーク（1326 cm^{-1}），Gピーク（1578 cm^{-1}），2Dピーク（2657 cm^{-1}）が明瞭であり，A4サイズの全面でグラフェン膜の形成を確認できる。これまでラマンスペクトルの2Dピークと

第4章　グラフェン

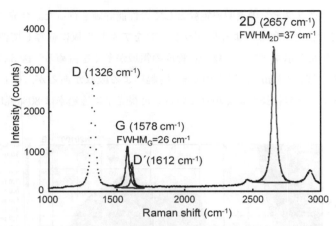

図2　表面波励起マイクロ波プラズマ CVD 法で合成したグラフェンの
　　　ラマンスペクトル（励起波長 638nm）
（出典：J. Kim, *et al., Appl. Phys. Lett.*, **98**, 091502（2011））

図3　表面波励起マイクロ波プラズマ CVD 法で合成したグラフェン
　　　をアクリル板に転写して作製した透明導電シート

Gピークの高さの比を用いて，合成したグラフェン膜のおよその層数の議論がなされている[11,12]。図2のラマンスペクトルでは，2Dピークの高さ H_{2D} とGピークの高さ H_G の比，H_{2D}/H_G は3.4であり，数層（単層，2層，多くとも3層）のグラフェンが形成したと考えられる。

一方，この膜は低温で合成しているため欠陥が多く，それを示すDバンド（1326cm^{-1}），さらにGピークの高波数側には数層のグラフェンの端面に起因する[13,14] D'ピーク（1612 cm^{-1}）が確認できる。低温合成の特長を維持しながら，グラフェンの結晶性を向上することが今後の大きな課題である。

ナノカーボンの応用と実用化

　このＡ４サイズのグラフェンの透明導電膜としての性能評価を行った。合成に利用した銅箔基材をエッチングで除去し，図3のようにグラフェンをアクリル板に転写して測定した。図4はシート抵抗の面内分布を示すが，キロΩ/sq程度の領域が多くを占める。図5は代表的な光透過スペクトルである。波長261nmに炭素のππ*励起による吸収があるが，それ以外に強い吸収は見られず，グラフェンの特長がよく現れている。可視光平均透過率は80％程度である。

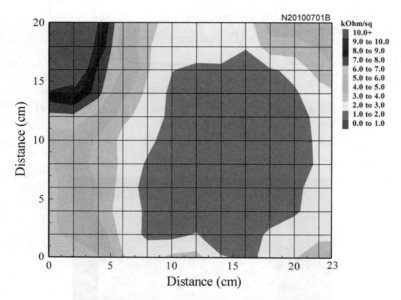

図4　表面波励起マイクロ波プラズマCVD法で合成した
A4サイズのグラフェンのシート抵抗の分布

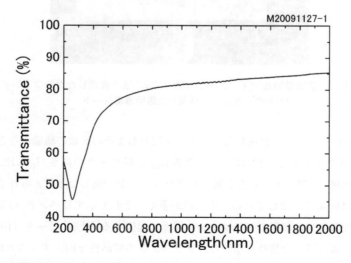

図5　表面波励起マイクロ波プラズマCVD法で合成したグラフェンの光透過スペクトル

第4章 グラフェン

　現在タッチパネルには光透過率87％，シート抵抗500Ω/sq程度のITO透明導電膜が利用されている。したがって本手法で合成するグラフェンの現状の性能は多少及ばないが，このグラフェンを用いてタッチパネルの試作を行い，可能性の確認を行った。

　試作したタッチパネルは静電容量型のものである。図6に作製手順を示す。A4サイズの銅箔基材にグラフェンを成膜した後，はさみで切ってパターンを形成した。これを，PMMAを接着剤としてアクリル板に貼付した。その後，基材の銅箔をエッチングで取り除いた。この工程を横方向と縦方向の両方について行い，3×3マトリックスの静電容量型タッチパネルを形成した。このようにして作製したタッチパネルに指を触れて動作の検証を行ったところ，正常に動作することを確認できた（図7）。本手法で合成するグラフェンを，ITOを代替するタッチパネル用透明導電膜として利用するためには，さらなる性能向上が必要であるが，このようにグラフェンの応用可能性を示すことができた。

　ITO透明導電膜を用いた抵抗膜式のタッチパネルでは，シート抵抗が500Ω/sq，透過率87％が標準的な性能であり，また静電容量型ではシート抵抗が300Ω/sqが必要である。またグラフェンをフラットパネルディスプレイや太陽電池用途の透明導電膜として利用する際には，さらなる低抵抗が要求される。したがって本手法で合成するグラフェンのいっそうの低抵抗化が必要である。

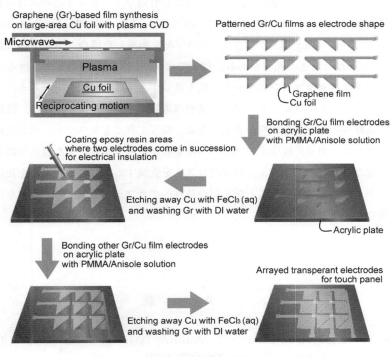

図6　グラフェンによる静電容量型タッチパネルの作製手順

図7 グラフェンを用いた静電容量型タッチパネル
(J. Kim, *et al.*, *Appl. Phys. Lett.*, **98**, 091502 (2011) より)

　導電性の向上に第一に必要なことは，マイクロ波プラズマ CVD で合成するグラフェンの結晶性の向上である。このためにはより良い合成条件の探索が必要である。また現状 300℃ で合成しているが，ロール・ツー・ロール成膜はこれより多少高温でも可能である。ロール・ツー・ロール成膜が可能な範囲で合成温度を高めることで，結晶性の向上を図る予定である。

　また導電性の向上には，結晶性の向上とともに，有効なドーピング法の開発も必要と考えている。これまでグラフェンへのドーピングについては，硝酸[1,5]や PVA[10]（洗濯のり）を用いる方法が提案されている。例えば，グラフェンに PVA を塗布した場合，シート抵抗が 5000Ω/sq から 400Ω/sq へ下がったとの報告がある。現状では長期間安定した導電性を得ることができてないが，ドーピングはグラフェンのシート抵抗を低減する手段として有効だろう。

　またロール・ツー・ロールでグラフェン透明導電膜を連続生産する際には，成膜用基材から透明導電膜用基材への転写法の開発が必須である。転写工程でもグラフェンの品質の劣化が生じるため，この工程は透明導電膜生産ではたいへん重要な工程である。また現状では基材の銅箔を溶解しなければならない。グラフェンの成膜コストを低減するためには，銅箔を使用しない合成法を確立するか，銅箔を溶解することなく別の基材へグラフェンを転写し，銅箔を再利用するなどの技術の確立も必要となる。

文　献

1) K. S. Novoselov, A. K. Geim, S. V. Morozov, D. Jiang, Y. Zhang, S. V. Dubonos, L. V. Grigorieva, A. A. Firsov, *Science*, **306**, 666 (2004)

第4章　グラフェン

2)　Q. Yu, J. Lian, S. Siriponglert, H. Li, Y. P. Chen, S. -S. Pei, *Appl. Phys. Lett.*, **93**, 113103 (2008)

3)　X. Li, W. Cai, J. An, S. Kim, J. Nah, D. Yang, R. Piner, A. Velamakanni, I. Jung, E. Tutuc, S. K. Banerjee, L. Colombo, R. S. Ruoff, *Science*, **324**, 1312 (2009)

4)　X. Li, W. Cai, L. Colombo, R. S. Ruoff, *Nano Lett.*, **9**, 4268 (2009)

5)　S. Bae, H. Kim, Y. Lee, X. Xu, J. -S. Park, Y. Zheng, J. Balakrishnan, T. Lei, H. R. Kim, Y. I. Song, Y. -J. Kim, K. S. Kim, B. Özyilmaz, J. -H. Ahn, B. H. Hong, S. Iijima, *Nature Nanotechnology*, **5**, 574 (2010)

6)　K. Tsugawa, M. Ishihara, J. Kim, M. Hasegawa, and Y. Koga, *New Diamond Front. Carbon Technol.*, **16**, 337 (2006)

7)　J. Kim, K. Tsugawa, M. Ishihara, Y. Koga, and M. Hasegawa, *Plasma Sources Sci. Technol.*, **19**, 015003 (2010)

8)　K. Tsugawa, M. Ishihara, J. Kim, Y. Koga, and M. Hasegawa, *Phys. Rev.*, **B82**, 125460 (2010)

9)　J. Kim, M. Ishihara, Y. Koga, K. Tsugawa, M. Hasegawa, S. Iijima, *Appl. Phys. Lett*, **98**, 091502 (2011)

10)　P. Blake, P. D. Brimicombe, R. R. Nair, T. J. Booth, D. Jiang, F. Schedin, L. A. Ponomarenko, S. V. Morozov, H. F. Gleeson, E. W. Hill, A. K. Geim, K. S. Novoselov, *Nano Lett.*, **8**, 1704 (2008)

11)　A. C. Ferrari, J. C. Meyer, V. Scardaci, C. Casiraghi,; M. Lazzeri, F. Mauri, S. Piscanec, D. Jiang, K. S. Novoselov, S. Roth, A. K. Geim, *Phys. Rev. Lett.*, **97**, 187401 (2006)

12)　A. Reina, X. Jia, J. Ho, D. Nezich, H. Son, V. Bulovic, M. S. Dresselhaus, J. Kong, *Nano Lett.*, **9**, 30 (2009)

13)　Z. Sun, T. Hasan, F. Torrisi, D. Popa, G. Privitera, F. Wang, F. Bonaccorso, D. M. Basko, A. C. Ferrari, *ACSNANO*, **4**, 803 (2010)

14)　Y. -H. Lee, J. -H. Lee, *Appl. Phys. Lett.*, **96**, 083101 (2010)

2 SiC 上のグラフェン成長

永瀬雅夫*

グラフェンはその優れた各種の物性から，広範にわたる応用が期待されている炭素材料である。特に，電子材料としては既知材料中で最大の電荷移動度が計測されていることから，ポストシリコン材料として大いに注目されている。シリコンテクノロジーが隆盛を得たのは，シリコンの実用化の早い段階において完全結晶が達成されたという事実が大きい。応用技術を視野に入れた場合，大口径の単結晶が得られることが電子デバイス用材料としては必須条件であろう。

既に知られているグラフェンの作製法のうち，大口径の単結晶が得られる可能性がある手法は炭化ケイ素（SiC）の熱分解法のみである。SiC を高温で熱処理すると表面からケイ素（Si）が優先的に熱脱離し，残った炭素（C）が自己整合的にグラファイト格子を組みグラフェンが形成される。SiC 単結晶には多くの多型（ポリタイプ）単結晶構造が存在するがその中でも，高品質な単結晶が入手可能である 6H-SiC（0001）や 4H-SiC（0001）といった基板上にエピタキシャル成長が可能である。これらの面方位の基板には Si 面と C 面が存在するが，高品質なエピタキシャルグラフェンが成長するのは Si 面であり，良く制御された超高真空下での加熱では概ね 2 層までで成長速度が大きく低下することが知られている。一方で，C 面においてはかなり厚い多層グラフェンが形成されるが，この場合は下地の基板とエピタキシャルな関係にないことが知られている。

SiC 上のグラフェンは成長条件の制御により 1 層以上 10 層程度までが比較的容易に得られる。2 層以上の薄層グラファイトは正確には数層グラフェン（few-layer graphene）と言うべきであるが，ここでは簡単のためにグラフェンと呼称する。

2.1 SiC 上グラフェンの特徴

各種の電子デバイス用基板として高品質化が進められており入手も容易である 6H-SiC や 4H-SiC 基板の Si 面上においてグラフェンのエピタキシャル成長が可能である。この事実は，表面物理の分野では古くから知られていた[1,2]。しかし，これを電子材料と見なす視点は無く，2004 年にジョージア工科大学のグループにより初めてその移動度が計測された[3]。当初は剥離グラフェンに比較して膜質に劣ると見なされていたため，表面物理の分野を中心に研究が進められていた。その後，膜質の向上と共に電子輸送特性の検討[4,5]が進み，従来の高速電子デバイスを凌ぐ性能が実証され始めている[6]。

SiC 上のグラフェンは基板と強い相互作用をしていることが特徴でフェルミレベルがディラックポイントからシフトしており，一般的には電子が誘起された状態になっている[7,8]。この基板との相互作用は移動度の低下を引き起こす 1 つの原因であると考えられているが，一方で，対称

---

*　Masao Nagase　徳島大学　大学院ソシオテクノサイエンス研究部　教授

第4章　グラフェン

性の崩れによりバンドギャップが開き[8]半導体化していると見なすことも可能であり，デバイス応用上は有利になる可能性もある。

　高品質な SiC 基板は半絶縁性であるため，その上に形成したグラフェン層は基板から独立した二次元系と見なすことができるため剥離等の処理をすることなくそのままデバイス化が可能である。その際，既に確立されている各種の微細加工技術が適用可能であり，将来的に基板全面に均一な単結晶グラフェンが実現できれば実用的な集積回路も作製できる可能性がある。すでに，高速な電子デバイスが作製できることが示されており，微細なデバイスでは 1THz 以上の遮断周波数が得られることが予測[9]されており，従来デバイスに比較して大幅な性能の向上が見込まれる。

　基板との相互作用による移動度低下を防ぐために，基板から浮いた懸架（サスペンディッド）構造を作製する試みがなされたり，SiC 基板から剥離して他の基板へ転写する試みもなされており，最終的には剥離グラフェンを上回る移動度が得られると期待される。

2.2　SiC 上グラフェンの成長機構

　SiC 上グラフェンは下地の SiC 単結晶に対してエピタキシャルな関係[10]にあるとされているが実際には，下地結晶と対称性に整合関係があるのみで原子レベルでは非常に複雑な状況にある。しかし，グラフェン層と基板（実際には，後述するカーボン・バッファ層）間の結合は概ねファンデルワールス結合であるため，大きな欠陥を導入することなく単結晶成長が実現されている。しかしながら，現時点では各種の欠陥が存在していることも確かであり，その高品質化にはまずその成長メカニズムを理解することが重要である。以下は，これまでに明らかとなっている，各種の情報[11~13]を統合した SiC-Si 面上でのグラフェン成長モデルである。

　高温における Si の熱脱離がグラフェン成長のメカニズムであり，1 層のグラフェンを形成するために 3 層の SiC が必要である。SiC 結晶 1 層分は 0.25nm であるため約 0.35nm のグラフェン 1 層を作るのに 0.75nm の SiC 結晶が必要であり，大幅な材料の移動が起こることになる。市販の SiC-Si 面は CMP（化学機械研磨）処理の結果，非常に規則的なステップ－テラス構造に覆われている。規則的なステップ－テラス構造はグラフェン成長過程で大きく変貌することとなる。熱処理によりグラフェン成長にいたるまでの過程は概ね 3 つの過程を経ると考えられている（実際には温度帯が異なる）。

　① 最初は，再表面の Si 原子の再配列構造が形成される。この段階では熱処理前の表面構造は保たれている。

　② Si の脱離が起こり始めるといくつかの再配列構造を経て安定なカーボン再配列構造である $6\sqrt{3} \times 6\sqrt{3}$ 構造が全面を覆う。この段階では Si の脱離に伴いステップ端が移動し表面の形態は大きく変化し，直線的であったステップ端が大きく波打つことになる。この $6\sqrt{3} \times 6\sqrt{3}$ 構造は，炭素がグラファイト格子を組み下地に対してエピタキシャルの関係にあり，カーボンの配列的には第一層目のグラフェンとも考えることが出来る。しかし，基板と非常に強く結びついており電気的に不活性で導電性が非常に低く電子物性的にはグラフェンであるとはみなされておらず，グ

175

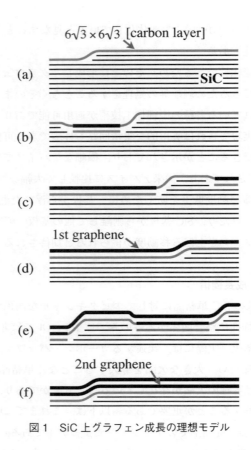

図1 SiC 上グラフェン成長の理想モデル

ラフェンの層数として数えないのが通例である。本書では以降，カーボン・バッファ層，或いは，単にカーボン層と呼ぶ（図1 (a)）。

③ さらに Si 脱離が進むと上記の $6\sqrt{3} \times 6\sqrt{3}$ 構造の下に新たなカーボン層が形成される。このカーボン層も構造的には $6\sqrt{3} \times 6\sqrt{3}$ 構造と同様と考えられ，下地の SiC とはエピタキシャルな関係にある。新たなカーボン層が形成された領域では，最初に形成されたカーボン層が基板と切り離されてグラフェンとなる（図1 (b)）。Si 脱離が進み新たなカーボン層が全面に形成されると1層のグラフェンが形成されることとなる。同様に，基板 SiC から Si が脱離することにより，SiC 表面（カーボン層－基板界面）に新たなカーボン層が形成されることにより層数が増加することとなる。

図1は上記のグラフェン成長過程をモデル的に表している。この図では，グラフェンが layer-by-layer で成長するモデルとなっているが，実験的には完全な layer-by-layer 成長は達成されていない。実際には，図2 (c) のように1層目のグラフェンが試料表面を覆う前に2層目のグラフェン形成が始まることが知られている。超高真空中加熱では，1層の均一グラフェンの形成は困難であるが，注意深く形成条件を選択すれば2層[13,14]，または，3層[15]のほぼ均一なグラフェ

第4章 グラフェン

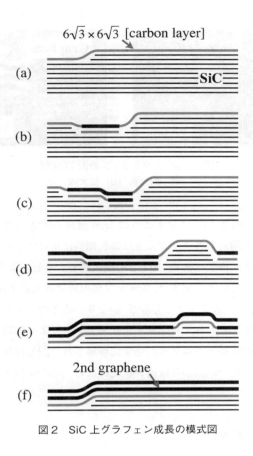

図2 SiC 上グラフェン成長の模式図

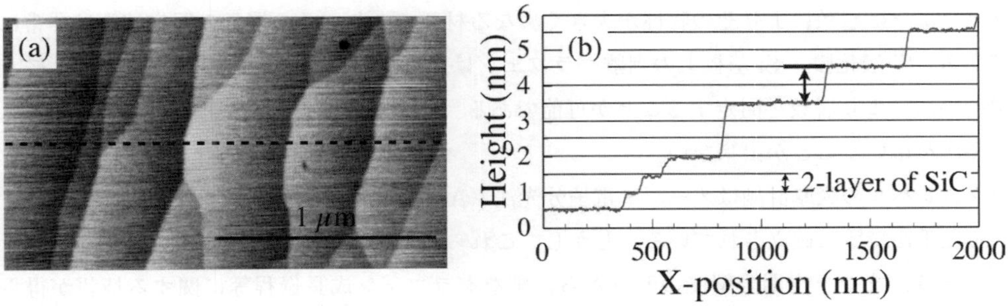

図3 SiC 上グラフェンの表面モホロジー
(a) SPM 形状像，(b) 断面プロファイル

ンが得られる。Ar の減圧雰囲気中では，超高真空環境と比較して Si の脱離が抑制されるため，ほぼ1層のグラフェンが得られるとの報告もある[16]。

図3(a) に超高真空中加熱によりほぼ2層のグラフェンを形成した SiC 基板表面の走査プローブ顕微鏡（SPM）の形状像を示す。直線的なステップに覆われていることが判る。この基板の

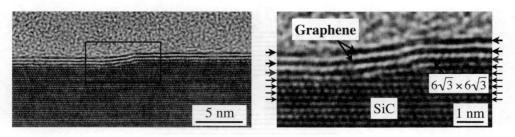

図4 SiC上グラフェン断面TEM像
(a) 全体像, (b) 拡大像

傾斜角は約0.2度であり，図3 (b) に示すように1nm前後の高さのステップと幅が数百nmのテラスに覆われている。平均的なステップ高さは基板傾斜に依存するが，均一なグラフェンが形成された場合の典型的な表面構造である。図1,2の模式図でも示したように，グラフェンはステップ部でも連続的に形成されている。図4は，ステップ部の断面透過電子顕微鏡（TEM）像である。図4は0.5nm（SiC 2層分）のステップであるが，かなりの高さのステップまで連続的なグラフェンが成長することが観察されており，結晶サイズはステップにより制限されている訳では無い。

現状では，グラフェンの成長メカニズムが完全に理解された訳では無く，また，その成長制御も完璧ではなく，いわゆる完全結晶からは遠い状況にある。その成長メカニズムのより一層の解明が必要である。

2.3 SiC上グラフェンの評価技術
2.3.1 層数同定技術

グラフェンは層数によりその物性が大きく異なる材料であり，その層数の同定技術は非常に重要である。Si酸化膜／Si基板上の剥離グラフェンは，酸化膜厚を適切な膜厚にすることにより光学的手法により層数を同定することが可能である。しかしながら，SiC上のグラフェンでは同様な手法を用いることが出来ない。

マクロレベルの膜厚計測はオージェ電子分光法（AES）[1]，角度分解光電子分光法（ARPES）[7,8]といった手法で既に確立されている。しかし，これらの手法はウエハレベルでの層数同定には不向きであり，また，空間分解能の低さから詳細なグラフェン成長過程等に関する情報が得られない。SiC上グラフェンの高分解な層数情報が得られる手法としては，低エネルギー電子顕微鏡（Low-Energy Electron Microscopy: LEEM）[11]，走査プローブ顕微鏡（SPM），低加速電子顕微鏡（LE-SEM）[17]等の各種顕微鏡法が知られているが，これらの中で，層数同定が可能な顕微鏡はLEEMのみである。

図5は低エネルギー電子顕微鏡（LEEM）で観察した，SiC上グラフェンである。多くの明るさの異なるドメインが観察される。図5 (a) と (b) は同一の領域を異なる入射エネルギー（2eV, 4.5eV）で観察している。入射エネルギーの違いでドメイン毎に明るさが大きく変化しているこ

第4章　グラフェン

とが判る。図中の数字は，各ドメインの層数を示している。LEEM における反射電子量のエネルギー依存性は，グラフェン層間での電子波干渉の結果であることが理論的にも検証されており，層数を確実に同定することが可能である。また，空間分解能も高いため詳細なグラフェンの成長過程を明らかにすることが出来，均一な SiC 上グラフェン形成に大きな役割を果たした。

　LEEM の様に層数を同定することは出来ないが，他の各種の顕微鏡法でもグラフェン層数に由来するコントラストを得ることが可能である。図6はグラフェンの被覆率が低い（約20％）状態[18]での（a）LEEM 像，及び，（b）SPM 形状像と（c）位相像である。LEEM 像（図6（a））で暗い島構造として観察される領域がグラフェン島であり，位相像（図6（c））では，明るいコントラストとして観察されている。形状像（図6（b））では，グラフェン島の構造は観察することが出来ない。これは，SiC 上グラフェンの形成が基板からの Si 脱離により起こるためである。この成長条件では，ピット（Si の脱離が盛んな領域）の周辺にグラフェンが形成されている。図7には，概ね2層のグラフェンを超高真空中加熱により形成した場合[17]の（a）LEEM 像，及び，（b）SPM 形状像と（c）位相像である。LEEM 像（図7（a））では明瞭に1～4層のコント

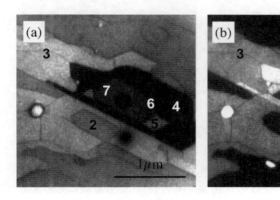

図5　SiC 上グラフェン LEEM 像
(a) 2 eV, (b) 4.5 eV

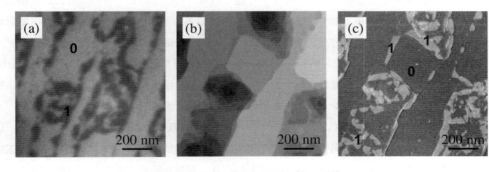

図6　SiC 上グラフェン島（0～1層）
(a) LEEM 像, (b) SPM 形状像, (c) SPM 位相像

ナノカーボンの応用と実用化

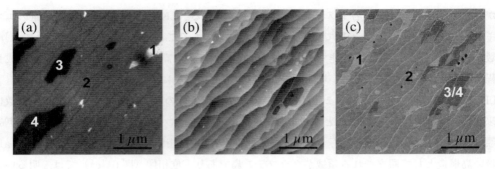

図7　SiC 上グラフェン（約2層）
(a) LEEM 像，(b) SPM 形状像，(c) SPM 位相像

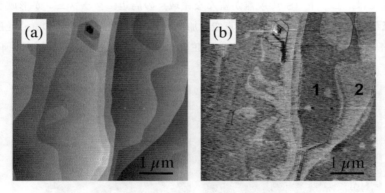

図8　SiC 上グラフェン（約1層）
(a) SPM 形状像，(b) SPM 摩擦像

ラストが得られている。一方で，SPM の位相像（図7（c））でも層数に対応するコントラストが得られる。しかしながら，グラフェン1～4層の位相像のコントラストは図6の0層と1層のコントラストに比べて弱く，特に，3層と4層の区別はほとんど出来ない。この形成条件でも形状像（図7（b））から層数情報を得ることは不可能であり，形状像のピットの周辺には位相像から3/4層のグラフェンが形成されていることが判る程度である。図8は Ar 減圧雰囲気中で形成したほぼ1層のグラフェンの（a）SPM 形状像と（b）SPM 摩擦像である。上記の位相像がダイナミックフォースモード（タッピングモード）での位相変化を可視化しているのに対して，図8（b）の摩擦像ではコンタクトモードでのカンチレバーのねじれ量を摩擦像として可視化してある。摩擦像でも位相像と同様に層数コントラストを得ることが可能である。

　これら，位相像，摩擦像は SiC 上グラフェンの機械特性を反映していると考えられるが，現状では定量的，絶対的な層数の同定は出来ず，あくまでも相対的なコントラストである。LEEM の様な絶対的な層数コントラストと比較することにより，層数を特定することが可能である。また，経験的には3層以上のコントラストの判別は非常に困難である。

180

第 4 章　グラフェン

走査プローブ顕微鏡を用いた層数評価技術は現時点では経験的な域を出ていないが，そのコントラスト形成メカニズムを理解して定量評価が可能となれば，より有用な膜厚評価手法となる．

2.3.2　膜質評価技術

前項で述べたように LEEM 像や SPM 像から層数分布の情報を得ることが可能であり，SiC 上グラフェンの膜厚の均一性については評価が可能である．しかしながら，大面積の単結晶グラフェンを実現するために必要な膜質評価技術は，基本的な膜質の定量評価手法すら確立されておらず，欠陥評価技術等，高品質グラフェン作製技術実現に向けた課題は多い．

グラファイト系材料の膜質評価の標準的な手法であるラマン分光法[19,20]についても SiC 上グラフェンに適用が可能であるが，SiC 基板に由来するスペクトル成分が，グラフェンの D-peak, G-peak と重なるため注意が必要である．図 9 に超高真空中加熱で形成した概ね 2 層の SiC 上グラフェンのラマンスペクトルを示す．D-peak と G-peak 付近には SiC 基板からのスペクトルが重畳しており，グラフェンのみのスペクトルを得るには基板成分を差し引く必要がある．しかしながら，1 層グラフェンの G-peak 強度は非常に弱いため通常の方法で基板の影響を除去することは困難であり，なんらかの増強法が必要である．

また，SiC 上のグラフェンは形成温度が高く，基板との熱膨張率の違いから，圧縮応力を受けており，ピーク位置が高波数側にずれている．また，欠陥等に関する情報もラマンスペクトルから得ることが可能である．高速なマッピングが可能な市販装置が普及しつつあり，膜質とラマンスペクトルの定量的な相関が明らかになれば，有力な大面積評価手法となる．

2.3.3　局所電子物性評価

グラフェンの電子物性評価手法としては，デバイス化を行うことが一般的であるがデバイスサイズのマクロ情報しか得ることが出来ない．SiC 上グラフェンの場合，表面のステップ構造等があり，ナノメータ領域での局所的な電子物性評価が重要である．

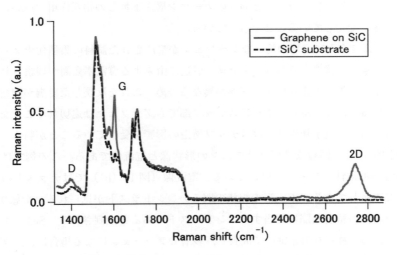

図 9　SiC 上グラフェン（2 層）のラマンスペクトル

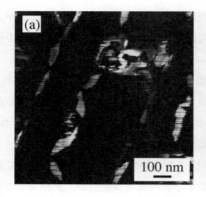 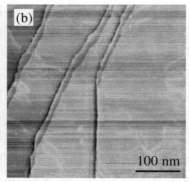

図10 SiC 上グラフェンの導電率像
(a) グラフェン島，(b) 2層グラフェン

本項では，走査プローブ顕微鏡技術に基づく局所電子物性評価手法について述べる。

図10は集積化ナノギャップ電極プローブ[21,14,17,18]を用いて計測した，グラフェンの導電率像である。走査プローブ顕微鏡用のSi製カンチレバーの先端部のPt電極を集束イオンビーム(FIB)技術を用いてナノギャップを作製して分割することにより，2端子のプローブが作製できる。これを，グラフェンに接触させて局所導電率を計測している。図10の導電率像を計測するのに用いたプローブのギャップ幅は30nmであり，ナノオーダーの分解能が得られている。

図10(a)は図6で示した，SiC 上グラフェン島の導電率像[17,18]である。LEEM や SPM 位相像で観察される，グラフェン島に対応する導電率像が得られている。導電島の周囲の領域の抵抗は非常に高く，計測限界以下である。図2のグラフェン成長モデルに示すように，この導電島はカーボン層の一部の基板側に新たにカーボン層が形成されることにより，グラフェンとなった領域を示している。構造的にはほとんど同一のカーボン層が下地との相互作用の違いにより，その電子物性が大きく変化していることを示している。

図10(b)はほぼ全面に2層の均一なグラフェンが形成された試料の集積化ナノギャップ電極プローブによる導電率像[14,17]である。ステップ構造に由来する導電率変調が観察される。ステップ部分では，下地基板との相互作用の状態が異なるため，これを反映した変調が観察されているものと考えられる。図4で示したようにステップ部でもグラフェンは途切れることなく連続的に成長しているものの，電子物性的にはステップ構造の影響を受けていることが判る。

図11は図10(b)と同様な2層グラフェンの形状像と電流像である。この例では，プローブとしては通常の導電性プローブを用いている。電流像(図11(b))ではテラス上のコントラストを強調して表示してある。不定形の線状の明るいコントラストが見られる。形態から，2層あるグラフェン層間の積層欠陥に相当するコントラストであると推測される。SiC 上グラフェンは概ね下地の SiC の対称性を引き継いで成長し，多層のグラフェンになる場合には，グラファイトと同様の積層構造となることが知られているが，1層目と2層目のグラフェンでは，形成過程で

第4章　グラフェン

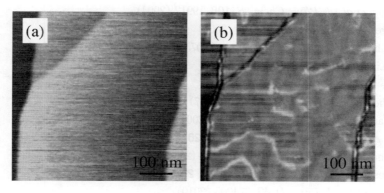

図11　SiC 上グラフェン（2層）
(a) 形状像, (b) 電流像

の下地の SiC 表面のモホロジーが異なる場合，完全なエピタキシャル関係にはならずに，A-B 積層と A-C 積層が混合した状況となる[22]。この A-B 積層領域と A-C 積層領域の境界がコンタクト抵抗が低い領域として観察されている。また，この電流像には下地のカーボン・バッファ層 $6\sqrt{3} \times 6\sqrt{3}$ 構造）のドメインと思われる縞状のコントラストも観察されており，SiC 上のグラフェンの電子物性が下地基板の影響を強く受けていることが伺える。

　上記の例からも判るように，SiC 上グラフェンの電子物性は下地の影響を強くうけ，一般的には電子ドープ状態となっている。SiC 表面構造（ステップ構造を含む）やグラフェン積層構造を制御し，より均一なグラフェンを作製することが今後の課題である。

2.4　今後の課題

　SiC 上グラフェンは，大口径の単結晶グラフェンを得る最も有力な手法である。しかしながら，現状では，高品質な単結晶グラフェンは得られておらず，今後，その成長メカニズムを解明し，さらに各種の評価法を駆使しつつ形成技術を確立する必要がある。すでにデバイス化の試みもなされており，高い性能のデバイスが実現されることが示されつつあるが，実際のデバイス作製では，ゲート酸化膜の問題や，コンタクト抵抗の問題といった，過去にカーボンナノチューブデバイスでも問題となった各種の課題を解決する必要がある。

文　献

1)　A. V. Bommel *et al., Surf. Sci.*, **48**, 463 (1975)
2)　A. Charrier *et al., J. Appl. Phys.*, **92**, 2479 (2002)

ナノカーボンの応用と実用化

3) C. Berger *et al.*, *J. Phys. Chem. B*, **108**, 19912 (2004)

4) C. Berger *et al.*, *Science*, **312**, 1191 (2006)

5) S. Tanabe *et al.*, *Appl. Phys. Express*, **3**, 075102 (2010)

6) Y.-M. Lin *et al.*, *Science*, **327**, 662 (2010)

7) T. Ohta *et al.*, *Science*, **313**, 951 (2006)

8) S. Y. Zhou *et al.*, *Nature Mat.*, **6**, 770 (2007)

9) D. B. Farmer *et al.*, *Nano Lett.*, **9**, 4474 (2009)

10) J. Hass *et al.*, *J. Phys.: Condens. Matter*, **20**, 323202 (2008)

11) H. Hibino *et al.*, *Phys. Rev. B*, **77**, 075413 (2008)

12) H. Kageshima *et al.*, *Appl. Phys. Express*, **2**, 065502 (2009)

13) H. Hibino *et al.*, *J. Phys. D*, **43**, 374005 (2010)

14) M. Nagase *et al.*, *Nanotechnol.*, **20**, 445704 (2009)

15) S. Tanaka *et al.*, *Phys. Rev. B*, **81**, 041406 (2010)

16) K. V. Emtsev *et al.*, *Nature Mat.*, **8**, 203 (2009)

17) M. Nagase *et al.*, *IEICE Technical Report*, **ED2009-61/SDM2009-56**, 47 (2009)

18) M. Nagase *et al.*, *Nanotechnol.*, **19**, 495701 (2008)

19) M. A. Pimenta *et al.*, *Phys. Chem. Chem. Phys.*, **9**, 1276 (2007)

20) Z. H. Ni *et al.*, *Phys. Rev. B*, **77**, 115416 (2008)

21) M. Nagase, and H. Yamaguchi, *J. Phys.: Conf. Series*, **61**, 856 (2007)

22) H. Hibino *et al.*, *Phys. Rev. B*, **79**, 125437 (2009)

3 電子デバイス "SiC 上グラフェンでの電界効果素子の試作と評価"

塚越一仁[*1]，宮崎久生[*2]，小高隼介[*3]

3.1 グラフェン基板

　グラフェンの研究は日々進展しており，着実に多様な技術を開拓していくと思われる。現時点での主なグラフェン作製法は3方法あり，バルクグラファイトからの剥離法，化学気相蒸着（CVD）法，SiC アニール法が挙げられる。剥離法では，グラフェンを得られる確率が作製者の技量と原料グラファイトの質に大きく依存してしまうが，一般的には数ミクロン程度，最大で数100ミクロン程度の大きさのグラフェンを基板上に取り出すことが出来る。光学顕微鏡さえあれば，伝導度が高いグラフェンを作れることが魅力となって，基礎研究用グラフェンを作るために広く試みられている。応用を目指す場合，均質で大型サイズのグラフェン形成が必要であり，CVD 法での成膜が試みられている。現時点での CVD 膜は，太陽電池やタッチパネルの透明導電膜への利用が検討されている。しかしながら，この方法ではグラフェン膜を作るための触媒金属箔が必要であり，グラフェン形成後に箔を取り除いて他基板上へ貼り付ける際のダメージ制御が問題である。1枚のグラフェンを作るために1枚の触媒金属箔を酸溶液で溶解するため，材料コストも問題となる。集積回路などを目的とする応用では，現時点では SiC 基板をアニールして得られるグラフェンが基板面内の均一性や成長グラフェン数の制御性において他より使いやすいと考えられている。しかしながら，SiC 基板表面には，表面を作る際の原子ステップが必ず表面に残るため，この原子ステップを覆うグラフェンの電気伝導への影響を解明して，適した応用発展を見つけ出さなければならない。このため本項では SiC 基板上グラフェンの電気伝導を調べるための電界効果素子の作製と電気伝導特性評価の一端を紹介したい[1]。

3.2 表面構造依存伝導の検出用グラフェン電界効果素子

3.2.1 SiC 基板上のグラフェンの詳細

　SiC 上のグラフェンの質は，基板の表面構造に強く依存する[2~8]。大きく分類すると，2種の表面構造基板（表面が SiC 層に平行（on-axis）な基板と，SiC 層に対して微傾斜した（off-axis）の基板）に分けられる。平行基板を高温でアニールしてシリコン原子を離脱させてグラフェンを成長させると，表面からシリコン原子が離脱するため，多数の原子離脱穴が形成されて基板表面に凹凸ができ，グラフェンの均一性が低下することがある。傾斜基板では，傾斜によって生じる原子ステップからシリコン原子が抜けるため，基板表面を覆う比較的均一性の高いグラフェンが成長し易い[9]。これまでの報告から，グラフェンはステップを乗り越えて成長していることが確か

　＊1　Kazuhito Tsukagoshi　�独物質・材料研究機構　国際ナノアーキテクトニクス研究拠点
　　　　　主任研究官；JST-CREST
　＊2　Hisao Miyazaki　㈱物質・材料研究機構　国際ナノアーキテクトニクス研究拠点
　＊3　Shunsuke Odaka　㈱物質・材料研究機構　国際ナノアーキテクトニクス研究拠点

ナノカーボンの応用と実用化

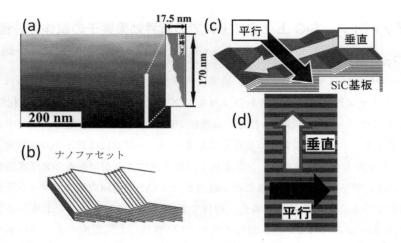

図1 (a) 基板は 4H-SiC (0001)（non-doped, 抵抗率 $10^5\Omega\cdot$cm 以上，基板の off 角は 8 度，CREE 社製）。化学機械研磨処理（（株）アクト）後に，基板表面洗浄し水素エッチングを経て，超高真空のチャンバーにて加熱分解（1600℃）して SiC 基板表面上にグラフェンを得る。低エネルギー電子顕微鏡（LEEM）によって 1〜2 層のグラフェンの成長が確認されている。（グラフェン成長は九州大田中研究室において行われた。），(b) 用いた基板のナノファセットの模式図，(c), (d) 基板異方性を調べるために作製する薄膜トランジスタの電流方位と結晶表面との関係

められている[10〜14]。しかし，グラフェンの成長のためには，シリコン原子が基板から離脱し，グラフェンを貫通して抜け出なければならない。このメカニズムに関しては，現在においても未だ確定的ではない。研究の元来の目的として，この原子スケールのステップを乗り越えるグラフェンの乗り越え効果を電気伝導において調べるため，等間隔に原子スケールで平坦な部位とナノファセットが交互構成されているステップ間隔が短い（〜30 nm）微傾斜基板を用いて作製したグラフェンの電気伝導の評価を行った。

原子間力顕微鏡（AFM）によって表面構造を観測すると，SiC 基板上のステップ構造は約 30nm の周期であり，平坦領域の幅が約 20 nm，斜面領域は約 10 nm であることがわかる。この平坦領域幅は其々に若干の長さ揺らぎがあるため，平坦領域と傾斜領域の 1 つ 1 つの直接的な電気伝導特性を調べるのではなく，ミクロンスケールのチャネルを作製して平坦領域と傾斜領域の平均的な振る舞いを調べた。基板のステップ構造に対し，図1(c)(d) のように平行・垂直方向を定めた。

3.2.2 作製プロセス

平坦なグラフェンを成長させた SiC 基板上（図2(a)）にリソグラフィとエッチングや金属蒸着による薄膜形成を繰り返して素子を作るため，素子作製工程を通して共通で使うアライメントマークを形成した。

アライメントマークを基点として，基板上にエッチングマスクを作製した。マスク材料は電子線レジストの ZEP520A（ポジ型，溶媒アニソール，日本ゼオン社製）を用いた。ZEP 塗布後に，

第4章 グラフェン

電子線描画を行い，現像の後に乾燥させた（図2(b)）。

　グラフェンフィルムのエッチングは，酸素プラズマを用いた反応性イオンエッチング（RIE）によって，グラフェンの不要部分を焼き取る。レジストマスクのパターンをグラフェンに転写できる（図2(c)）。エッチング後に，レジストマスクは溶解して取り除く。

　電気伝導を計測するために必要な電極端子を形成する。グラフェンチャネルに合わせて電子

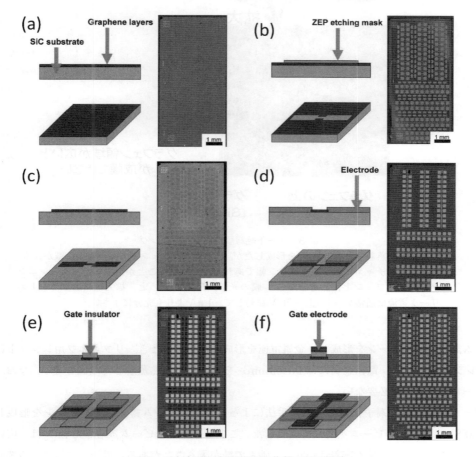

図2　電気伝導評価用素子の作製工程の概略

全工程のリソグラフィは，電子ビーム露光（50keV）にて行った。原理的には光リソグラフィで作製可能なサイズの素子であるが，研究目的にて素子寸法などを瞬時に調整出来るために電子ビーム露光を用いている。なお，金属薄膜のリフトオフには，3層レジスト（下層MMA Copolymer，中層495kPMMA，上層950kPMMA）を共通して用いた。(a) グラフェンを成長したSiC基板。共通に使用するリソグラフィ位置合わせ用のアライメントマークを形成。(b) 日本ゼオン社製ZEPレジストを用いてパターン形成。(c) 酸素プラズマでエッチングし，チャネル形状に加工。エッチング後に日本ゼオン社製レジスト除去液（ZDMAC）にてレジスト除去。酸素プラズマの条件は，反応性イオンエッチングにて，酸素100 ml/s，出力60 W，時間10分。(d) 電気伝導測定用のPd電極を形成。(e) ゲート絶縁膜の形成。電子線蒸着（～10^{-4} Pa下，加速電圧3.5～4 kV，ビーム電流10～20 mA）にて絶縁膜を蒸着。(f) ゲート絶縁膜上にゲート電極を形成。

ナノカーボンの応用と実用化

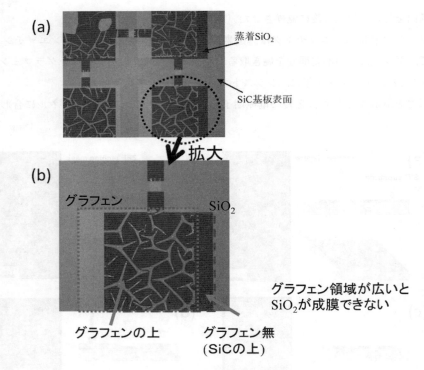

図3 ゲート絶縁膜のパターンニング
電子ビーム蒸着によってSiO₂を形成したが，広面積グラフェン上では蒸着膜に皺が入る。グラフェンチャネル幅が数ミクロン幅であれば均質に覆うことが出来る。パターンニングしたグラフェン上に蒸着したSiO₂膜の光学顕微鏡像（a）と，拡大部（b）。ゲートのリーク電流は通常ゲート電圧−50 Vに対して−1 nAよりも充分に小さい。

ビーム露光にてパターンを形成し，金属電極を形成した。このとき，リフトオフ用レジストには3層レジストを用い，電極金属にはPd(50 nm)を真空抵抗加熱蒸着した（図2(d)）。なお，熱アニールなどは一切必要ない。

ゲート絶縁膜も，端子作製と同様の手法によって，電子ビーム露光にてパターンを形成し，SiO₂(88 nm)を電子ビーム蒸着にて成膜した。このとき，電子ビーム蒸着したSiO₂は，広い面積のグラフェン上では膜の密着性が低く，弛んで皺が入ることがある。場合によっては亀裂が入る（図3）。この様な絶縁膜では，均一に電界を印加することが出来ず，電流リークも生じる。しかし，グラフェン幅を数ミクロンにすると，SiO₂がグラフェン表面を均一に覆うことができ，ゲートリークも劇的に低減する。

ゲート電極を作り上げるために，ゲート絶縁膜上にゲート電極金属を作製した。なお，このゲート電極の工程によって，同時に素子の電極パッドを積層される。真空抵抗加熱にてTi(20 nm) + Au(120 nm)を蒸着し，リフトオフにて不要部位を取り除いてパターンを形成した。これらの工程を経て，図4に示すような素子が出来る。作製した素子の平行方向のチャネルサイズ

第4章　グラフェン

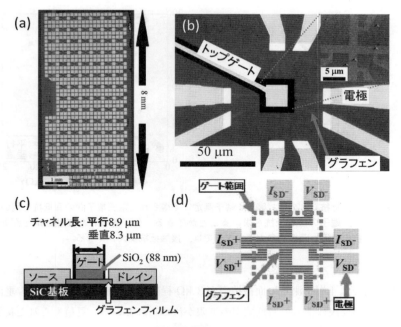

図4　作製した素子
(a) 基板上の複数個の素子，(b) 1つの素子の中心部の光学顕微鏡像，
(c) 素子の断面構造模式図，(d) 素子の上面構造模式図

はチャネル幅 $1.8\,\mu$m，チャネル長さ $8.9\,\mu$m，垂直方向は幅 $1.9\,\mu$m，長さ $8.3\,\mu$m である．本工程で作られた素子の電気伝導特性を真空プローバーにて評価した．

3.2.3　電気伝導の測定

本素子を用いて，平坦・斜面各領域の伝導特性評価を試みる．ナノファセットと平行もしくは垂直に電流を流して抵抗を調べた．作製した素子チャネルの長さと幅ならびに AFM 観察像から，平行方向ではステップ構造が60個程度，垂直方向では280個程度が含まれていることになる．4端子測定では，電流を流す経路につけた2つの電位を測定する端子間にて電圧測定を行うことで，計測に用いる電圧端子に極端な非線形性が無い限り，端子抵抗の影響を除いた抵抗測定が可能となる（図5(a)）．なお，このような素子では，4端子抵抗にて測定した部位の抵抗値から，端子抵抗を見積もることもできる．2端子測定の抵抗値 R_2，チャネル長 L_2，4端子測定の抵抗値 R_4，チャネル長 L_4 として，共通チャネル幅 W の素子では，単位幅あたりの接触抵抗 RcW は

$$RcW = (R_2 - R_4 \cdot \frac{L_2}{L_4})\,W/2$$

となる．端子抵抗を素子のチャネル部位の面抵抗（$V_G = 0$ V）との相関としてプロットすると，図5(b) のように，素子の面抵抗が高くなると接触抵抗も高くなる傾向がある．接触抵抗は，おおよそ $RcW = \sim 2.5\,\Omega$cm と見積もることができた．ナノファセットに対する平行／垂直伝導測定では，平行方向は低い面抵抗率の試料ほど低い接触抵抗であるの

189

ナノカーボンの応用と実用化

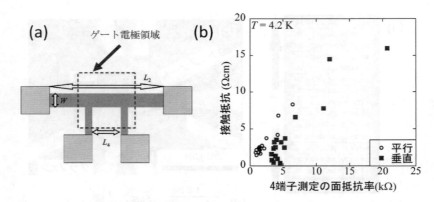

図5 (a) 抵抗計測の模式図。4端子測定にて得られた電圧端子間の面抵抗を用いて，端子の接触抵抗を求めることができる。(b) 得られた接触抵抗と面抵抗の関係。面抵抗の大きな素子では，接触抵抗が大きくなる。

に対し，垂直方向では4端子測定の面抵抗率が3 kΩ程度で下げ止まる。つまり，垂直では接触抵抗と関わりのない要因によって面抵抗率の下限が決められている。見積もられた接触抵抗は，剥離グラフェンを用いて作製される素子での接触抵抗と比較すると，おおよそ2ケタ高い。この高い接触抵抗が，研究素子においても劈開グラフェンよりも魅力的な特性を得難い理由であり，今後SiCグラフェンを用いた応用素子を実現するには要因解明と制御が必要であり，今後の課題である。

ソース・ドレイン間電圧10 mVを印加し，電圧測定端子間での電圧測定から得られた電気伝導度を議論する。面伝導率はゲート電圧の印加によって変化する（図6(a)）。測定したすべての素子において，平行測定および垂直測定に共通の特性としてアンビポーラ型の伝導特性が得られる。ゲート電圧の変化によってグラフェン中のフェルミエネルギーが変化し，グラフェンの電子状態を反映してアンビポーラ型になる。面伝導率は平行方向で150 μSから660 μS，垂直で71 μSから270 μSまで変化し，平行の方が常に高い。測定したソース・ドレイン電圧範囲においては，電流電圧（I_{SD}-V_{SD}）特性は常に線形であった（図6(b)）。素子の最小伝導度をゲート電圧が電荷中性点のときの面伝導率から得られる伝導度と定義し，求めた。さらに，電子の電界効果移動度は面伝導率の傾きの最大値から求めた電界効果移動度も求めた。測定試料の最小伝導度（σ_N），電子の電界効果移動度（μ_e）を，平行伝導と垂直伝導として素子数分布を比較する。平行の方が垂直より高い最小伝導度である傾向を示す（図6(c)）。電界効果移動度は，平行の方が垂直より高くなる傾向となった。表面にステップ構造を持ったSiC基板上に成長させたグラフェンの電気伝導は異方性を有することを示し，原子スケールの構造を有する下地基板によって，電気伝導が影響を及ぼされていることを示唆している。

3.2.4 等価回路モデルによる伝導異方性の解析

測定結果で得た伝導異方性に関して，平行方向では平坦の抵抗成分R_Tと斜面の抵抗成分R_F

第4章 グラフェン

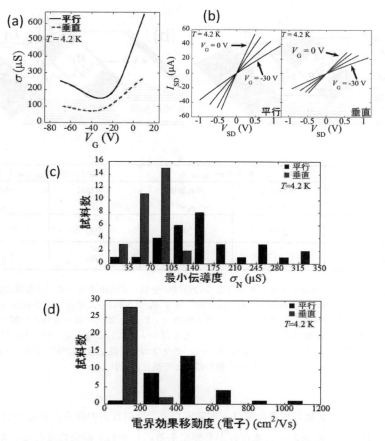

図6 (a) 電気伝導度（4端子測定）のゲート電圧依存性。垂直測定の伝導度が，全ての試料にて共通に，平行測定よりも低くなる。(b) 平行ならびに垂直測定において得られた4端子測定での電流電圧特性。(c) 最小伝導度と (d) 電界公開移動度の平行測定と垂直測定の素子数分布

が並列接続（図7(a)），垂直では各抵抗成分が直列接続（図7(b)）しているとして，ステップ構造を平坦と斜面の2つの領域に分割して解析する。平行では高い伝導率の成分が支配的となって抵抗が低くなり，垂直では低い成分が支配的となって抵抗が増えていると考えられる。

実験結果から，平坦と斜面領域の面伝導率と移動度を抽出する。周期構造における平坦領域の長さ部分の占める割合を t，斜面領域 f（$t + f = 1$）とすると，試料のAFM像から $t : f = 0.7 : 0.3$ である。このため，図7(a)での平行測定では，面伝導率 σ_{parallel} は平坦領域の面伝導率 σ_T と斜面領域 σ_F を用いて $\sigma_{\text{parallel}} = t\sigma_T + f\sigma_F$ となる。図7(b)の垂直測定での面伝導率 $\sigma_{\text{perpendicular}}$ は $\dfrac{1}{\sigma_{\text{perpendicular}}} = \dfrac{t}{\sigma_T} + \dfrac{f}{\sigma_F}$ と書き表せる。これらのモデル抵抗を実験結果と併せると，σ_T と σ_F は，2次の連立方程式となり，$\sigma_T > \sigma_F$ と $\sigma_T < \sigma_F$ の2つの解が存在する（図7(c)）。いずれの解においても高伝導率成分は低い方よりおおよそ1ケタ（x9）高く，伝導異方性の要因であ

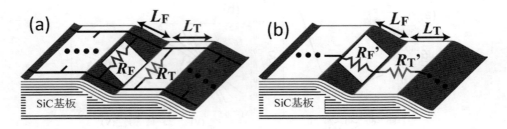

図7 ステップ構造を平坦と斜面の2つの領域に分割して解析するための各部位の抵抗
平行方向では平坦の抵抗成分 R_T と斜面の抵抗成分 R_F が並列(a)，垂直では各抵抗成分が直列(b)としてモデル化。モデルを使って得られた σ_T と σ_F。2次の連立方程式の解のため，測定にて決められる解は2通り（$\sigma_T > \sigma_F$ もしくは $\sigma_T < \sigma_F$）となるが，いずれの解においても高伝導率成分は1ケタの違いがある(c)。グラフェン成長工程を加味すると，$\sigma_T > \sigma_F$ が妥当であり，Drude モデルに基づく解析によって裏付けられる。

ることを示している。2次方程式の解は，本測定だけでは何れかの組み合わせの決定は数学的に確定できず，ステップ構造の広さ依存性が必要である。しかし，従来の成長モデル[9]における斜面領域での Si 原子離脱経路を考慮すると，Si 原子の離脱によって斜面領域部分により多くの欠陥が存在する事が考えられ，σ_T が σ_F より面伝導率が高いと考える方が妥当である。

3.2.5 伝導の考察

平行伝導および垂直伝導の測定から得られた伝導を解析する。ゲート電界を印加して得られた最小電導度と電子の電界効果移動度の相関を図8(a)にプロットした。最小電導度と電子の電界効果移動度は，比例関係にあり，電子の電界効果移動度が増加すると最小電導度が増える。これは，電気伝導に関する Drude モデル $\sigma = ne\mu$ が成り立っていることを示唆している。ここから，実験結果を用いて平均自由行程 $l (= v_F \times \tau)$ を見積もると[15]，

$$\tau = \frac{\eta \sigma \sqrt{\frac{\pi}{n}}}{e^2 v_F}$$

より，平行方向の試料で $l \sim 80$ nm，垂直で $l \sim 30$ nm を得る。ここで，σ は面伝導率，n はキャリア密度，e は電気素量，μ は移動度，$\hbar$ は換算プランク定数，v_F はフェルミ速度（$\sim 10^8$ cm/s），τ は緩和時間である。各チャネル長 L は平行方向で $L = 8.3 \mu m$，垂直で $L = 8.9 \mu m$ であることから，チャネル長 L は平均自由行程より十分に長く拡散伝導であることが確かめられた。Drude モデルに準拠する不純物散乱を基に，最小キャリア濃度 n_{min} を

第4章 グラフェン

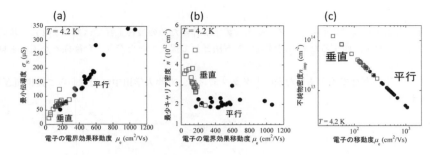

図8 (a) 測定から得られた最小伝導度と電子の電界効果移動度の平行測定と垂直測定の分布。(b) 換算にて求められた最少キャリア密度と電界効果移動度の分布。(c) ならびに不純物濃度と電界効果移動度の分布。

$\sigma_N = n_{min} e \mu_e$ により評価すると，図8(b) のように，μ_e が低下すると n_{min} が上昇していることがわかる。さらに，平行伝導では電界移動度が高く最少キャリア密度が小さい傾向，垂直では移動度が低く最少キャリア密度が大きい傾向を示し，各伝導方向で不純物密度が異なることを示唆している。

電荷中性点での散乱は不純物散乱が支配的であると仮定すると，各伝導方向の不純物密度 n_{imp} は $\sigma_N(n) = 20 \frac{e^2}{h} \frac{n}{n_{imp}}$，($h$ はプランク定数，n はキャリア密度）であることから[16,17]，電界効果移動度は $\mu_e = 20 \frac{e}{h n_{imp}}$ から，不純物密度 $n_{imp} = 20 \frac{e}{h \mu_e}$ が得られる。実験から得られた値を用いて不純物濃度と電子の電界効果移動度の分布をプロットすると，図8(c) になる。平行伝導での不純物密度は $4.5 \times 10^{12} \sim 2.8 \times 10^{13} \mathrm{cm}^{-2}$，垂直では $1.7 \times 10^{13} \sim 1.2 \times 10^{14} \mathrm{cm}^{-2}$ であり，垂直伝導では不純物密度が高い部分を伝導していることを示している。この結果は，ステップ構造の平坦と斜面領域で不純物密度が異なることで散乱頻度が変わり，伝導異方性が生じていることを示す。ステップ構造の成長機構と関連して考察すると，グラフェン成長過程でのSi原子脱離に際して，グラフェン中に構造欠陥が生じて散乱要因が増加するためとモデルを裏付けしている。

3.3 おわりに

表面構造の周期的ナノファセットに注目して，SiC上グラフェンの電気伝導を調べた。原子レベルの微細な段差であるが，この段差部を覆う原子膜グラフェンは電気伝導の散乱が大きくなる。この考察は，SiC上グラフェンの成長機構に関しても要因を探るための情報となる。成長機構を解明することで，成長制御が現状より発展すると高品質グラフェンの形成につながるだろう。原子膜でありながら，シリコン結晶よりも大きな移動度を持ちうる材料を制御できるようになれば，次世代エレクトロニクス材料へと発展する可能性も高い。本項の様な基礎素子であれば簡単に作れるため，グラフェンの電気伝導の議論が更に盛り上がることを期待している。

ナノカーボンの応用と実用化

謝辞

　本項で紹介した素子作製プロセスが，グラフェン素子を作るための最終工程ではありません。現時点での
グラフェンの電気伝導を評価するための現時点での方法として捉えていただき，今後様々な工夫を見つけて
いただければ幸いです。

　本研究において用いさせて頂きましたSiC上グラフェンは，九州大学田中悟先生からご提供頂きました。
大変感謝しております。

文　　献

1) S. Odaka *et al.*, *App. Phys. Lett.*, **96**, 062111 (2010)
2) J. Hass *et al.*, *J. Phys. Condens. Matter*, **20**, 323202 (2008)
3) J. Hass *et al.*, *Phys. Rev. Lett.*, **100**, 125504 (2008)
4) J. Hass *et al.*, *Appl. Phys. Lett.*, **89**, 143106 (2006)
5) N. Ferralis *et al.*, *Appl. Phys. Lett.*, **93**, 191916 (2008)
6) J. B. Hannon *et al.*, *Phys. Rev. B*, **77**, 241404 (2008)
7) P. Lauffer *et al.*, *Phys. Rev. B*, **77**, 155426 (2008)
8) Th. Seyller *et al.*, *Surf. Sci.*, **600**, 3906 (2006)
9) S. Tanaka *et al.*, *Phys. Rev. B*, **81**, 041406 (2010)
10) C. Berger *et al.*, *Science*, **312**, 1991 (2006)
11) C. Berger *et al.*, *J. Phys. Chem. B*, **108**, 19912 (2004)
12) G. Gu *et al.*, *Appl. Phys. Lett.*, **90**, 253507 (2007)
13) J. Kedzierski *et al.*, *IEEE Trans. Electron Devices*, **55**, 2078 (2008)
14) Y. Q. Wu *et al.*, *Appl. Phys. Lett.*, **92**, 092102 (2008)
15) Y.-W. Tan *et al.*, *Phys. Rev. Lett.*, **99**, 246803 (2007)
16) S. Adam *et al.*, *Proc. Natl Acad. Sci. USA*, **104**, 18392 (2007)
17) J.-H. Chen *et al.*, *Nature Phys.*, **4**, 377 (2008)

4　グラファイト系炭素の合成と物性

村上睦明*

4.1　はじめに

　炭素材料の多様性は，炭素原子が sp^3，sp^2，sp 結合のいずれの結合をも取りえる事によっており，すべての炭素材料はこれらの結合の組み合わせからなっている。sp^3 結合のみからなるダイヤモンド，sp^2 結合のみからなるグラファイト（黒鉛），sp 結合からなるカルビンは炭素同素体であり，それぞれの結合様式に起因する三次元的，二次元的，一次元的物性を持っている。一方，フラーレン（0次元），カーボンナノチューブ（一次元），グラフェン（二次元）などのグラファイト系ナノ材料の面白さは，グラファイトの持つ次元性を極限まで追求したときに現れる優れた物性とその応用の可能性にある。本稿では，まずグラファイトとグラフェンの物性の比較を行い，グラフェンの応用についての私見を述べる。次に高分子の炭素化・グラファイト化反応によって得られる高品質グラファイトの物性とその応用を紹介する。

4.2　グラフェンとグラファイト

　グラフェン物性の特徴は，一つの材料で高いキャリヤ移動度，優れた熱安定性，高い熱伝導率が実現されている事にある。この様な物性に加え，大面積化が容易である事，化学的安定性に優れる事などの工業材料としての特徴も併せ持っている事がエレクトロニクス分野などでその応用が注目されている理由である。

　一方，グラファイトは優れた耐熱性，高電気伝導性，高熱伝導性，耐薬品性，などの性質により産業界において広く使用される工業材料である。グラファイトはL殻電子の内3個が同一面内でとなりの σ 電子と共有結合して六角網平面を，残りの1個は面と垂直方向に配向した π 軌道を形成しており，六角網平面同士の結合は π 電子相互作用による弱い *van del Waals'* 力である。この様な構造のグラファイトの物理的性質は二次元的であり，例えば室温での電気伝導度は ab 面方向と c 軸方向で約5000倍異なる。ab 面方向における電子，ホールそれぞれのキャリヤの有効質量は $m_e^* = 0.057m$，$m_h^* = 0.039m$，c 軸方向の有効質量は $m_e^* = 14m$，$m_h^* = 5.7m$ であり，この有効質量の違いが電気伝導度に異方性の現れる原因である。

　グラファイトに関しては古くからいろいろな品質のグラファイトの物性が測定されて来た。表1には代表的な物性値である電気伝導度，その異方性，温度依存性を示す[1]。高品質グラファイトでは低温になるほど電気伝導度は向上し，その温度依存性（$\sigma_{300k}/\sigma_{4.2K}$）はグラファイトの品質評価に用いられる。最高で25倍の値が得られており[2]，その変化は主にキャリヤ移動度の向上で決定される。

　表2には単層グラフェン，グラファイト薄膜（9層），最高品質グラファイト結晶のキャリヤ濃度，キャリヤ移動度，電気伝導度を示した[2~6]。金属と比較するとグラファイトのキャリヤ濃

---

　*　Mutsuaki Murakami　㈱カネカ　新規事業開発部；大阪大学　招聘教授

ナノカーボンの応用と実用化

表1　いろいろな品質のグラファイトの電気伝導度，異方性，温度依存性*

	ab 面方向電気伝導度（S/cm）	電気伝導度の異方性（σ_{11}/σ_{33}）	温度依存性（$\sigma_{300K}/\sigma_{4.2K}$）
Natural Single Crystal（Best data）	26,000　（300K） 656,000　（4.2K）		25
Natural Crystal（Ceylon）	10,000　（300K）	10,000	
Natural Crystal（Ticonderoga）	24,000　（300K）	120	
Pyrolytic Graphite deposited at 2500℃	4,200　（300K） 1,950　（4.2K）	5,000 3,500	0.46
Pyrolytic Graphite Heta-treated at 3000℃	20,000　（300K） 32,000　（4.2K）	5,200 16,000	1.6
Hot-pressed Pyrolytic Graphite annealed at 3500℃	22.350　（300K） 332,000　（4.2K）	3,800 88,000	14.8

＊　文献1より再構成して引用

表2　グラフェン，多層グラフェン，グラファイト結晶のキャリヤ濃度・移動度の比較

	表面またはバルクのキャリヤ濃度	キャリヤ移動度（cm^2/V・sec）	電気伝導度（S/cm）
グラフェン（単層）	1×10^{13}cm^{-2}[*3]	40,000　（300K）[*4] 15,000　（300K）[*5] 200,000　（4.2K）[*6]	100,000　（300K）
多層グラフェン（9層）（グラファイト薄膜）[*1]	1×10^{13}cm^{-2}	10,000　（300K） 50,000　（4.2K）	25,000　（300K）
グラファイト[*2]（Natural single crystal）	9.9×10^{18}cm^{-3} 3.3×10^{18}cm^{-3} 5.2×10^{18}cm^{-3}	14,000　（300K） 68,000　（77K） 700,000　（4.2K）	26,000　（300K）

＊1 文献6，＊2 文献2，＊3 文献2より計算した表面キャリヤ密度は等方的立体なら 4.62×10^{12}cm^{-2}，グラファイトの異方性を考慮すれば文献6の値（10^{13}cm^{-2}）と一致する。＊4 文献3，＊5 文献4，＊6 文献5

度は低いが（9.9×10^{18}/cm^3），ab 面方向での移動度は大きく（14,000cm^2/V・sec），グラファイト単結晶の 4.2K でのキャリヤ移動度は 700,000 cm^2/V・sec に達している。グラフェンと比較すると，高配向性グラファイト（HOPG）から剥離されたグラフェン（単層）の 300K でのキャリヤ移動度は 40,000 cm^2/V・sec，4.2K では 200,000 cm^2/V・sec であり，後者の値は単結晶グラファイトの 1/3.5 である。また多層グラフェン（9層）の物性は 3000℃ で作製された人工グラファイト（表1）とほぼ同じで，薄膜化によって新しい物性が現れている訳ではない。

グラファイトは不活性ガス中では 3000℃ の超高温に耐えるが，酸化には比較的弱く，空気中での安定性は 7～800℃ 程度であり，基本的にグラフェンとグラファイトは同じである。グラフェンの熱安定性は最大電流密度が大きいという事とその応用につながる。銅配線の最大電流密度が 10^7A/cm^2 であるのに対してグラフェンでは 10^8A/cm^2 の大電流を流す事が可能であることから[6] LSI 配線の熱問題解決材料としてグラフェンが提案されている。しかし，高品質のグラフェンで

第4章 グラフェン

もその電気伝導度は100,000S/cm程度であり，この値は銅の1/5.75に過ぎない。それにもかかわらず発熱量がおさえられているのはグラフェンのキャリヤ密度が銅よりも小さく，キャリヤがフォノン散乱され難い事によっている。しかし，CNTのバリスティック伝導のような伝導を考えたとしてもこのままでは配線材料としての応用は難しい。グラファイトは層間化合物の形成によって電気伝導度を向上させる事が可能で，実際にAsF_5やSbF_5のような強酸がドープされた層間化合物では銅以上の電気伝導度が得られるものもある[7]。層間化合物形成による電気伝導度の向上は，キャリヤ移動度をあまり低下させずにキャリヤ濃度を向上させる事の出来る優れた手段であるが，安定性や安全性の面から実用的なドーパントは見つかっていない。一方，半導体に用いられる格子置換型ドーパントは安定であろうと考えられるが，その様な手法はグラフェンのキャリヤ移動度を低下させてしまう[8]。この様にグラフェンの電気回路配線材料としての実用化にはまだ多くのブレークスルーを必要とすると思われる。

次にグラフェンの熱伝導特性の応用について考察する。固体の熱伝導キャリヤには電子とフォノン（格子振動）があるが，グラファイトの場合にはグラファイト面内の強い結合に由来するフォノンの寄与が圧倒的である。グラファイトの熱伝導特性も二次元的な異方性を示し，単結晶グラファイトの場合ab面方向（1900W/mK）とc軸方向の熱伝導度は100〜400倍異なる。フォノンによる熱伝導は，単位体積当たりの熱容量，フォノンの伝播速度，フォノンの平均自由工程の積で記述され，それぞれの物性値の特徴からある温度で最大値を持つ。単結晶グラファイトの場合ab面方向の熱伝導度は100Kで最大値5000W/mKとなり，c軸方向の熱伝導度は75Kで最大値18W/mKとなる。一方，グラフェンの熱伝導キャリヤもフォノンであり，その値は3000〜5000W/mKである。しかし，単層あるいは2層程度のグラフェンの場合にはフォノン振動は周囲環境による影響が極めて大きいと考えられる事から，その応用は難しい。一方，グラファイト薄膜には上下を弱い*van del Waals'*力で挟まれたグラフェン層が存在するので周囲環境の影響を受けず，その熱的応用には大きな可能性がある。

単層グラフェンには，①ゼロギャップ半導体である，②質量のないディラック粒子と等価な電子構造を持ち通常の電子とは異なる伝導特性を示す，③両極伝導である，などの多くの特徴がある[9]。この様な特徴は全く新しい電子デバイスの可能性を示すものであり，無論上記の記述はグラフェンチャネルFETやスピンデバイスなどの可能性を否定するものではない。一方で，多層グラフェンといわれる薄膜グラファイトの物性は高品質グラファイ結晶とほとんど同じであり，多層グラフェンと呼ぶのに値するのはせいぜい2〜3層までである。

4.3 高分子から作製する高品質グラファイト

高品質グラファイトには気相法によるHOPG[10]，液相法によるKishグラファイト，高分子から固相法で得られるグラファイトがある。ここで高品質グラファイトとは事実上すべての結合がsp^2結合から出来ており，単結晶と同等の配向性，物性を持つグラファイトの事である。HOPGやKishグラファイトが小型ブロックや燐片状の結晶としてしか得られないのに対して，高分子

固相法では大面積フィルム，大型ブロック，複雑な形状のグラファイトが作製でき，熱拡散シートや放射線光学素子として重要な工業材料となっている。

　高分子フィルムからグラファイトを作製する方法は1986年に発表された方法で[11]，現在でも高品質グラファイトに転化できる高分子としては，ポリオキサジアゾール（POD），何種類かの芳香族ポリイミド（PI），ポリパラフェニレンビニレン（PPV）など数種類の高分子材料が知られているだけである。中でもPIについては最も多くの研究がなされ，得られたグラファイトの物性や原料のグラファイト化に及ぼす影響について多くの報告がある[12～15]。

　ここではPIの代表としてPMDA/ODA（Pyromeritic dianhydride-44′-oxydianiline）を取り上げる。PMDA/ODAは熱処理温度（HTT）が500～600℃の温度領域で熱分解を起こし，透明黄色である外観は不透明黒色に変化し，800℃付近では光沢を持つ黒色となる。熱分解反応はイミド環の解裂に始まり，まず炭素前駆体が形成される。1000～2000℃の間では外観上の変化や電気伝導度などの物性変化は少ないが，この領域は炭素縮合多環構造が成長する大切な工程である。さらに2000℃以上の温度領域で急激な物性変化を伴うグラファイト化反応が起きる。

　各熱処理温度で得られるフィルムの透過電子顕微鏡（TEM），および制限視野回折（SAD）の測定結果を図1に示す。(a)はHTT=1000℃における炭素前駆体構造である。TEM測定では炭素縮合多環構造の存在が観察できるが，その大きさや構造までは分からない。しかし，SAD測定にはフィルム面方向にハローが観察され，縮合多環構造が全体としてはフィルム面方向に平行

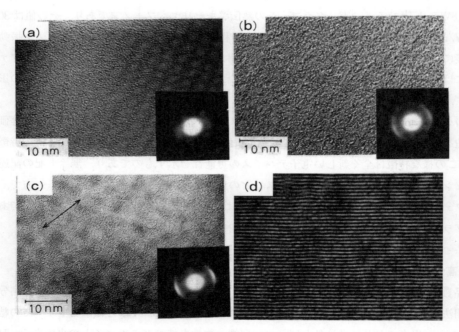

図1　熱処理したPIフィルム断面の電子顕微鏡（TEM）写真と制限視野回折（SAD）写真
　　　(a) HTT=1000℃，(b) HTT=1600℃，(c) HTT=2000℃，(d) HTT=3000℃

に配向している事が分かる[12]。この様に炭素前駆体にPMDA-ODAの分子配向を反映させる事ができ，この配向がグラファイト化反応の起り易さを決める重要な因子となる。高品質グラファイトの作製には，①分子配向した高分子を用いる事，②熱分解工程で気化・溶解する事なく炭素前駆体を形成する事，③炭素前駆体が分子配向を保持して炭素化する事，④プロセス制御によりグラファイト構造を成長させる事，などの条件が重要である。HTT = 1600℃ではSADのハローがより明確になるがTEM像には大きな変化は観察されない。HTT = 2000℃では波打った形の炭素縮合多環構造層が観察されており，この層は全体としてフィルム面と平行方向に配向している。(d)は3000℃におけるグラファイト層の拡大像であるが，極めて高品質のグラファイトである事が分かる。すなわち，HTT = 2000℃で形成されていた炭素縮合多環構造層が互いにつながってグラファイト化反応がスムーズに起きるのである。

　高分子のグラファイト化反応には原料の形状やフィルムの厚さ，結晶性なども影響する。PMDA-ODAの場合には原料フィルムが薄いほど得られるグラファイトの電気伝導度は高くなる。HTT = 3000℃での面方向の電気伝導度は$50\mu m$の原料では15,500S/cm，$25\mu m$では20,000S/cm，$12.5\mu m$では24,000S/cmと報告されている[12]。さらに薄い場合にどの様な物性のグラファイトが得られるのかは興味深く，その極限はグラフェン膜である。

4.4　高品質グラファイトシート（Graphinity®）とその応用

　図2にはPIを原料とした各種グラファイト製品の例を示した。それぞれ(a)は大面積シート，(b)はX線モノクロメーター，(c)はベント型X線集光素子，(d)は中性子線フィルターである。この様にPMDA-ODAなどのPIからは高品質グラファイト製品が製造されるが[12,16,17]，㈱カネカではPIの分子構造や配向性，製造プロセスの制御によって，優れた物性，柔軟性，弾力性に富む高品質グラファイトシート（Graphinity®）を開発した。

　Graphinity（厚さ$40\mu m$）と市販膨張グラファイトシート（EXGS）の物性比較を表3に示す。EXGSは天然グラファイトを原料とした膨張グラファイトから作製されるグラファイトシートであるがその熱伝導率（200W/mK）は銅の1/2，理想的なグラファイトの熱伝導率の1/9に過ぎない[18]。これに対してGraphinityの熱伝導率（1500W/mK）はEXGSの7.5倍，銅の3.75倍（単位重量当たりでは17倍）であり，実用的な熱伝導シートとしては既存の材料の中で最も優れた特性のシートである。また，c軸方向の熱伝導率は5W/mKであり，大きな熱伝導度の異方性はこのシートの特徴である。さらに，引っ張り強度，圧縮率などの点でもEXGSよりはるかに優れており，伝導度や引っ張り強度は10倍に達する。この様にGraphinityの物性が優れているのは，シートを形成するグラファイト結晶子のサイズが大きく，グラファイト本来のフォノンによる優れた熱伝導が実現できている事による。

　Graphinityの熱拡散シートとしての特性評価実験を行った。実験は図3(a)に示すようなヒーター（2.0W：サイズ$10\times10\times1.8mm^3$，CPUチップを仮定）に熱伝導ゲル（熱伝導度6.5W/mK：厚さ0.3mm）を介して各種の熱拡散シート（$50\times50\times t mm^3$）を貼り付け，赤外線画像測定装置

ナノカーボンの応用と実用化

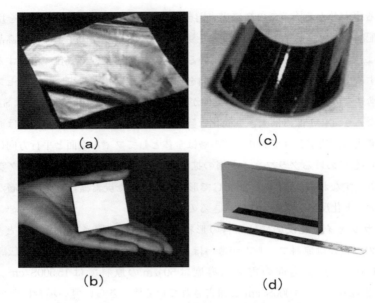

図2 ポリイミド（PI）を原料とした各種黒鉛製品の例
(a) 大面積柔軟シート，(b) X線モノクロメーター，
(c) ベント型X線集光素子，(d) 中性子線フィルター[16, 17]

表3 Graphinity（(株)カネカ）と市販膨張グラファイトシートの物性比較

		Graphinity (40μm)	膨張グラファイトシート (EXGS)
密度（g/cm³）		1.0 – 2.0	1.0 – 1.8
熱伝導度(W/mK)	a-b面	1500	200
	c軸	4～6	2～6
電気伝導度(S/cm)	a-b面	10000～16000	1000
	c軸	2～7	2～6
引っ張り強度(Kgf/cm²)		2.0	0.2
圧縮率(%)		71.3	44.4
屈曲性能(270degree: 回)		10000 以上	55
吸水率(%)		0	49
熱膨張率(1/K)	a-b面	0.93×10^{-6}	1×10^{-6}
	c面	32×10^{-6}	30×10^{-6}
粉落ち		ほとんどない	あり

を用いてヒーター側とシート側の温度を測定した。(b) はGraphinity（40μm）を用いた場合の熱画像，(c) は測定結果（温度）を示す。熱拡散シートを用いない場合，ヒーター温度は149℃であったが，熱拡散シートを取り付ける事により67～95℃に及ぶ大きな温度低下を実現する事ができる。中でもGraphinityはほぼ同じ厚さのアルミニウムや銅などの金属シートと比べて遥かに大きな温度低下効果を持っており，その使用によりシート温度を56℃，ヒーター温度を

第4章　グラフェン

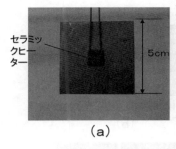

(a)

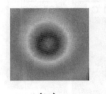

(b)

熱拡散シート	ヒーター温度 (℃)	シート面温度 (℃)
なし	149.0	
Graphinity (25μm)	62.7	59.0
Graphinity (40μm)	59.4	56.0
Cu (36μm)	71.5	71.8
Al (25μm)	82.9	82.0
EXGS (80μm)	64.5	61.8

(c)

図3　熱拡散シートの性能評価
(a) 実験方法，(b) Graphinity (40μm) を用いた場合の熱画像，
(c) 各種熱拡散シートを用いた場合のヒーター温度とシート面側の温度

59℃にする事ができる。

　携帯電話のヒートスポット（HS）緩和効果をシミュレーションによって検証した。図4 (a) は熱拡散シートを使用しない場合の筐体断面（上段図），および筐体表面の熱分布（下段図）を示している。この機種では発熱体の温度は93.7℃であり，筐体表面には2ヶ所にそれぞれ40.6℃，43.7℃，裏面には46.9℃，45.2℃のHSが存在している。(b) は裏面筐体内部にGraphinityを貼り付け熱伝導性接着剤で接続した場合の熱分布である。こうする事で発熱部の温度は48.1℃に低下し，裏面側，キーパッド側いずれのHSも無くす事ができる。

　グラファイトは柔軟で熱的にも安定であるために，固体のTIM（Thermal interface material）としてCPUやLEDへの使用も可能である。また，LEDモジュールにおける熱対策として発熱分布の均一化や熱伝導効率の改善に対して有効な手段となる。図5はLED光源（LED：50W，4個）を用いた携帯電話用液晶バックライト基板の裏面に，10μmの厚さの両面テープを介してGraphinityを貼り付けた場合の温度分布シミュレーションの結果である。熱拡散シートがない場合にディスプレイ表面の最高温度は36.2℃となり，最大温度差は13.3℃であった。これに対して25μm品を張り付けた場合には最高温度は32.4℃，最大温度差は4.3℃に，40μm品では最高温度31.6℃，最大温度差は3.4℃にする事ができた。

4.5　グラファイトブロック（GB）とその応用

　複数枚のPIフィルムを加圧しながら高温処理し，高品質・高配向性のGBを作製する方法が開発されている[4,12]。この方法はHOPGの作製法に比べて遥かに簡易で，X線回折装置，蛍光X線分析装置などの分光結晶（モノクロメーター）や中性子線の波長フィルターとして広く使用さ

ナノカーボンの応用と実用化

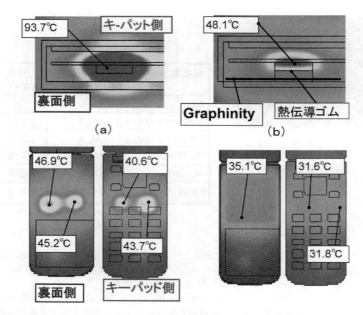

図4 (a) 携帯電話のヒートスポットの例，(b) 裏面筐体に Graphinity を貼り付け，熱源と熱伝導ゴムで接続した場合。裏面およびキーパット側のヒートスポットはいずれも緩和されている。

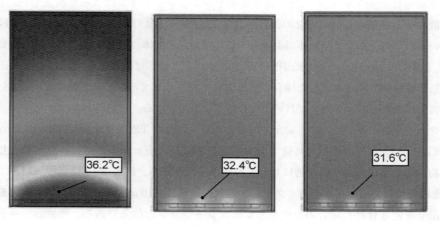

図5 LED 液晶バックライトへの応用例
(a) 熱対策を施さない場合の熱分布。面内最大温度差 13.3℃。(b) 液晶裏面に Graphinity（25μm）を貼った場合の熱分布。面内最大温度差 4.3℃。(c) 液晶裏面に Graphinity（40μm）を貼った場合の熱分布。面内最大温度差 3.4℃。

れている。X 線分光結晶としてのグラファイト良否は ab 面の配向性（モザイクスプレッド値：MS）で決定され，GB の MS 値は HOPG と同等（0.3°）であるが，① HOPG より X 線反射強度が高い，②結晶内部の回折強度の均一性が良い，③反射特性（ロッキングカーブ）が良い，④湾曲結晶などの特殊な形状が得られる，という特徴がある。例えば，X 線の単色化と集光が同時に

第4章　グラフェン

可能な湾曲成型した GB が開発されており，平板型結晶に比べて約 5〜10 倍の集光特性が得られている。さらに，高性能な X 線集光素子としてトロイダル型集光素子が開発されており，直接 X 線強度に対して 213.7 倍の集光率が得られている[17]。すなわち，これらの素子を用いる事により強い強度を持つ X 線が容易に得られ，X 線測定の効率化が実現できる。

4.6　おわりに

　近年，炭素材料の研究は急速に進捗し，中でもカーボンナノチューブやグラフェンなどのナノグラファイト材料はその優れた物性のゆえに 21 世紀の新素材としての期待が高まっている。一方，高分子から得られる高品質グラファイトは現在重要な工業材料として認知されており，例えば，熱拡散シートとして携帯電話などの小型電子機器の熱対策のみでなく，LED 照明や EV/HEV 車の放熱技術などの分野への大きな広がりを見せている。

　グラファイトは導電性高分子の理想モデルであり，耐熱性高分子の最終目標でもあり，極限はグラフェンにつながっている。高品質グラファイトの物性はキャリヤ移動度，熱伝導度などの点でグラフェンの物性と遜色ない。本項で述べた高品質グラファイトがカーボンナノチューブやグラフェン実用化の先兵になる事を願っている。

文　　　献

1)　I. L. Spain, "The Electrical Properties of Graphite" In Chemistry and Physics of Carbon, Edited by P. Walker, Jr and P. A. Thrower, Marcel Dekker Inc., New York Vol. 8, p1 (1973)

2)　D. E. Soule, *Phys. Rev.*, **112**, 698 (1958)

3)　J-H. Chen, *et al., Nature Nanotech.*, **3**, 206 (2008)

4)　K. S. Novoselov, *et al., Nature*, **423**, 197 (2005)

5)　K. I. Bolotin, *et al., Solid State Commun.*, **146**, 351 (2008)

6)　K. S. Novoselov, *et al., Science*, **306**, 22, 666 (2004)

7)　F. L. Fogel, *J. Mater. Sci.*, **12**, 982 (1997)

8)　Z. Sun, *et al., Nature*, **468**, 549–552 (2010)

9)　A. H. Castro Neto, *et al., Rev. Mod. Phys*, **81**, 109 (2009)

10)　A. W. Moore, "Highly Oriented Pyrolytic Graphite" In Chemistry and Physics of Carbon, Edited by P. Walker, Jr and P. A. Thrower, Marcel Dekker Inc., New York Vol. 11, p69 (1973)

11)　M. Murakami, *et al., Appl. Phys. Lett.*, **48** (23), 9, 1594 (1986)

12)　M. Murakami, *et al., Carbon*, **30**, 255 (1992)

13)　M. Inagaki, *et al., Chem. Phys. Carbon*, **26**, 245 (1999)

14) 村上睦明,「ポリイミドを原料とするグラファイトの物性と応用」(独)日本学術振興会炭素材料第117委員会『炭素材料の新展開』p.343 (2007)

15) 鏑木裕ほか,「芳香族ポリイミドフィルムからの黒鉛フィルム」(独)日本学術振興会炭素材料第117委員会『炭素材料の新展開』p.49 (2007)

16) 西木直巳ほか,電学論 A, **123**, 1115 (2003)

17) 西木直巳ほか,電学論 A, **124**, 812 (2004)

18) 広瀬芳明,「膨張黒鉛シート」(独)日本学術振興会炭素材料第117委員会『炭素材料の新展開』p.322 (2007)

5 酸化グラフェン

後藤拓也[*]

5.1 はじめに

我々は1999年に探索対象の1つとして2次元形状の高分子を想定し，特に水素化グラフェンを目標に検討を開始した。その前駆体になりそうな物質として酸化黒鉛の薄い粒子を選択した。この酸化黒鉛の薄い粒子を作るには，酸化黒鉛の合成時に加わる小イオンを可能な限り除き，その小イオンによる電荷の遮蔽の影響を無くして，大型の多価イオンと見なせる酸化黒鉛の各層相互の静電的反発を強めることで，自発的な剥離を生じさせればよいと考えた。そこで，黒鉛の酸化を十分に進めてから，小イオンの徹底的な除去を実行し，大部分が薄い粒子（数層以下）からなる酸化黒鉛の分散液を得た。我々はこの材料を酸化黒鉛と区別してカーボンナノフィルムと命名した[1]。また，単層の粒子も含まれていることが分かったため，単層の粒子に対しては酸化グラフェンの名称も使い始めた。厳密には単層の構造に対してのみ酸化グラフェンという用語を使うことが適切であるが，近年では単層の粒子も含めた酸化黒鉛の薄い粒子全般（我々の命名ではカーボンナノフィルム）に対して酸化グラフェンという用語が使われてきている。その後，水素化グラフェンの合成については検討を中断し，酸化グラフェンの研究へと移行した。なお，水素化グラフェンは後に合成され，グラファンと呼ばれることになった[2]。

一方，2004年にガイム氏とノボセロフ氏がスコッチテープを使った簡単な方法でグラフェンを研究対象として具現化したことから，急速にグラフェン研究が広がった[3]。スコッチテープ法は理想的なグラフェンを得ることができる反面，狙った位置に狙った大きさのグラフェンを作製することはできない。基板上のいずれかの場所にあるグラフェンを見つけ出すという方法であり，工業的にグラフェンを利用する方法として適切ではない。また，化学的気相成長（CVD）法を用いて大面積のグラフェンを作製する方法が検討されている[4]が，銅箔などの上に合成したグラフェンを別の基板に転写する必要がある。一方，グラフェンを基板上の膜ではなく，粉として扱うことができれば，幅広い応用展開が期待できるが，そのような材料として膨張黒鉛あるいは酸化黒鉛を膨張させたものが知られている。膨張黒鉛や酸化黒鉛は急速に加熱することでアコーディオンのように層間が大きく膨らむことから，膨張させた粒子を粉砕することでグラフェン粒子を作製している。また，近年では有機合成の手法を用いてグラフェンを液中で合成する研究も進展している[5]。

酸化グラフェンは，化学的な手法によって液中で合成可能で，厚さを単層にすることができ，また他の材料との組み合わせや複合化が容易であることから，工業的にグラフェンを活用する上で特に有望な材料と考えられる[6]。以下では我々の検討を中心に酸化グラフェンについて紹介する。

---

[*] Takuya Gotou　三菱ガス化学㈱　東京研究所　主任研究員

5.2 酸化グラフェンの合成

酸化グラフェンの元となる酸化黒鉛は，黒鉛の層間化合物の一種であり，強い酸化剤で黒鉛を酸化することで合成される。その合成法は19世紀半ばまで遡ることができ，Brodie法[7]，Staudenmaier法[8]，Hummers法[9]といった方法が知られている。我々は特に酸化の進むHummers法を用いている。

得られた酸化黒鉛を薄く剥離するためには，酸化黒鉛の合成時に加わる小イオンを可能な限り除く，つまり十分精製を行うことで，各層の静電的反発を強めることが重要である[1]。具体的には，遠心分離による粒子の沈降と上澄み液の置換，または，透析による液の置換（小イオンの除去），を用いる。この操作を強調する場合，我々は特にModified Hummers法と呼ぶことにした（この名称はその後に引用されて広まったようである）。ここで，超音波処理を行うことでも強制的に剥離を行えることが知られており，近年では超音波処理を行って酸化グラフェンを作製している報告が多いが，この場合には面方向の大きさも小さくなるので注意が必要である。以上のような方法により，単層の酸化グラフェンを作製することができる。なお，我々は2004年に透過型電子顕微鏡（TEM）を用いて単層の酸化グラフェンの存在を確認している[10]。

5.3 酸化グラフェンの構造と特徴

酸化グラフェンはその粒子が水に分散した分散液が標準の状態である。単層まで剥離した酸化グラフェンの水分散液は，通常の分散液とは異なり，透かしてみるとざらつき感のない均一な色をしており，1ヶ月以上放置しても沈降することがない。溶液と呼ぶこともできるかもしれないが，粒子の大きさを考えて我々は分散液と呼んでいる。

酸化グラフェンの構造は層状に剥離する前の酸化黒鉛と同じと考えられる。酸化黒鉛の構造は20世紀中頃に研究されたが，確固たる構造は定まっておらず複数のモデルが提唱されている。いずれのモデルにおいてもグラフェン由来の6員環炭素骨格の繋がりを維持しながら，水酸基，エーテル基，エポキシ基，カルボキシル基を有するとされている[11]。図1に酸化グラフェンのIR吸収スペクトルを示す。酸化グラフェンには多数の官能基が存在していることがわかる。酸

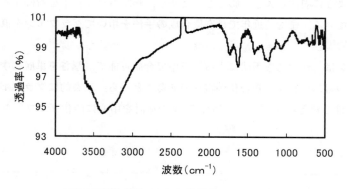

図1　酸化グラフェンのIR吸収スペクトル

第4章　グラフェン

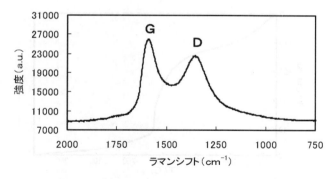

図2　酸化グラフェンのラマンスペクトル

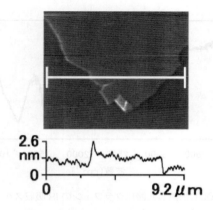

図3　酸化グラフェンのAFM像[1,14]

化グラフェンが官能基を有していることから，化学修飾を行い，新たなる機能を付与する検討もなされている[12]。酸化黒鉛・酸化グラフェンの構造に関する報告は増加傾向にあり，近年では，酸化グラフェンにはグラフェン構造が島状に存在していて，その間に欠陥ができていると考えられている[13]。図2に酸化グラフェンのラマンスペクトルを示す。島状に存在すると考えられているグラフェン構造由来のGバンドと欠陥由来のDバンドの2つのピークが確認できる。

図3に酸化グラフェンのAFM（原子間力顕微鏡）像を示す。面方向の大きさは数μm以上あるのに対して厚さは約1nmとアスペクト比が非常に高いことがわかる。高アスペクト比であることから，水分散液は酸化グラフェン濃度1wt%でも粘度上昇が認められ，2wt%程度の濃度ではゲル状になるほどである。高濃度にしにくい点は高アスペクト比のナノ材料の特徴でもあり，デメリットでもある。

5.4　酸化グラフェンの還元

酸化グラフェンにはほとんど導電性がない。導電化するには，酸化グラフェンを還元する必要があり，還元が進むにつれてより導電性が高くなる。酸化グラフェンを還元するには単に加熱処

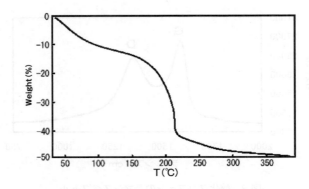

図4　酸化グラフェンの熱分析測定結果

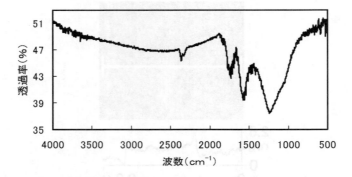

図5　200℃加熱した酸化グラフェンのIR吸収スペクトル

理を行えばよく，200℃以上に加熱することで導電化する．図4に熱分析の測定結果を示す．100℃以下で吸着水の脱離による重量減少を起こした後，200℃付近で急激に重量減少が起こり，この段階で多くの水酸基が脱離するとともに導電化する（図5）．その後加熱温度の上昇とともに徐々に重量が減少していく．200℃，2h加熱で得られる導電率は1S/cm程度であり，より高温で加熱するほど還元が進み導電性も高くなる．1100℃で加熱した場合550S/cmの導電率が報告されている[15]．

　一般的な樹脂基板を用いる場合，200℃以上に加熱することは困難であるが，還元剤を使うことでより低温で酸化グラフェンを還元することが可能である．酸化グラフェンの塗布膜形成後にヒドラジン蒸気で還元する方法が一般的に用いられているが，我々は酸化グラフェンの分散液に特定の還元剤を添加して塗布膜を形成し，その後加熱するという方法を開発している[16]．種々の還元剤により酸化グラフェンを還元することが可能であるが，水分散液中で酸化グラフェンを還元してしまうと，酸化グラフェンの分散性が低下し凝集が発生してしまう．これに対して，我々は特定の還元剤が分散液中では酸化グラフェンを還元せずに，塗布・乾燥後の加熱処理で酸化グラフェンを還元できることを利用して，凝集の問題を回避して還元用の加熱温度を下げることに成功している．この方法では還元剤の種類によって異なるが，140℃以下の加熱温度でも酸化グ

第4章 グラフェン

ラフェンを還元することができ，100S/cm 程度の導電率を得ることができる。

上記の方法以外に，光照射でも酸化グラフェンを還元することは可能であるが，我々の検討では高い導電性は得られていない。

以上のように酸化グラフェンは還元することにより導電化し，グラフェン類似の材料に変化するが，完全なグラフェンまで還元することはできていない。これは酸化時に生じた欠陥の修復が容易ではないためである。

5.5 酸化グラフェンの応用
5.5.1 透明導電性塗布膜

酸化グラフェンは平面形状であることから，酸化グラフェンの水分散液を基板に塗布するだけでも多数の酸化グラフェン粒子が平面状に堆積し，塗布膜を形成することができる。しかし，酸化グラフェンのみでは塗布膜としての強度が十分でないことから，樹脂などのバインダーと複合化する必要がある。バインダーと複合化した塗布膜を作製するには，酸化グラフェン水分散液と水溶性樹脂あるいは水系エマルジョンとを混合し，ロールコートやスピンコートなど一般的な塗布方法で基板上に塗布し，乾燥するだけでよい。

塗布膜の透明性は酸化グラフェン単独に換算した場合の塗布厚さに依存する。つまり，酸化グラフェンとバインダーを複合化した塗布膜において，バインダーを除いて酸化グラフェン単独と考えた場合に想定される厚さに依存して透明性が決まる。図6に酸化グラフェン単独に換算した場合の塗布厚さと光線透過率に関して我々の検討した結果を示した。高い透明性を得るには，酸化グラフェン単独相当分の塗布厚さを 10nm 以下にする必要がある。

導電性は，酸化グラフェン自体の導電率とバインダー中の酸化グラフェンの濃度と分散状態で決まる。酸化グラフェン自体の導電率は前項のように還元条件に依存する。図7には還元剤を添加した系で加熱条件と面積抵抗率の関係を調べた結果を示した。バインダー中の分散状態に関しては，バインダーの種類による影響が大きい。酸化グラフェンがバインダー中で完全に孤立して

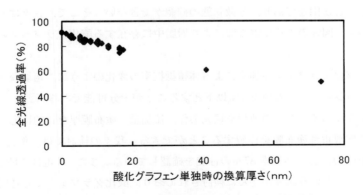

図6　酸化グラフェン単独時の換算厚さと全光線透過率

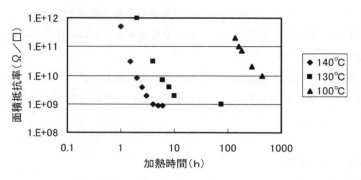

図7 酸化グラフェンの還元条件と面積抵抗率

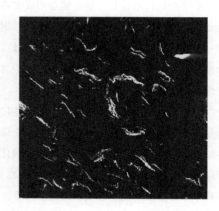

図8 樹脂中に分散した酸化グラフェンの電流像（視野 25×25μm）

いると導電性が生じないため，コーティング液塗布後の乾燥段階で酸化グラフェンがわずかに凝集することが理想だと考えている。分散状態の確認法として，一般に走査型電子顕微鏡（SEM）やTEMが用いられているが，単層の酸化グラフェンに関してはSEMやTEMでは樹脂中での存在を確認することが困難であり，分散状態の確認ができない。そこで，我々は原子間力顕微鏡（AFM）を用いて，図8のように電流像により樹脂中に存在する酸化グラフェンの観察に成功している。

図9に示した酸化グラフェン添加率による体積抵抗率の変化のように，適切なバインダーを選択すれば，パーコレーション閾値を1%以下とすることが十分可能である。

以上述べたようなバインダーの種類や還元条件，添加量，塗布膜厚を目的に応じて最適化することで所望の透明導電性塗布膜を作製することができる。我々の検討では，例えば鉛筆高度4Hで面積抵抗率 10^9（Ω/□），透過率87%の性能を確認している。また，導電性に関して，グラフェンを透明電極に使うという試みが盛んに検討されており，酸化グラフェンでも透明電極を狙った検討がなされている。酸化グラフェンを使った場合，ITO並みの透明導電性は困難であるが，

第4章　グラフェン

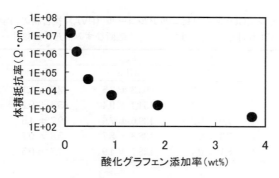

図9　酸化グラフェン添加率と体積抵抗率

柔軟性があるという特徴を生かしてフレキシブルな透明電極としての展開が期待される。最近では酸化グラフェンがITOよりも赤外線を透過できることから，太陽電池の電極材料として検討も進んでいる[17]。

5.5.2　高強度複合体

　グラフェンは弾性率1TPa，強度130MPaと言われており，酸化グラフェンでも弾性率0.25TPaという値が報告されている[18]。このようなことから酸化グラフェンを樹脂と複合化することで樹脂の強度を大きく高められると期待される。その場合，凝集することなく酸化グラフェンを樹脂中で分散させることが重要である。この点において，他の炭素系ナノ材料であるカーボンナノチューブ（CNT）では，複雑に絡まったCNTを，凝集を発生させずに樹脂中に分散させることは難しく，多くの人が苦労している。ところが，酸化グラフェンは水中で絡まることなく均一に分散していることから，水溶性樹脂を用いることで，凝集なしで酸化グラフェンを樹脂中に容易に分散させることが可能である。図10と表1に水溶性樹脂であるポリビニルアルコール（PVA）と酸化グラフェンの水分散液を複合したときの力学物性測定結果を示した。酸化グラフェンをわずか0.1wt％添加するだけでも強度が大きく向上していることがわかる。このように

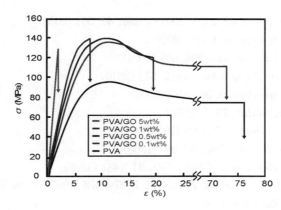

図10　酸化グラフェン（GO）／ポリビニルアルコール（PVA）複合材の力学物性測定結果[19]

ナノカーボンの応用と実用化

表1 酸化グラフェン（GO）／ポリビニルアルコール（PVA）複合材の力学物性測定結果[19]
（Y：弾性率，σ_{max}：強度，ε_{max}：破断ひずみ，K：強靱性）

| | Y | σ_{max} | ε_{max} | K |
	GPa	MPa	%	j/g
PVA	3.7 ± 0.2	95.3 ± 2.5	72.7 ± 3.1	43
PVA/GO 0.1wt%	6.5 ± 0.4	134.4 ± 9.4	65.4 ± 9.2	57
PVA/GO 0.5wt%	7.0 ± 0.2	139.6 ± 7.6	19.7 ± 4.5	13
PVA/GO 1wt%	7.3 ± 0.5	138.8 ± 8.7	5.8 ± 0.7	6.4
PVA/GO 5wt%	8.1 ± 0.4	128.7 ± 4.9	1.7 ± 0.5	0.9

酸化グラフェンは強化充填材として非常に有用な材料である。水溶性樹脂以外の材料に対しては，酸化グラフェンに化学修飾を行い水以外の溶媒（DMF）に分散させることで，非水溶性樹脂のポリスチレンと複合化する[20]という報告もあり，今後検討が進んでいくものと思われる。

5.6 おわりに

以上，我々の検討結果を中心に酸化グラフェンについて述べた。酸化グラフェンは2次元形状の材料で，代表的な炭素系ナノ材料であるフラーレン，カーボンナノチューブとは形状が異なる。また，水に均一に分散しており，カーボンナノチューブのように粒子同士が絡まることがないため，品質も揃えやすい。さらに，カルボキシル基などの官能基を有していることから，化学修飾による機能の付与にも有利である。こうした従来とは異なる特徴を有効に活用して，酸化グラフェン独自の応用が広がることを期待したい。

文　献

1) M. Hirata *et al., Carbon*, **42**, 2929（2004）；*ibid.*, **43**, 503（2005）
2) D. C. Elias *et al., Science*, **323**, 610（2009）
3) K. S. Novoselov *et al., Science*, **306**, 666（2004）
4) S. Bae *et al., Nature Nanotechnology*, **5**, 574（2010）
5) J. Wu *et al., Macromolecules*, **36**, 7082（2003）
6) G. Eda *et al., Adv. Mater.*, **22**, 1（2010）
   Y. Zhu *et al., Adv. Mater.*, **22**, 3906（2010）
7) B. C. Brodie, *Ann. Chim. Phys.*, **59**, 466（1860）
8) L. Staudenmaier, *Ber. Dtsch, Chem. Ges.*, **31**, 1481（1898）
9) W. S. Hummers Jr, *U. S. Publ. Pat. Appl.* B 2798878（1957）；W. S. Hummers Jr. *et al., J. Am. Chem. Soc.*, **80**, 1339（1958）

第4章 グラフェン

10) S. Horiuchi *et al., Appl. Phys. Lett.*, **84**, 2403 (2004)

11) 炭素材料学会編, 黒鉛層間化合物, p.240, リアライズ社(1990)

12) S. Stankovich *et al., Carbon*, **44**, 3342 (2006)

13) C. Gmez-Navarro, *et al., Nano Lett.*, **10**, 1144 (2010)

14) Elsevier 社の許可を得て転載

15) C. Mattevi *et al., Adv.Funct.Mater.*, **19**, 2577 (2009)

16) 特許第 4591666 号

17) 上野啓司, 未来材料, **10** (9), 25 (2010)

18) C. Gmez-Navarro, *et al., Nano Lett.*, **8**, 2045 (2008)

19) 神戸大学 西野孝教授, 森棟せいら氏のご好意により掲載

20) S. Stankovich *et al., Nature*, **442**, 282 (2006)

6 透明導電性フィルム

小林俊之[*]

6.1 はじめに

　長らく機械と人間の間を取り持つインターフェースとして用いられてきたボタン，キーボード，マウスなどの入力装置が，近年急速に姿を変えてきている。これまで携帯電話やPCに敷き詰められていた入力ボタンがなくなり，そのかわりに拡大されたディスプレイをペンや指で触れることで操作を行うようになった。外見は非常にシンプルだが，一方でこれまで以上に多くの機能を快適に楽しく操作することができる。このような技術革新を可能にしたのが，透明なタッチパネルである。タッチパネルはペンや指先などで触れた画面上の位置を検出し，透明な電気回路を通じて機器に入力情報を伝えることができる。この透明電気回路の基板となる透明導電性フィルムは，薄い透明導電膜が成膜されたポリエチレンテレフタレート（PET）などの絶縁性プラスチックフィルムであり，タッチパネル搭載機器の需要拡大を受けてその高性能化と低価格化はますます重要な研究開発課題になっている[1]。

　透明導電性フィルムを用いるタッチパネルには抵抗膜方式と静電容量方式の二種類があり，それぞれ透明導電膜に求められる特性は異なるが，一般的には高い可視光透過率（すなわち低い吸収率と反射率），低いヘイズ（曇り度），可視域における平坦な透過スペクトル，面内ばらつきが小さく安定した低いシート抵抗，優れた耐摩耗性，耐屈曲性，基板密着性，などが重要になる。また民生用に大量生産するためには，安価な元素から構成され，成膜速度が速く，エッチングなどの加工性に優れる方が望ましい。透明導電膜としての応用が検討されている材料としては，酸化インジウムスズ（ITO）に代表される金属酸化物，導電性高分子，金属ナノワイヤー，カーボンナノチューブ（CNT）などがあるが，上記の要求を満たす材料として現在はITOが主に用いられている。しかしこのITOも成膜コストが高く，またプラスチックフィルム上に低温成膜した場合には抵抗が高くなるという課題を抱えており，より低価格かつ低抵抗の透明導電膜が求められている。そのような中で，グラフェンはタッチパネル用透明導電膜に求められる特性の多くを満たし，ITOを上回る可能性を持つ材料として注目を集めている[2]。本項では，グラフェン透明導電性フィルムの製法と膜の構造，光学特性，電気伝導特性を紹介し，その特徴と展望を述べる。

6.2 グラフェン透明導電膜の成膜方法

　グラフェン透明導電性フィルムは，プラスチックフィルムの全面に単層または複数層のグラフェンを成膜することにより形成される。グラフェンを大面積に成膜する方法は化学気相成長（CVD）法とグラフェン小片の分散液を塗布する方法の二種類に大別される。ここではそれぞれの成膜方法と膜の構造，そして透明導電膜としての特性を概説する。

---

　[*]　Toshiyuki Kobayashi　ソニー㈱　先端マテリアル研究所

6.2.1 化学気相成長法による成膜

　グラフェンは，メタンなどの炭化水素を分解し，炭素がsp^2結合した蜂の巣結晶格子を形成することによりCVD合成される。その膜厚は原子1層と極めて薄いため，均一な単層グラフェン膜を大面積に成膜するためには成長が単層で止まる仕組みが必要になる。例えば，原料となるメタンの分解を触媒能を持つ基板表面に限定し，グラフェン上では分解しないようにすれば，成長を自発的に止めることができる（図1）。このような条件が1000℃前後の銅表面で実現されることがRuoffらにより発見され[3]，これにより大面積高品質グラフェンの研究開発が急速に発展した。銅以外のニッケルやコバルトのような遷移金属は炭素を固溶するため，分解されたメタンは基板に取り込まれ，冷却過程で多層のグラフェンが偏析する[4]。偏析過程を利用した単層グラフェンの成膜も可能であるが[4,5]，これは膜厚の制御が難しく，全面に単層のグラフェンを成膜する場合は炭素を固溶しない銅が好んで使われている。

　CVD用の触媒基板としては厚みが25μm前後の銅箔[2,3]やシリコン基板などの上に成膜した銅薄膜[5]などが用いられるが，ここでは広く用いられている銅箔と電気炉を用いた成膜方法[2,3]について簡単に説明する。成膜は1000℃前後の高温で行われるため，耐熱性のある石英管の中に銅箔を格納し，酸化を防ぐために水素を流しながら加熱する。所望の温度に到達したらメタンを供給してグラフェンを成長させる。成長は低圧[2,3]でも大気圧[6]でも可能であるが，これまでの報告では低圧の方が欠陥の少ない良質なグラフェンが得られている。成長時間は温度やメタン分圧などの成長条件に依存し，例えば1000℃でメタン分圧1 torrでは1分以内に表面の90％以上が被覆される[7]。量産を考えると，成長温度は少しでも低い方が装置を簡素化することができるため望ましいが，温度と成膜速度はトレード・オフの関係にあり，例えば800℃では成長速度が100分の1程度まで遅くなる。そこでより低温かつ高速に成膜するために，分子量が大きく分解されやすい炭化水素を原料としたり[8]，プラズマで原料の分解を支援したりする試みが行われている[9,10]。

　銅箔上に成膜されたグラフェンはPETフィルムなどの透明基板に転写することにより透明導電性フィルムになる[2,3,11]。これは例えば銅箔上のグラフェンにポリメチルメタクリレート（PMMA）などの支持体を塗布成膜し，銅箔をエッチングした後，転写先の基板上と貼りあわせて支持体を除去することにより行われる（図2）。支持体にはPMMA以外にも粘着性フィルムなど[2]，プロセスが容易で大面積化しやすいものが色々と試されている。また上記の転写工程を複数回繰り返すことで，複数層のグラフェンを積層することも可能である[2,11]。

　CVD合成では複数の核を起点としてグレインが成長するため薄膜は多結晶になる[12]。この結

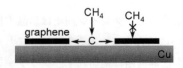

図1　銅表面におけるグラフェンCVD成長機構

ナノカーボンの応用と実用化

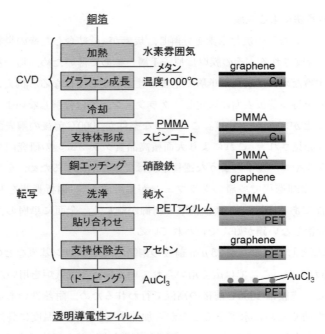

図2 CVD による透明導電性フィルムのプロセス例

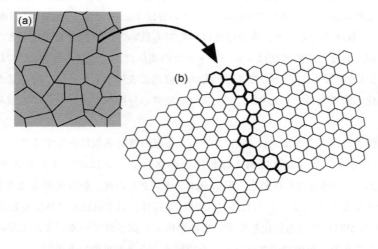

図3 CVD 合成された多結晶グラフェンのグレイン構造
(a) 多結晶グラフェン薄膜の模式図，(b) グレイン境界の原子構造。

晶構造を透過型電子顕微鏡で観察すると，グレイン同士は結晶方位が大きく異なる場合でも五員環や七員環を形成することで互いに結合していることがわかる[12] (図3)。従って個々のグレインサイズが 0.1-10 μm の多結晶でも伝導経路は途切れず，グラフェン薄膜は高い導電性を示す。

グラフェンを透明導電膜として用いる場合には高い導電性が求められるため，必要に応じて転

写後にドーピングを行う[2]。シート状材料であるグラフェンのドーピングは，半導体のように結晶格子内に不純物を混入させる必要はなく，表面にドナーまたはアクセプターの分子や金属元素を吸着させることにより行うことができる。例えば石英基板上に転写したグラフェンを300℃以上の高温で加熱処理した後に大気暴露すると酸素によりホールドーピングされることが知られており[13,14]，この場合キャリア濃度は約$2\times 10^{13}\mathrm{cm}^{-2}$まで増加し，シート抵抗$\rho_s$は約300Ωになる[15]。ここでシート抵抗とは縦横比が1:1（すなわち正方形）の透明導電膜面内の抵抗である。アクセプター分子として$AuCl_3$を吸着させてドーピングを行うとキャリア濃度は$9\times 10^{13}\mathrm{cm}^{-2}$まで増加し，$\rho_s$を80Ωまで下げることができる[15]。基板はPETでもキャリア濃度が等しければ石英基板と同等の抵抗が得られている。

6.2.2 分散液からの成膜

CVD合成後に転写するというプロセスは，高い導電性を実現することができる一方で，合成に高温装置が必要であり，また転写は工程数が多く高コストである。そこで黒鉛を一枚一枚のグラフェンシートに剥離することでグラフェンの分散液を調製し，それを塗布成膜することでプロセスコストを大幅に削減する方法も検討されている。

黒鉛を剥離する方法としては，超音波処理[16,17]，テトラヒドロフラン（THF）[18]やテトラブチルアンモニウムヒドロキシド（TBA）[19]などのインターカレーション，超酸によるプロトン化[20]，酸素を含む親水性官能基の修飾（酸化グラフェン）[21,22]など多様な方法がある。一方で，分散液から透明導電膜を成膜する方法としては，ドロップキャスト法[23]，スプレー法[16,17]，吸着法[24]，スピンコート法[22]，真空濾過法[21]，Langmuir-Blodgett法[19]などがある。成膜後には導電性を改善する方法としてアニール[22]，ドーピング[25]，CVDによるグラフェン結晶の修復[26]などが必要に応じて行われる。

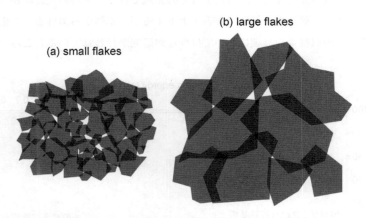

図4　グラフェン小片から成膜された透明導電膜の構造

透過率（平均層数）を一定にすると，小片間の接触面積は各小片の面積に比例する。このように小片を敷き詰めた薄膜のシート抵抗は，各小片内のシート抵抗と各小片間の接触抵抗の和になるため[24]，接触面積を大きくして小片間の接触抵抗を下げることが重要になる。

透明導電膜の特性はこれらの各工程で選択する方法に大きく依存する。高い透過率と導電性を両立するためにはCVD法と同様に結晶欠陥を減らしキャリア濃度を上げることが重要であるが，図4に示すようにグラフェンの小片（フレーク）を敷き詰めて薄膜を形成する場合にはフレーク間の抵抗も無視することができない[24]。そこでフレーク間の重なり面積を増やすためにフレークのサイズを大きくすることができる剥離・分散法[22,23]や，フレーク間の距離を縮めることができる成膜方法[23]が重要になる。分散液から成膜されたグラフェン透明導電膜は，フレーク間の抵抗に加え剥離分散時に生じる欠陥のためにCVD合成されたものと比べると導電性が低くなるが，プロセスを改善することにより透過率 $T=96\%$ で $\rho_s=210\Omega$ というCVD合成されたグラフェンと同等の特性も報告されている[23]。

6.3　グラフェンの光学特性

　グラフェンが積層されている黒鉛が鉛筆の芯に使われていることからもわかるように，グラフェンは光を良く吸収しそれ自体はITOのように透明な材料ではない。ITOが透明なのは，バンドギャップが3.7 eV以上と大きく可視光を吸収しないためであるが[1]，グラフェンにはバンドギャップが存在しないため，赤外から紫外まで光を吸収する[27〜30]。このようなグラフェンを透明導電膜として用いることができるのは厚みが原子1個の極薄膜で吸収が十分に小さいからである。金属のような多くの物質は極薄膜になると均一な膜形状を保つことができなくなるが，グラフェンでは蜂の巣格子の強固な共有結合ネットワークが面内に広がり化学的・熱的に安定であるため，厚みを原子1個まで薄くしても薄膜形状を維持することができる。

　石英基板上に支持されたグラフェンの透過スペクトルを図5，6に示す。透過率はタッチパネルなどの多くの用途で重要になる可視光領域（380〜750 nm）で95〜98％の高い値を示す。スペクトルをより広い波長範囲で見ると，透過率は赤外領域で高く，紫外領域に向かうにつれて徐々に低下する。透過率は，製法や後処理でも若干上下するが，赤外から紫外までの広い波長領域で90％以上になる。光吸収機構の詳細については今なお研究が行われているところではあるが，基

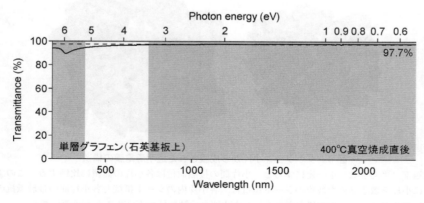

図5　グラフェンの透過スペクトル（基板抜き）

第4章　グラフェン

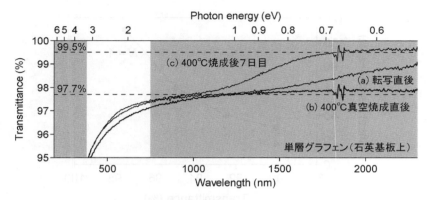

図6　キャリア濃度が異なるグラフェンの透過スペクトル
キャリア濃度は，(b)＜(a)＜(c) の順に高くなる。

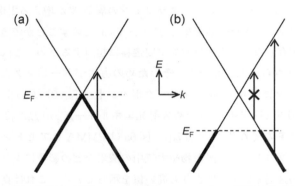

図7　フェルミエネルギー近傍におけるグラフェンのバンド構造と許される光学遷移
(a) は真性のグラフェン，(b) はホールがドーピングされているグラフェンに対応する。

本的な傾向はグラフェンのバンド構造（図7）から理解することができる。

グラフェンでは炭素原子の $2p_z$ 軌道から構成される π バンドが電気伝導と光学遷移の両方で重要な役割を果たしている[31,32]。これは伝導帯と価電子帯から構成され，二つのバンドはK点とK'点の二箇所でお互いに点（ディラックポイント）で接する。そのためグラフェンにはバンドギャップが存在しない。ドーピングされていない真性のグラフェンではフェルミエネルギー E_F がディラックポイントに位置するため低エネルギーの赤外領域からバンド間遷移に伴う吸収が起こるが（図7a），その吸収率 A は電子と光子の相互作用の強さを表す微細構造定数 $\alpha\,(=e^2/\hbar c)$ に π をかけたものに等しく，低エネルギーでは入射光の波長に依存せず一定値になる（$A=\pi\alpha$ 〜 2.3%）。これはグラフェンの価電子帯と伝導帯が通常の半導体とは異なりエネルギー的に対称かつ運動方向に対して等方的な線形分散関係（円錐状のバンド構造）を示し，グラフェン中の伝導電子が質量ゼロのディラック電子として振舞うために現れる特徴の一つである[29,33]。この領域では，グラフェンと接する媒質の屈折率が同じ場合に反射率は0.1%以下と小さくなるため，グラ

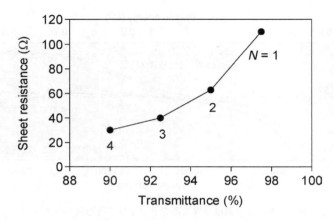

図8 CVD合成された単層グラフェンを積層することにより成膜された透明導電膜の特性[2]

フェンの透過率は97.7%になる[27]（図5）。グラフェンの層数Nが増えると吸収はNに比例して増加し，多層のグラフェンにおける透過率は$T = 1-N\pi\alpha$と表すことができる[27]（図8）。

このような波長に依存しない透過率はバンド間遷移に起因するため，これを抑制することにより透過率は97.7%よりさらに大きくなる。そのための方法がドーピングによるBurstein-Moss効果である。ドーピングによりE_Fをディラックポイント（$E_F=0$）からシフトさせると，光学遷移に関与するキャリアが不在になるため入射光エネルギーE_{ph}が$E_{ph}<2|E_F|$となるエネルギー範囲で吸収が起こらなくなる[34,35]（図7b）。図6aはPMMAをアセトンで除去した試料の透過スペクトルであり，プロセス中の吸着物や大気中の酸素などの影響により若干ドーピングされているため赤外域での透過率が97.7%よりも高い値を示している。これは真空中で焼成すると赤外領域でも透過率が97.7%付近でほぼ一定になり（図6b），キャリア濃度が減少していることが確認される。また真空焼成後大気中で保管しておくと酸素の影響でホールドーピングされてキャリア濃度は再度増加し，赤外領域で99.5%以上の高い透過率を示す（図6c）。図中には現れていないが，2300 nmよりもさらに長波長領域では伝導キャリアによるプラズマ反射が生じており，プラズマ周波数はキャリア濃度が高くなるにつれて短波長側にシフトする[34,35]。

以上の線形分散近似が成り立つのはディラックポイントから〜1 eVまでであり，多くの用途で重要になる可視光領域では吸収が増加し透過率は97.7%から徐々に低下する[27,28]（図5，6）。キャリア間のクーロン相互作用を考慮に入れない単一粒子モデルで計算を行うと可視光領域における吸収の増加は$\pi\alpha$の10%以下とそれほど大きくはならないが[28]，実際には$\pi\alpha$の2倍以上に大きくなることもある[29]。この吸収の増大には270 nm（〜4.59 eV）で観測される吸収の極大が影響している。この極大は状態密度が発散するM点におけるバンドギャップ（>5 eV）よりも低いエネルギーで観測されるため，光励起された電子・正孔対の励起子形成と関係があると考えられている[29,30,36]。励起子準位が存在する場合には，これがπバンドの連続準位とエネルギー的に重なり強く相互作用するため，ファノ共鳴により可視光領域の吸収も増大する。

第4章　グラフェン

6.4　グラフェンの電気伝導特性

　透明導電膜は電極や配線として使用されるため，多くの用途で高い電気伝導特性が求められる。そこでここでは単層グラフェンのシート抵抗について概説する。グラフェン中のディラック電子はフェルミ速度 ν_F がエネルギーに依存せず一定（$\nu_F \sim 1 \times 10^6 m/s$）になるため，シート抵抗を決定するのは格子欠陥，クーロンポテンシャル，フォノンなどによるキャリアの散乱頻度 τ^{-1} と E_F における状態密度 D である[31,32]。またシート抵抗は各散乱成分 x の散乱頻度 τ_x^{-1} により決定される抵抗成分 ρ_x の和として表すことができる。

$$\rho_s = \rho_d + \rho_C + \rho_a + \rho_{etc}$$
$$\rho_x^{-1} = \frac{1}{2} e^2 \nu_F^2 D \tau_x$$

ここで添字 d，C，a，etc は，それぞれ結晶欠陥，クーロンポテンシャル，音響フォノン，その他による散乱成分である。

　まずシート抵抗の下限値として音響フォノン散乱成分 ρ_a のみを考えると，室温でのシート抵抗はキャリア濃度にほとんど依存せず[37~39] $\rho_s = \rho_a \sim 40\ \Omega$[39] になる。これは D と τ の積が一定になることに起因し，グラフェンの線形バンドから現れる特徴で実験的にも確認されている[39]。実際のグラフェンには，格子欠陥，吸着物，基板との相互作用などが存在するため，抵抗にはそれぞれの寄与が加わる。従ってシート抵抗を 40 Ω に近づけるためには散乱要因を一つずつ取り除くことが重要になるが，これらの抵抗成分は音響フォノン散乱とは異なりキャリア濃度にほぼ反比例するため[32]，まずはドーピングによりキャリア濃度を上げることが効果的である。例えばCVD 合成された単層グラフェンは $10^{12} cm^{-2}$ の低キャリア濃度で $\rho_s \sim 1$ kΩ であるが，$AuCl_3$ でドーピングするとキャリア濃度は $9 \times 10^{13} cm^{-2}$ まで増加し $\rho_s \sim 80\ \Omega$ になる[15]。このようにドーピングは比較的欠陥が多いグラフェンでもシート抵抗を大幅に下げることができるが，高いキャリア濃度は大気中で不安定であり，数日後には $5 \times 10^{13} cm^{-2}$ まで減少する。安定なキャリア濃度はドーピングの手法や後処理などにより高くなる可能性があるが，暫定的に $5 \times 10^{13} cm^{-2}$ を限界キャリア濃度とすると，これまでこのキャリア濃度で得られているシート抵抗は，CVD 合成したグラフェンを $AuCl_3$ でドーピングした場合で 130 Ω，グラファイトから剥離された高品質グラフェンに高分子電解質を用いて電界ドーピングを行った場合で 100 Ω である[39]。キャリア濃度に上限があるとすると，さらに抵抗を下げるためには結晶欠陥や基板との相互作用などを減らす工夫が必要になる[40]。試料が清浄化されると低キャリア濃度でもシート抵抗が音響フォノンにより制限される 40 Ω に漸近すると考えられるため，今後はプロセスや構造の最適化によりどこまで抵抗を下げられるかが研究開発の課題になる。

6.5　グラフェン透明導電膜の特長

　グラフェンの光学特性と電気伝導特性を代表的な透明導電膜である ITO と比較することで，グラフェン透明導電膜の特長について考察する。まず光学特性であるが，ITO はバンド間遷移

221

やプラズモン吸収により紫外赤外に近い可視光領域で透過率が低下する傾向にあるのに対し，グラフェンは幅広い波長領域で比較的平坦な透過スペクトルを示す。透過率は膜単体で比較するとITOよりも優れているが，ITOの場合は透過率損失の多くが屈折率差による界面反射に起因しているため，反射防止処理などにより改善することができる場合がある。従って透過率はデバイス構造ごとに異なるが，吸収による損失は光学設計により回避することができないため，吸収が大きく反射が少ないグラフェンと反射が大きく吸収が少ないITOではそれぞれ最適な用途が異なることも考えられる。また紫外と赤外領域にも注目すると，ITOでは吸収や反射が大きくなる領域でもグラフェンは優れた透明導電性を示し，特に赤外領域ではドーピングにより透過率が99.5％を上回る極めて優れた透明性を示す。このような紫外から赤外までの幅広い領域で優れている透明導電特性は，太陽電池の高効率化などで重要になる。

　電気伝導特性に関しては，安定して得られるグラフェンのシート抵抗が現在のところ$\rho_s \sim 130$ Ωであり[2,15]，これはすでにプラスチックフィルム上のタッチパネル用ITOフィルム（$\rho_s > 150$ Ω）と比較すると優れている。従ってまずは透明導電性フィルムとしての応用が有望である。また今後プロセスや構造が改善されると，ガラス上のITOと同等の抵抗（$\rho_s < 100$ Ω）が実現される可能性も十分にある。さらにグラフェンシートを4層積層すると透過率が~ 90％でシート抵抗は30 Ω以下まで下げることができるため[2]（図8），将来的には太陽電池など低いシート抵抗が要求される用途への応用も視野に入る。例えば有機半導体との接触抵抗が低いという特徴[41]を活かすことにより，有機薄膜太陽電池ではITOよりも優れた変換効率が実現するかもしれない。このような多層のグラフェン透明導電膜を成膜する場合には，CVD合成された単層グラフェンを積層すると成膜コストが層数に比例して増加するため，多層でも低コストに成膜が可能な溶液プロセスによるグラフェン透明導電膜の導電性向上が望まれる。

6.6　おわりに

　グラフェンは他の多くの材料とは異なりバンド構造が線形分散になるため，グラフェン中の伝導電子はディラック電子として相対論的に振る舞う。この特異な電子状態は多くの興味深い物性を発現し，それにもとづいた応用研究が現在盛んに行われている。その中で大きな期待が寄せられているのが透明導電性フィルムである。これにはグラフェンのバンドギャップがゼロであると同時に可視光透過率がほぼ一定になるという特徴が活かされており，従来の金属酸化物とは異なる特徴的な透明導電特性を示す。今後は成膜条件や構造を最適化することにより特性にさらに磨きをかけるとともに，roll-to-rollなど量産性に優れたプロセスを開発することで，グラフェンが幅広い応用分野に浸透するための礎を築くことが期待される。

第4章　グラフェン

文　献

1) 日本学術振興会 透明酸化物光・電子材料第166委員会編，透明導電膜の技術 改訂2版，オーム社（2006）
2) S. Bae *et al.*, *Nat. Nanotechnol.*, **5**, 574 (2010)
3) X. Li *et al.*, *Science*, **324**, 1312 (2009)
4) K. S. Kim *et al.*, *Nature*, **457**, 706 (2009)
5) Y. Lee *et al.*, *Nano Lett.*, **10**, 490 (2010)
6) S. Bhaviripudi *et al.*, *Nano Lett.*, **10**, 4128 (2010)
7) X. Li *et al.*, *Nano Lett.*, **10**, 4328 (2010)
8) Z. Li *et al.*, *ACS Nano*, DOI: 10.1021/nn200854p (2011)
9) J. Lee *et al.*, *IEDM 2010*, 23.5.1 (2010)
10) J. Kim *et al.*, *Appl. Phys. Lett.*, **98**, 091502 (2011)
11) X. Li *et al.*, *Nano Lett.*, **9**, 4359 (2009)
12) P. Y. Huang *et al.*, *Nature*, **469**, 389 (2011)
13) L. Liu *et al.*, *Nano Lett.*, **8**, 1965 (2008)
14) S. Ryu *et al.*, *Nano Lett.*, **10**, 4944 (2010)
15) 小林俊之ほか，第58回応用物理学関連連合講演会，26p-KE-10（2011）
16) P. Blake *et al.*, *Nano Lett.*, **8**, 1704 (2008)
17) Y. Hernandez *et al.*, *Nat. Nanotechnol.*, **3**, 563 (2008)
18) C. Vallés *et al.*, *J. Am. Chem. Soc.*, **130**, 15802 (2008)
19) X. Li *et al.*, *Nat. Nanotechnol.*, **3**, 538 (2008)
20) N. Behabtu *et al.*, *Nat. Nanotechnol.*, **5**, 406 (2010)
21) G. Eda *et al.*, *Nat. Nanotechnol.*, **3**, 270 (2008)
22) H. Yamaguchi *et al.*, *ACS Nano*, **4**, 524 (2010)
23) C. Su *et al.*, *ACS Nano*, **5**, 2332 (2011)
24) T. Kobayashi *et al.*, *Small*, **6**, 1210 (2010)
25) H. Shin *et al.*, *Adv. Funct. Mater.*, **19**, 1987 (2009)
26) C. Su *et al.*, *ACS Nano*, **4**, 5285 (2010)
27) R. R. Nair *et al.*, *Science*, **320**, 1308 (2008)
28) T. Stauber *et al.*, *Phys. Rev. B*, **78**, 085432 (2008)
29) V. G. Kravets *et al.*, *Phys. Rev. B*, **81**, 155413 (2010)
30) K. F. Mak *et al.*, *Phys. Rev. Lett.*, **106**, 046401 (2011)
31) 安藤恒也，表面科学，**29**, 296 (2008)
32) N. M. R. Peres, *Rev. Mod. Phys.*, **82**, 2673 (2010)
33) T. Ando *et al.*, *J. Phys. Soc. Jpn.*, **71**, 1318 (2002)
34) Z. Q. Li *et al.*, *Nat. Phys.*, **4**, 532 (2008)
35) C. Chen *et al.*, *Nature*, **471**, 617 (2011)
36) L. Yang *et al.*, *Phys. Rev. Lett.*, **103**, 186802 (2009)
37) L. Pietronero *et al.*, *Phys. Rev. B*, **22**, 904 (1980)

ナノカーボンの応用と実用化

38) J. Chen *et al.*, *Nat. Nanotechnol.*, **3**, 206 (2008)
39) D. K. Efetov and P. Kim, *Phys. Rev. Lett.*, **105**, 256805 (2010)
40) C. R. Dean *et al.*, *Nat. Nanotechnol.*, **5**, 722 (2010)
41) W. H. Lee *et al.*, *Adv. Mater.*, DOI: 10.1002/adma.201004099 (2011)

7　絶縁体上へのグラフェンの直接形成

日浦英文[*1]，Michael V. Lee[*2]，塚越一仁[*3]

7.1　はじめに

グラフェンは sp^2 混成の炭素のみで構成される層状物質であるグラファイトを1層から数層だけ取り出したものであり，酸化以外の化学反応に対して極めて堅牢であり，また，熱力学的にも非常に安定な単原子層平面物質である。グラフェンの特長を表すキーワードは枚挙に暇がない。例えば，物質中最速（移動度：$2.5 \times 10^5 cm^2V^{-1}s^{-1}$，室温）[1]，物質中最強（破壊強度：$42Nm^{-1}$，ヤング率：$\sim 1$ TPa）[2]，高電流密度耐性（10^8Acm^{-2}）[3]，普遍定数だけで決まる透過率等（透過率：$1-\pi n\alpha$，n：グラフェン層数，α：微細構造定数）[4]，半整数量子ホール効果[5,6]，等々である。

日本のグラフェン研究の歴史を紐解くと，今日のグラフェン研究に繋がる地道な基礎研究が綿々と続けられていたことが見て取れる。例えば，大橋等による"非常に薄いグラファイト膜"の伝導特性の評価（1971年）[7]を皮切りに，日浦・エブソン等によるグラファイト上グラフェンの AFM・STM 観察（1994年）[8,9]，藤田等によるナノグラフェンの理論とエッジ状態の予言（1996年）[10]，大島等による金属表面上の極薄エピタキシャルグラファイト膜の作製と評価（1997年）[11]などである。

そこに突如として，2004年に Novoselov と Geim 等によるグラフェンの電界効果[3]が発表されるや否や，俄然グラフェンは世界的な規模で脚光を浴びることとなった。意外なことに，彼等はスコッチテープでグラファイトからグラフェンを剥ぐという非常に簡単な方法，いわゆる，機械的剥離法[3,12]により，単層から数層グラフェンを酸化膜（SiO_2）付きシリコン基板上に単離したのである。正にコロンブスの卵である。ここで重要なのは酸化膜上（絶縁体上）グラフェンが得られたという点であり，これにより，初めてグラフェンをチャネルとする電界効果トランジスタの作製が可能となった。その後，爆発的なグラフェン研究の興隆を経て，早くも2010年，Novoselov と Geim の両氏にグラフェン2次元ガス系の新奇な物理の解明への貢献として，ノーベル物理学賞が授与されたことは記憶に新しい。

なぜ，グラフェンはこれほど魅力的であるのだろうか。技術的な観点からすると，将来，それが既存の電子材料に置き換わる可能性があるばかりか，次世代エレクトロニクスに向けたイノベーションを育むプラットフォームとして働く潜在性があるためと思われる。ここで，グラフェンをデバイスとして応用する際，必要となるのがグラフェン基板である。グラフェン基板とは，

---

* 1　Hidefumi Hiura　日本電気㈱（NEC）グリーンイノベーション研究所　主任研究員；
　　　　　　　　　　㈱物質・材料研究機構　国際ナノアーキテクトニクス研究拠点

* 2　Michael V. Lee　㈱物質・材料研究機構　国際ナノアーキテクトニクス研究拠点
　　　　　　　　　　研究員；JST-CREST

* 3　Kazuhito Tsukagoshi　㈱物質・材料研究機構　国際ナノアーキテクトニクス研究拠点
　　　　　　　　　　主任研究官；JST-CREST

グラフェンが絶縁体直上に形成され，そのままデバイス作製が可能な基板，すなわち，グラフェン・オン・インシュレータ（graphene on insulator）基板という意味である。これまでグラフェンの作製方法としては，主に，機械的剥離法[3,12]，CVD（化学気相成長）法[13,14]，SiC（炭化ケイ素）熱分解法[15]の3つの方法が用いられてきた。これらのグラフェン作製法は，それぞれに特有の欠点があり，それらがグラフェンの産業上への応用を阻んでいる。今回，我々はグラフェン基板を実現すべく，今までとは全く異なる作製アプローチを試みた。これが本項で紹介する液相グラフェン成長法[16]である。液相グラフェン成長法は任意の炭素源から任意の絶縁体基板上にグラフェンを直接形成できるという特長を持つため，これによりグラフェンデバイス量産への道が拓けると期待される。以下，液相グラフェン成長法に関して，実験データを用いて詳細に説明する。

7.2 新規グラフェン成長技術：液相グラフェン成長法の原理

図1は液相グラフェン成長法の原理を示す。この方法では加熱により炭素源中の炭素を液体金属中に溶解させ，次いで，冷却により液体金属中の炭素をグラフェンとして析出させる。液体金属は基板に炭素を供給するフラックスとして働くばかりでなく，グラフェン成長のための触媒として機能する。ここでフラックスとは高温用の溶媒・溶剤という意味である。液相グラフェン成長法の最大の特長はグラフェンを任意の絶縁体上に直接形成できる点である。直接形成が可能なのは，グラフェン，基板，金属の位置関係が金属／グラフェン／基板の順序となっているからで，液体金属の利用がこの順序を可能にする。一方，既存のCVD法では固体金属を用いるので，必ずグラフェン／金属／基板の順序となり，絶縁体上グラフェンを得るにはどうしても転写工程が必要となる。従って，突き詰めると，液相グラフェン成長法を最も特徴付けるのは液体金属の利用ということになり，これが液相グラフェン成長法と命名した由来である。

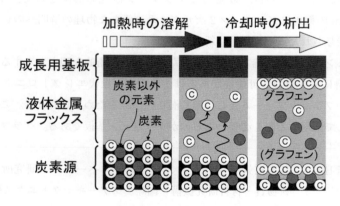

図1 液相グラフェン成長の原理

まず，炭素源／フラックス／グラフェン成長用基板のサンドイッチ構造を用意する。加熱により炭素源中の炭素をフラックス中に溶解させ，次いで，冷却によりフラックス中の炭素をグラフェンとして基板上に析出させる。炭素源は炭素以外の元素を含んでいても良く，一般に，他元素はフラックスへの溶解度が比較的高いので，冷却時にフラックス中に留まるため，基板上に析出しない。

第4章　グラフェン

表1　CVD 法と液相グラフェン成長法に用いられる金属元素の比較

金属元素	炭素固溶度 [at.%]	融点 [℃]	備考
Fe	25	1535	
Ni	2.7	1453	CVD 法用
Cu	0.04	1083	
Ga	痕跡量	29.8	
In	痕跡量	156.6	液相成長法用 （本法）
Sn	痕跡量	232.0	

　液相グラフェン成長法は窒化ガリウム（GaN）などの化合物半導体の基板上膜形成によく用いられる液相エピタキシャル成長（Liquid Phase Epitaxy，LPE）の一形態と見なすことが可能である。一般の LPE 法ではマイクロメートル程度と比較的厚い膜を形成することが目的のため，フラックスは膜の原料を出来るだけ溶解することが期待される。しかしながら，グラフェンのLPE の場合は一般論とは正反対であり，フラックスは原料炭素を出来るだけ溶かさないことが肝要となる。その理由はグラフェンが極薄の原子層薄膜であるためである。原料炭素は ppm レベルの極微量で十分で，過剰な炭素は寧ろ，百害あって一利なしである。この逆説性は CVD 法グラフェン成長の触媒金属の変遷からも演繹できる。2009 年の Li 等による銅箔上グラフェンの報告[14]以降，グラフェン CVD 用触媒としては，均一で高品質なグラフェンが得られる銅がそれまで多用されたニッケルを駆逐しつつある。触媒としての銅とニッケルの違いは炭素固溶度の差である。つまり，銅（炭素固溶度：0.04at.%）はニッケル（炭素固溶度：2.7at.%）より炭素固溶度が 2 桁近く小さい。これを外挿すると，グラフェン成長には炭素を痕跡量しか溶かさない金属が最良であると予想できる。次項以降で証明されるように，この命題は真である。

　グラフェン成長に適した炭素固溶度が著しく小さい金属としては，表1に示されるガリウム（Ga），インジウム（In），スズ（Sn）などの典型元素金属類が挙げられる。この内，ガリウムは室温付近で液体であるため，液相グラフェン成長法を行う上で取り扱いが簡単である。また，ガリウムは液体状態の温度範囲が元素中最も広く（融点：29.8℃，沸点：2403℃），高温時の蒸気圧も比較的低いこと（例えば，600℃で〜10^{-4}Pa，1000℃で〜10^{-1} Pa）。従って，ガリウムはグラフェンの液相成長に打って付けのフラックスである。本節ではガリウムをフラックスとして用いた実験方法・結果を示す。なお付言すると，ガリウムを利用するグラファイト構造の形成は我々が初めてではなく，例えば，多層カーボンナノチューブの合成[17]，アモルファス炭素上のグラフェン成長[18]においてガリウムが用いられている。

7.3　液相グラフェン成長法の実験方法

　図2に液相グラフェン成長の手順を示す。まず，第1に，（a）に示すように，グラフェンの原料となる炭素源を配置したグラフェン原料用基板とグラフェン成長用基板（耐熱性絶縁体）により，フラックスを挟み込んだサンドイッチ構造を作る。なお，炭素源は材料に応じて適当な方法

ナノカーボンの応用と実用化

で原料用基板に蒸着・塗布する。もし，ガラス状炭素の板やダイヤモンド基板など，炭素源が自立できるなら，原料用基板は不要である。なお，上記のサンドイッチ構造を収納する石英製もしくはアルミナ（Al_2O_3）製の反応容器を使用すると，フラックスの蒸発や流動を防げる（図3参照）。第2に，真空下，(a)で用意したサンドイッチ構造を適当な時間，1000℃程度で加熱した後，冷却する。サンプルの加熱は排気可能な通常の電気炉で十分である。すると，(c)で示すように，加熱により炭素源がフラックスに溶解，冷却によりフラックス中の炭素が成長用基板（ならびに原料用基板）にグラフェンとして析出する。フラックスの大部分をピペット等で物理的に除去した後，(c)で示すフラックス残渣を加温した塩酸など適当な酸で除去する。すると最終的に，(d)で示すような絶縁体基板上に直接グラフェンが成長したグラフェン基板が得られる。

表2に液相グラフェン成長の具体的な実験条件を示す。今回の実験では，炭素源として，天然グラファイト，アモルファス炭素，単層カーボンナノチューブ，多層カーボンナノチューブ，

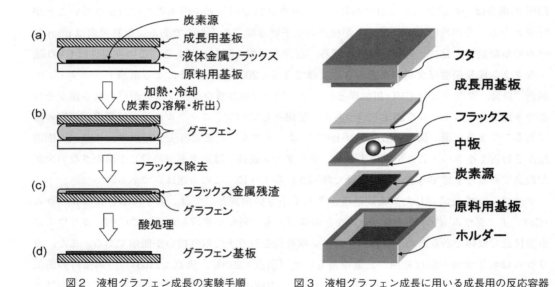

図2　液相グラフェン成長の実験手順　　図3　液相グラフェン成長に用いる成長用の反応容器

表2　液相グラフェン成長の実験条件

炭素源	グラファイト，アモルファス炭素，ガラス状炭素，カーボンナノチューブ，フラーレン（C_{60}），ニッケロセン[$(C_5H_5)_2Ni$]，SiC，など
フラックス	ガリウム（Ga），ガリウム-インジウム（Ga-In）など
成長基板	石英，サファイア，SiC，h-BN など
加熱温度	600〜1200℃
加熱時間	30〜180 分
雰囲気	真空，またはアルゴン気流下
後処理	濃塩酸洗浄（フラックス除去）

第4章 グラフェン

C_{60} などのフラーレン,ニッケロセン（$Ni[(C_5H_5)_2]$）などの有機化合物を用いた。また，グラフェン成長用基板としては，石英ガラス，単結晶石英，単結晶サファイア，単結晶 6H-SiC ならびに 4H-SiC，六方晶系窒化ホウ素（h-BN）の単結晶薄膜などを利用した。

7.4 絶縁体上グラフェンの観察と評価
7.4.1 SiC 基板上の液相グラフェン成長

図4は液相グラフェン成長法で得られたグラフェン基板（6H-SiC 単結晶）の光学顕微鏡像で，(a) は反射像，(b) は透過像である。なお，サンプルは添え図に示すように 6H-SiC（Si 面）基板上にガリウムを接触させ，1000℃で 30～60 分間程度，真空中で加熱することで用意した。(a) では矢印の内側，(b) では正方形の SiC 基板の中央円形部分がガリウムと接触した部分である。次に示すようなラマン分光測定から，ガリウムが接触した部分のみにグラフェンが成長していることが確認される。

図5は液相成長法で 6H-SiC 基板上に得られた 1～10 層グラフェンのラマンスペクトルである。それぞれグラフェンに特徴的な G バンド（graphite band，～1580cm^{-1}）と 2D バンド（～2680cm^{-1}）が観測される[19]。従って，液相成長法でグラフェン成長が可能なことが確認される。ただ，どの層数の場合でも，D バンド（disorder band，～1350cm^{-1}）が僅かながら見られることから，液相成長グラフェンは多少の欠陥を含むことも分かる。この点を改善することが液相グラフェン成長法の課題の1つである。

7.4.2 液相法によるグラフェンの成長条件

次に，液相法によるグラフェンの成長条件について述べる。図6はグラフェンの成長温度とグ

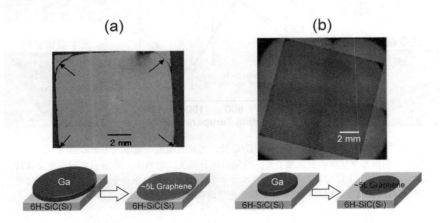

図4　液相グラフェン成長で得られたグラフェン基板の光学顕微鏡像
(a) は反射像，(b) は透過像である（別サンプル）。(a)，(b) とも炭素源と成長基板は 6H-SiC 基板（Si 面）で，スケールバーは 2 mm である。(a) で矢印はフラックスのガリウムが接触した部分としなかった部分の境界を示し，中央部にグラフェンが成長している。(b) では中央の円形部分にグラフェンが成長している。透過率から見積もると，グラフェン層数は平均5層程度である。添え図はガリウムと基板の位置関係を示す模式図。

ナノカーボンの応用と実用化

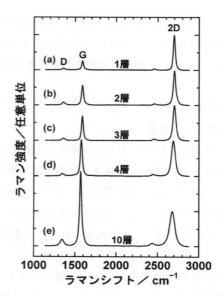

図5 液相成長法により 6H-SiC 基板上に得られた1層～10層グラフェンのラマンスペクトル
(a) 単層グラフェン，(b) 2層グラフェン，(c) 3層グラフェン，(d) 4層グラフェン，(e) 10層グラフェンの場合を示す。炭素源・成長基板は 6H-SiC である。

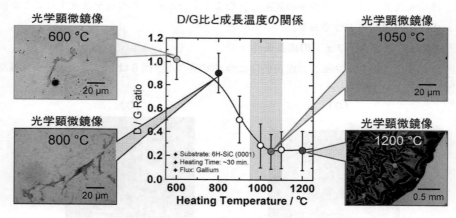

図6 グラフェンの品質（D/G 比）と成長温度の関係（中央の図）
6H-SiC 基板とガリウムを接触させ，所定の成長温度に加熱後，30 分程度同温度を保持した。各プロットに付属のバーはいくつかのサンプルのバラツキを示す。両脇の図はそれぞれの成長温度で得られたサンプルの光学顕微鏡像を示す。

ラフェンの品質の関係を表す。加熱時間はすべて 30 分である。グラフェンの品質は，一般に行われているように，グラフェンのDバンドとGバンドの強度比を指標とした。D/G 比は小さいほどグラフェンは高品質で完全結晶でゼロ，1以上はアモルファス的である。成長温度が 600,800℃では D/G 比は1に近く，グラフェンというよりはアモルファス炭素と呼ぶべきものしか成

230

長しない。これに対し，成長温度を1000℃以上にすると，D/G比は0.2〜0.3程度へ急激に改善する。デバイス作製に必要なD/G比は〜0.3程度以下とされているので，1000℃以上の成長温度でこの基準をクリアーする。ただ，成長温度が1200℃を越すと，光学顕微鏡像が示すようにグラフェンというよりはグラファイトとなってしまう。なお，別途実験によると，冷却速度（加熱の最高温度から600℃まで冷却する時の単位時間当たりの温度降下）を小さくすると，D/G比が減少し，グラフェンの品質が向上する傾向が見られた。

液相グラフェン成長法で得られるグラフェンの層数は加熱温度と加熱時間に依存する。30〜180分の加熱時間，900〜1100℃の加熱温度の範囲で概ね1〜100層程度である。例えば，1000℃付近の30分加熱で平均5層程度，1100℃を超えると，数十層へと急激に増加する傾向がある。現状，グラフェン層数を1層単位で厳密に制御することはなかなか難しい。この点も液相グラフェン成長法の課題である。

7.4.3 様々な炭素源からグラフェン成長

液相グラフェン成長法は炭素源を一旦溶解させ析出するという過程を踏むので，炭素源は炭素さえ含めば，どのような形態・状態であっても構わない。これはグラフェンの原料を広範な材料群から選択することが可能であることを意味する。図7はこのことを証明する結果であり，様々な炭素源を原料に液相成長法を適用することで得られたグラフェンのラマンスペクトルである。(a)〜(e)は，炭素源がそれぞれ，天然グラファイト，単層カーボンナノチューブ，ナノダイヤ

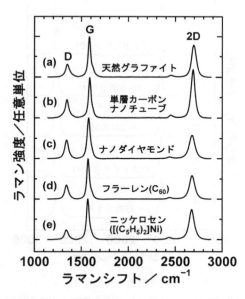

図7 様々な炭素源から液相成長させたグラフェンのラマンスペクトル
(a) 天然グラファイト（剥離貼付），(b) 単層カーボンナノチューブ（懸濁液塗布），(c) ナノダイヤモンド（懸濁液塗布），(d) フラーレン：C_{60}（溶液塗布），(e) ニッケロセン：$[(C_5H_5)_2]Ni$（溶液塗布），を炭素源に用いた場合を示す。但し，括弧内は原料用基板の作成法を示す。成長用基板は (a)〜(c) がサファイア (0001) 基板，(d)〜(e) が石英ガラス基板である。グラフェン層数は〜5層である。

モンド，フラーレン：C_{60}，ニッケロセン：$[(C_5H_5)_2]$ Ni の場合であり，すべての場合で D/G 比が 0.2〜0.3 程度の比較的高品質なグラフェンが成長していることが確認できる。(a)〜(d) はほぼ純粋な炭素であるが，(e) のように炭素以外の元素を含む化合物であってもグラフェンを合成できる。この材料選択の多様性は将来の産業利用において材料コストの削減等に役立つと考えられる。また，予めアクセプター，ドナーとなる元素を適量配合しておくことで，p 型，n 型グラフェンを製造すれば，グラフェンチャネルの pn 伝導制御に繋がる可能性がある。

7.4.4 様々な絶縁体基板上でのグラフェン成長

前述の通り，液相グラフェン成長法の最も重要な特長は，グラフェンを直接絶縁体上に形成可能なことである。従って，そのままデバイス作製が可能なグラフェン基板，すなわち，グラフェン・オン・インシュレータ基板を製造できる。図 8 は液相グラフェン成長法を用いることで，様々な絶縁体基板表面にグラフェンを成長可能であることを証明するラマンスペクトルである。単結晶ダイヤモンド，4H-SiC，六方晶系窒化ホウ素（h-BN），サファイア，石英ガラス上に D/G 比が 0.2 以下のグラフェンが成長していることが確認される。すなわち，1000℃ 程度の耐熱性さえあれば，多様な絶縁体を基板として利用できることを意味する。これは従来技術にはない特筆すべき長所である。

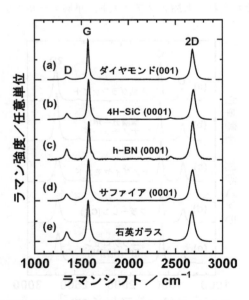

図 8 様々な絶縁体基板上に液相成長させたグラフェンのラマンスペクトル
(a) 単結晶ダイヤモンド (001) 面（ダイヤモンド，2×2 mm），(b) 4H-SiC (0001) 面（SiC，10×10 mm），(c) 六方晶系窒化ホウ素：h-BN (0001) 面（SiC，数十 μm 四方），(d) サファイア (00001) 面（ガラス状炭素，10×10 mm），(e) 石英ガラス（ニッケロセン，15×15 mm），を成長基板として用いた場合を示す。但し，括弧内は炭素源の種類及び基板サイズを示す。グラフェン層数は〜5 層である。

第4章　グラフェン

7.5　液相グラフェン成長法の特長とその応用可能性

　まとめとして，今回開発した液相グラフェン成長法によるグラフェン成長の特徴を述べる。表3は既存のグラフェン作製技術（機械的剥離法[3,12]，CVD法[13,14]，SiC熱分解法[15]）と，液相グラフェン成長法によるグラフェン作製技術の比較である。機械的剥離法は，単結晶グラファイトを剥離して作成するので非常に高品質であるという長所を持つが，量産性はほぼゼロという短所がある。CVD法は，グラフェンの大面積化が可能という長所があるが，グラフェンが金属触媒上に形成されるので転送工程が必要で，破れや皺などの構造欠陥がグラフェンに導入されるという短所がある。SiC熱分解法は，絶縁性のSiC基板を用いれば，限定的ながらグラフェン・オン・インシュレータを作製できるという長所がある一方，他方，シラン（SiH_4）による前処理や高温（1350〜1600℃）が必要で製造コストが嵩むという短所がある。

　液相グラフェン成長法ではフラックスとして高価な金属であるガリウム等を使用するので，製造コストが嵩むという短所があるものの，以下に示す多くの長所がある。まず，スケールアップが可能なので量産性があること，グラフェン原料として炭素を含有すれば，どんな炭素源も使用できること，耐熱性があればどんな材料表面にも直接グラフェンを形成可能なこと，CVD法と同程度の成長温度（〜1000℃）しか必要としないことなどである。なお，フラックスは基本的に炭素の溶解のために使用するだけなので，回収して何度でも使用可能である。従って，高価な金属の使用という短所は簡単に解決可能と予想できる。

　さらに，液相グラフェン成長法は既存グラフェン作製技術の諸問題を解決するだけではなく，従来のグラフェン成長技術では不可能な形態のグラフェンもしくはグラフェン基板を得ることが出来ると期待される。例えば，図9（a）に示す3次元構造を持つグラフェン（基板），（b）に示すような電子状態が変調されたグラフェン（基板）である。液相グラフェン成長法で製造される，様々な形態を持つグラフェン・オン・インシュレータ基板は，様々な次世代デバイスへの応用展開が期待される。

表3　機械的剥離法，CVD法，SiC熱分解法，液相グラフェン成長法の比較

グラフェン成長法		炭素源	長所	短所
従来技術	機械的剥離	結晶性グラファイト	高品質（高移動度）	量産性なし
	CVD法	炭化水素系ガス	量産性あり	爆発性ガスの使用 転写工程が必要
	SiC熱分解法	炭化ケイ素（SiC）	量産性あり エピタキシャル 成長が可能	基板が高価 高温（1350〜1600℃）が必要 前処理・合成中に水素やシラン系ガスなど危険ガスが必要
新規技術 （本法）	液相成長法	炭素固体	量産性あり 絶縁体上で直接 形成可能 炭素源の選択性大	高価な金属が必要（Ga, In）

233

ナノカーボンの応用と実用化

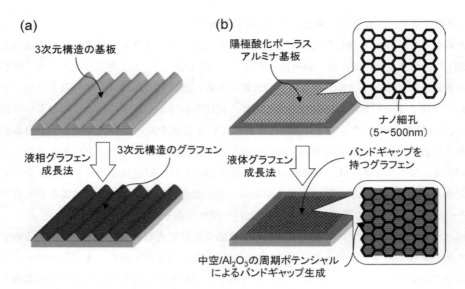

図9　液相グラフェン成長法で可能となるグラフェン構造体
(a) 3D グラフェン，(b) 電子状態変調グラフェン

液相グラフェン成長法は基板に直接グラフェンを形成できるので，予め，基板側に3次元的構造変化や2次元的周期構造変化を導入しておくことにより，様々な形態のグラフェン基板を作製することが可能となる。

7.6　おわりに

　液体フラックスを用いる液相グラフェン成長法を開発し，グラフェン・オン・インシュレータを実現することに成功した。液相グラフェン成長法は，炭素を含有さえすれば任意の材料をグラフェンの炭素源に使用できること，耐熱性（～1000℃）があれば，任意の基板上にグラフェンを直接形成できること，スケールアップが可能で大面積化が可能であることなど，従来のグラフェン作製技術の諸問題を解決するとともに，将来のグラフェンデバイス量産に必要な特長を併せ持つ。更に，液相グラフェン成長法が持つグラフェン直接形成性という特長を活かせば，従来技術では不可能である3次元構造グラフェンや電子状態変調グラフェンを実現できる可能性がある。液相グラフェン成長法はグラフェン・オン・インシュレータのための標準的な製造技術となる潜在性を秘め，今後，日本発のグラフェン技術として活用されることを期待したい。

謝辞

　本研究の一部は，科学技術振興事業団「JST」の戦略的基礎研究推進事業「CREST」および企業研究者活用型基礎研究推進事業の支援を受けて行われた。

第4章　グラフェン

文　　献

1)　M. Orlita *et al.*, *Phys. Rev. Lett.* **101**, 267601 (2008)
2)　C. Lee, *et al.*, *Science* **321**, 385 (2008)
3)　K. S. Novoselov *et al.*, *Science* **306**, 666 (2004)
4)　R. R. Bair, *et al.*, *Science* **320**, 1308 (2008)
5)　K. S. Novoselov *et al.*, *Nature* **438**, 197 (2005)
6)　Y. Zhang *et al.*, *Nature* **438**, 201 (2005)
7)　S. Mizushima *et al.*, *J. Phys. Soc. Jpn.* **30**, 299 (1971)
8)　H. Hiura *et al.*, *Nature* **367**, 148 (1994)
9)　T. W. Ebbesen, and H. Hiura, *Adv. Mater.* **7**, 582 (1995)
10)　M. Fujita *et al.*, *J. Phys. Soc. Jpn.* **65**, 1920 (1996)
11)　C. Oshima *et al.*, *J. Phys. : Condens. Matter* **9**, 1 (1997)
12)　日浦等, 応用物理学会　薄膜・表面物理分科会, *News Letter* **136**, 19 (2009)
13)　Q. Yu *et al.*, *Appl. Phys. Lett.* **93**, 113103 (2008)
14)　X. Li *et al.*, *Science* **324**, 1312 (2009)
15)　C. Berger *et al.*, *Science* **312**, 1191 (2006)
16)　H. Hiura *et al.*, *Graphene Workshop in Tsukuba 2011*, Jan. 17-18, Tsukuba/Japan, Abstract pp.15
17)　Z. W. Pan *et al.*, *Appl. Phys. Lett.* **82**, 1947 (2003)
18)　J. Fujita *et al.*, *J. Vac. Sci. Technol.* **27**, 3063 (2009)
19)　A. C. Ferrari *et al.*, *Phys. Rev. Lett.* **97**, 187401 (2006)

8 LSI 配線技術

大淵真理[*]

8.1 はじめに

　LSI（Large Scale Integration）すなわち半導体集積回路は，継続的な微細化により，性能の向上・コストの低減を果たしてきた。このスケーリングについての今後の予測は，世界中の専門家のコンセンサスをもって ITRS（International Technology Roadmap for Semiconductors）としてまとめられ[1]，企業や大学をはじめとする全ての階層における研究開発へのガイドラインを与えている。近年の代表的な LSI の電子顕微鏡写真を図 1 に示す。シリコン基板の表面にトランジスタが形成され，その上に 10 層程度の多層配線が積まれている。配線の主たる構成要素は，導体である Cu（銅）とその間の絶縁膜であり，各層の横配線は，ビアと呼ばれる縦配線により結合されている。ITRS によれば，Cu の抵抗率は図 2 に示すように，微細化とともに電子散乱の影響により急激に上昇していくことが予測されている。配線性能に重要な RC 遅延は，この抵抗と絶縁膜の誘電率の積に比例するため，絶縁膜に対する要求は非常に厳しくなり，将来的にはエアギャップ構造などの導入が検討されている。スケーリングは，配線の性能のみならず信頼性にも重大な問題を引き起こす。図 2 には，微細化による Cu の許容電流密度の減少の様子も示している。この電流密度を超えると，Cu 原子が配線を流れる電流によって動く（エレクトロマイグレーション）ことで配線が断線してしまう。LSI で要求される最大電流密度は，2015 年には Cu の許容電流密度を超えることが予測されており，現状ではこれを解決する手段は見つかっていない。

　近年注目されているグラフェンは，同じナノカーボン材料であるカーボンナノチューブ

図 1　LSI 配線の電子顕微鏡写真

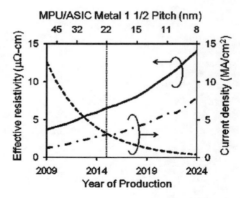

図 2　スケーリングによる Cu（銅）配線の抵抗率（実線）および許容電流密度（波線）の変化と LSI で要求される最大電流密度（一点鎖線）[1]

---

　　*　Mari Ohfuchi　㈱富士通研究所　主任研究員

第4章　グラフェン

（CNT）と同様，微細な領域でも Cu の2桁程度高い許容電流密度（5-20×10^8A/cm^2）を有する[2]。また，理想的な場合ではあるが，Cu より低い抵抗率が予測されていることから[3]，将来の LSI 配線材料として期待されている。本項では，グラフェンの LSI 配線応用の可能性と最近の動向を中心にその実現に向けた研究開発について述べる。

8.2　Cu 配線置き換えの可能性

　先に述べたように，Cu の許容電流密度が 5 × 10^6A/cm^2 を切る配線幅 22nm の領域でも，グラフェンは2桁高い 5 × 10^8A/cm^2 の許容電流密度を持つことが実験的に示されている。これがグラフェンを次世代 LSI 配線材料の候補の一つとする大きな理由であるが，抵抗についてもグラファイトから剥離された多層グラフェンにおいて Cu に匹敵する抵抗率が報告されている[2]。さらに理論計算によれば，多層グラフェンの抵抗率は Cu よりも低くなり得ることが予測されている[3]。このモデルでは，多層グラフェンの全ての層は単層の伝導特性を保ったまま並列に伝導に寄与する。また，各グラフェン層のフェルミ準位はディラク点から 0.2eV ずれているものとする。グラフェンのエッジが平坦で散乱がない理想的な場合，多層グラフェンの抵抗率は配線幅 22nm から 8nm の領域で数 μΩ-cm に保たれるという結果となる。これは，主にここで仮定された 1μm という長い平均自由行程に起因するが，宙吊りのグラフェンでは 1μm 以上，SiC 上のグラフェンでも 600nm の値が観測されていることから[4,5]，グラフェン膜の値としては不当なものではない。一方，Cu の平均自由行程は数十 nm であり，抵抗率は配線幅が平均自由行程に近づくにつれて数 μΩ-cm 程度から急激に上昇するため，多層グラフェンの抵抗率より高いものとなる。また，同じモデルでグラフェンのエッジが平坦ではなく，エッジでの後方散乱の確率をより現実的に 0.2 とした場合でも，Cu と同等の抵抗率を与えることが示された。この後方散乱の確率は，化学的な方法で取り出された非常に平坦なエッジを持つグラファイトナノリボンの抵抗測定に基づいて決められたものであり[6,7]，高品質で平坦なエッジを持つ多層グラフェンを形成することで，グラフェンによる Cu 配線の置き換えが可能となることを示している。

　グラフェンは，先行して発見され研究が行われてきた同じナノカーボン材料である CNT と比較しても，いくつかの利点を有する。グラフェンや CNT の伝導特性はチャネル数に比例するため，CNT の基板上配向合成においては面密度の制御が性能向上の鍵となる。しかしながら，CNT を最密充填密度で合成することは現段階では難しい。一方，グラフェン多層膜はほぼグラファイトの層間距離で高密度に積層して合成される。また，グラフェンナノリボンでも幾何学構造により半導体にも金属にもなることは CNT と同様であるが，半導体グラフェンナノリボンのバンドギャップは，配線幅である 10nm 程度の幅では 0.1eV 以下であり，前述の 0.2eV のフェルミ準位のずれを持つ場合には問題とならない。これは，細い直径を有する単層 CNT とは異なる点である。

　一般的にグラフェン層は基板面に対して平行に合成され，配向 CNT ではその軸を基板面に垂直にして合成が進む。LSI における薄膜技術との整合性の観点からは，図3に示すように，横配

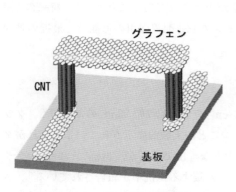

図3 カーボン配線の模式図

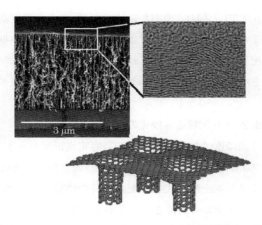

図4 多層グラフェンと多層CNTの複合構造の電子顕微鏡像とその原子構造モデル[8]

線としてはグラフェンが，また，縦配線としてはCNTが適しているかもしれない。しかし，平面的なネットワークを構成する原子構造を鑑みると，グラフェンまたはCNTのいずれにしてもLSI全てのCu配線を置き換えることができるとは考え難い。他の金属との電気的接続は重要な課題であり，特に横配線と縦配線のコンタクトが大きな問題となると考えられる。これに関して，富士通から図4に示すような多層グラフェンと多層CNTの複合構造が報告されている[8]。このような3次元構造の探求は，異種金属との接合を減少させるだけではなく，配線構造の自由度を上げることで，ナノカーボン配線の可能性を広げる。

8.3 多層グラフェン合成技術

グラフェンのLSI配線応用には，エッジの平坦化のみならず，その集積化において解決すべき多くの課題があるが，まずは，高品質の多層グラフェンを絶縁膜上に大面積で合成する技術が必要である。また，既存のLSI配線プロセスとの整合性の観点からは，この合成には400℃の低温が必要である。ここでは，その取り組みについて紹介する。

8.3.1 SiC基板の熱分解による合成

大面積基板上への多層グラフェン合成法のひとつとして，SiC基板の熱分解がある[9]。4H-SiC基板のC面を1300℃程度の高温で加熱することにより，100層までの多層グラフェンを得ることができる。この方法により合成されたグラフェンの層間距離は0.337nmであり，グラファイトの層間距離である0.335nmよりわずかに大きい。ここで，グラフェン層はグラファイトのようにBernal（ABAB…）積層しておらず，秩序を持つことなく回転していると考えられている。このわずかな構造の違いにより，多層グラフェンの各層の電子間に相互作用が無くなり，前述の理論計算におけるモデルのように各層は孤立した単層グラフェンと同様の電子特性を示すようになる。実際に，この方法で合成された多層グラフェンにおいて，宙吊りの単層グラフェンで得ら

第4章　グラフェン

れている 200,000cm^2/(Vs) に対し[4]，非常に高い 250,000cm^2/(Vs) の移動度が室温で観測されている[10]。グラフェンが自動的に SiC という絶縁膜上に形成されることもこの方法の大きな利点であり，エレクトロニクスや基礎物性の研究への応用が期待される。しかし，1300℃の高温を必要とすることから，400℃以下の低温が要求される既存の LSI 配線プロセスに整合させることは難しい。

8.3.2　触媒金属を用いた熱 CVD 法による合成

　触媒金属を用いた熱 CVD 法では，触媒反応を用いるため，比較的低温で大面積基板全面にグラフェンを合成できる可能性がある。富士通では，Fe（鉄）触媒を用い，650℃の低温で基板上にグラフェンを合成することに成功している[11]。Fe 触媒は，酸化膜を有するシリコン基板上に 5nm から 500nm の厚さで堆積される。原料ガスとしては，アセチレン（C_2H_2）と アルゴン（Ar）の混合ガスを用い，触媒膜厚・アセチレン分圧・合成時間を制御することで，数層から 100 層までの厚さのグラフェンを合成することができる。図5は約 100 層（32nm）の厚さの多層グラフェンの電子顕微鏡像である。このグラフェンのドメインサイズは，ラマンスペクトルから約 700nm と見積もられている。また，電流密度 10^8 A/cm^2 を流すことができること，10^7 A/cm^2 の 100 時間の通電実験においてその抵抗が安定に保持されることを示し，配線材料として重要な高電流密度耐性を確認した。このように，多層グラフェンでは，650℃の低温でも比較的高品質のグラフェンが得られていることを示している。

　この方法では，グラフェンを数層にも制御できることから，トランジスタのチャネル形成法としての適用も可能である。パターンニングした Fe 触媒を用いてグラフェンを合成し，ソース・ドレイン電極を形成した後に Fe 触媒をエッチング除去することで，転写プロセスを用いることなく，宙吊りのグラフェンを形成した。絶縁膜（HfO_2）とトップゲートを堆積した後，電流―電圧特性を測定した結果，数百 cm^2/(Vs) の電界効果移動度を得ている。これは，SiC の熱分解による合成や剥離グラフェンと比較すると，まだかなり低い値である。原因の一つとしては，Fe 触媒のエッチングや絶縁膜堆積などのグラフェンへのプロセスによるダメージが考えられる。また，合成されたグラフェンそのものの品質にもまだ改善の余地がある。実際，グラフェンの品

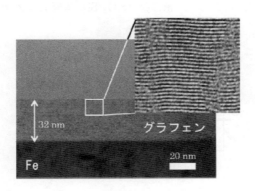

図5　Fe 触媒を利用した熱 CVD で合成された多層グラフェンの電子顕微鏡像[11]

質を表す指標であるラマンスペクトルのG/D比は,数層グラフェンに対して約15である一方,多層グラフェンについては約40であり,層数が増えるにつれてグラフェンの品質が向上する傾向を示している。

10nmより薄いFe触媒では,基板に垂直に配向した多層CNTが合成する。先に紹介した多層グラフェンと多層CNTの複合構造もCo（コバルト）とTiN（チタンナイトライド）を触媒とした熱CVDにより形成されたものであり,グラフェン層の厚みはCo膜の厚みにより決定されることが分かっている[8]。これらの結果は,触媒の種類や膜厚の制御による,膜厚の異なるグラフェンや多層CNTの同時選択成長の可能性を示している。

近年,Cu（銅）を触媒とした熱CVDにより大面積で均一なグラフェンが合成されている[12]。メタン（CH_4）と水素を原料ガスとし,合成温度は1000℃と比較的高温である。また,低いCuへの炭素の固溶度が,薄く均一なグラフェンを形成する機構と係わりがあるとも考えられており,LSI配線用の多層グラフェンの合成方法としては適さないかもしれない。

8.3.3 触媒金属を用いないプラズマCVD法による合成

富士通では,内閣府最先端研究開発支援プログラムを通じ,産業総合技術研究所内に新設された連携研究体グリーン・ナノエレクトロニクスセンターにおいて,東北大学および高輝度光科学研究センター（JASRI/SPring-8）と共同でグラフェンのLSI配線応用の研究を行っている[13]。触媒金属を用いた熱CVD法は,低温で高品質な多層グラフェンを得るための有力な候補であるが,触媒金属の除去プロセスによるダメージが致命的となる可能性がある。ここでは,東北大学で開発された,触媒金属を用いない光電子制御プラズマCVD法による合成について紹介する。

光電子制御プラズマCVD装置の模式図を図6に示す。光電子制御プラズマCVD法では,Xeエキシマランプの紫外光を基板に照射することで,光電子を放出させる。印加電圧により対抗電極へ加速された光電子は原料ガスを解離し,プラズマ（ラジカル）を生成することによりCVD成長を行う。光電子制御プラズマは,基板と対抗電極の間の基板表面の近傍のみに生成されるため,合成速度が速い,基板表面以外への不要な原料堆積が少ないなどの特徴をもっている。これまでに,この方法を利用して多層グラフェンの合成に成功している[14]。原料ガスとしてアルゴン（Ar）希釈したメタン（CH_4）を用い,絶縁膜（SiO_2/Si）基板上にグラフェンを直接合成するこ

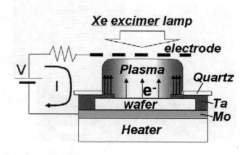

図6 光電子制御プラズマCVD装置の模式図

第4章　グラフェン

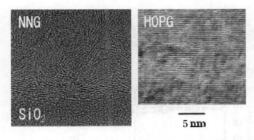

図7　光電子制御プラズマCVD法を用いて作製したNNGと比較のためのHOPGの電子顕微鏡像[15]

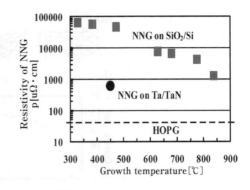

図8　NNGの抵抗率の合成温度依存性[15]

とができた。また，最近，図6にも示されているように，Ta（タンタル）電極を用いることで，Taからの光電子放出をも利用した，より効率的な合成が可能なことが示された[15]。基板温度600℃で合成したときの電子顕微鏡像を高配向熱分解グラファイト（Highly oriented pyrolytic graphite：HOPG）のものと一緒に図7に示す。合成された膜はナノサイズのグラファイトがランダムに配向し，ネットワークを形成している構造であることから，ネットワークナノグラファイト（NNG）と呼んでいる。グラファイトのドメインサイズは約10nmであり，ドメインサイズの拡大に取り込む必要があるが，図8に示すように，Taを利用することで抵抗率は低温の合成温度においてもHOPGまであと1桁のところまで低減できている。これは，さらに大きいプラズマ放電が得られるような条件を探索することで，低温で高品質な膜の合成ができる可能性があることを示している。この新規なナノ構造は，通常のグラファイトでは困難な層間の電気伝導を可能とすることから，配線材料として新たな用途への展開も考えられる。

8.4　おわりに

グラフェンによるCu配線置き換えの可能性，また，それに不可欠な多層グラフェンの合成技術について見てきた。最後に，さらに次の段階のグラフェンLSI配線応用について触れたい。グラフェンのシリコン代替材料としての可能性が浮上する中，ネイティブ（デバイスと配線が同材料）配線やアクティブ（トランジスタなどのアクティブデバイスを配線内に形成）配線[13]の検討が必要である。また，室温でスピン注入や2μmものスピン緩和長が観測されていることから[16]，スピントロニクスにおける配線材料としての期待もある。このような領域では，シミュレーションの果たす役割が大きくなる。富士通では，第一原理計算に基づくグラフェンのスピン伝導の計算も行っている[17]。図9に示すように，ジグザググラフェンナノリボンで見つかっているスピンフィルター効果[18]が，大きなたわみやねじれがあっても保持され，スピン伝導は影響を受けないことが分かっている。本文中にも述べたように，このような3次元構造の探求は，配線構造の自由度を上げることで，ナノカーボン配線の可能性を広げるだろう。

ナノカーボンの応用と実用化

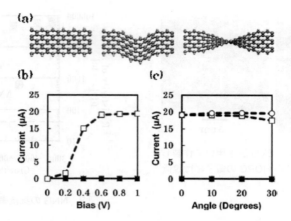

図9 ジグザググラフェンナノリボンの第一原理スピン伝導計算[16]
(a)左からまっすぐな場合，たわんでいる場合，ねじれている場合（角度はいずれも 30°）の原子構造モデル，(b)まっすぐな場合のスピン流：実線と点線はそれぞれアップスピンとダウンスピン，(c)たわんでいる場合（□）とねじれている場合（○）のスピン流の角度依存性：バイアス電圧は 0.8V[17]

文　　献

1) International Technology Roadmap for Semiconductors 2009 Edition：http://www.itrs.net/
2) R. Murali, K. Brenner, Y. Yang, T. Beck, and J. D. Meindl, *IEEE Electron Device Lett.*, **30**, 611 (2009)
3) A. Naeemi and J. D. Meindl, *IEEE Trans. Electron Devices*, **56**, 1822 (2009)
4) K. I. Bolotin, K. J. Sikes, Z. Jiang, M. Klima, G. Fudenberg, J. Hone, P. Kim, and H. L. Stormer, *Solid State Commun.*, **146**, 351 (2008)
5) C. Berger, Z. Song, X. Li, X. Wu, N. Brown, C. Naud, D. Mayou, T. Li, J. Hass, A. N. Marchenkov, E. H. Conrad, P. N. First, and W. A. de Heer, *Science*, **312**, 1191 (2006)
6) X. Li, X. Wang, L. Zhang, S. Lee, and H. Dai, *Science*, **319**, 1229 (2008)
7) X. Wang, Y. Ouyang, X. Li, H. Wang, J. Guo, and H. Dai, *Phys. Rev. Lett.*, **100**, 206803 (2008)
8) D. Kondo, S. Sato, and Y. Awano, *Appl. Phys. Express*, **1**, 074003 (2008)
9) W. A. de Heer, C. Berger, X. Wu, P. N. First, E. H. Conrad, X. Li, T. Li, M. Sprinkl, J. Hass, M. L. Sadowski, M. Potemski, and G. Martinez, *Solid State Commun.*, **143**, 92 (2007)
10) M. Orlita, C. Faugeras, P. Plochocka, P. Neugebauer, G. Martinez, D. K. Maude, A.-L. Barra, M. Sprinkle, C. Berger, W. A. de Heer, and M. Potemski, *Phys. Rev. Lett.*, **101**, 267601 (2008)
11) D. Kondo, S. Sato, K. Yagi, N. Harada, M. Sato, M. Nihei, and N. Yokoyama, *Appl. Phys.*

第4章　グラフェン

Express, **3**, 025102 (2010)

12) X. Li, W. Cai, J. An, S. Kim, J. Nah, D. Yang, R. Piner, A. Velamakanni, I. Jung, E. Tutuc, S. K. Banerjee, L. Colombo, and R. S. Ruoff, *Science*, **324**, 1312 (2009)

13) 連携研究体グリーン・ナノエレクトロニクスセンター：http://www.yokoyama-gnc.jp/

14) T. Takami, S. Ogawa, H. Sumi, T. Kaga, A. Saikubo, E. Ikenaga, M. Sato, M. Nihei, and Y. Takakuwa, *e-J. Surf. Sci. Nanotech.*, **7**, 882 (2009)

15) M. Sato, S. Ogawa, T. Kaga, H. Sumi, E. Ikenaga, Y. Takakuwa, M. Nihei, and N. Yokoyama, 2010 IEEE International Interconnect Technology Conference

16) N. Tombros, C. Jozsa, M. Popinciuc, H. T. Jonkman, and B. J. van Wees, *Nature*, **448**, 571 (2007)

17) 大淵，實宝，尾崎，日本物理学会 2010 年秋季大会 23pRA-3；第 66 回年次大会 26aTA-12 (2011)

18) T. Ozaki, K. Nishio, H. Weng, and H. Kino, *Phys. Rev.*, **B 81**, 075422 (2010)

9 スピンデバイス

白石誠司*

グラフェンにおける "pseudo-spin" と "real-spin" の2つ異なる "spin" が多くの興味を集めている。"real-spin" のほうは読んで字の如く現実のスピン自由度を意味し，これは電子（又は正孔）の有する電荷と並ぶ重要な自由度である。一方の "pseudo-spin" のほうはあまり聞きなれない言葉であろう。グラフェンのバンド構造を強束縛モデルで求めると，逆格子空間のK点，K'点近傍で長波長近似を用いた場合，その4×4 Hamiltonian が以下のような質量0の粒子に対する Dirac 方程式（neutrino の従う運動方程式であり，特別に Wyle 方程式と言う）と同じ形をしているために k_x-k_y-E 空間において円錐状のバンド構造を有していることがわかる（但し，k は運動量，σ は2×2の Pauli spin 行列，v_F は Fermi 速度，η はプランク定数 h の1/2π 倍である）。

$$H \sim \eta v_F \begin{pmatrix} 0 & k \cdot \sigma \\ k \cdot \sigma & 0 \end{pmatrix} \tag{1}$$

素粒子物理においてはこの Hamiltonian を元に Dirac 方程式を解いた際の上2成分が Dirac 方程式における正エネルギー解（即ち電子の波動関数），下2成分が負エネルギー解（即ち陽電子の波動関数）に相当しそれぞれを spinor とも呼ぶ[1]。これは正負エネルギー解の各成分がそれぞれ up spin，down spin に相当しているからである。グラフェンでは正負エネルギー解はそれぞれ実空間の単位格子内にある A，B サイトの各炭素原子における電子の波動関数に相当し，それが素粒子物理における spinor と同じ代数に従うことから "pseudo-spin" と呼んでいる。即ち "spin" とは名が付いているが，実際の "spin" との物理的関連はない。

しかしながらこの "pseudo-spin" はグラフェンにおいて発現する量子ホール効果に大きな影響を与える。グラフェンのバンド構造に立ち返ると任意のエネルギー E でバンドを切断した場合，k_x-k_y 平面ではバンドは円を成すことがわかる。このような拘束系においてベクトルが断熱的に運動する場合，新たな幾何学的位相が付加的に加わることが知られている（Berry 位相[2]と呼ばれ次式で表現される。但し $u(k)$ は電子の波動関数であり積分は k 空間の拘束系における一周積分にとっていることに注意）。

$$\Omega(k) = i \oint ou^*(k) \nabla_k u(k) dk \tag{2}$$

単層グラフェンにおけるこの Berry 位相を計算すると簡単な計算から Berry 位相が π であることが示されるが（二層グラフェンでは 2π であることが同様に示される），この0でない Berry

---

＊ Masashi Shiraishi　大阪大学　大学院基礎工学研究科　システム創成専攻　電子光科学領域
　　　　　　　　　　 教授

第4章 グラフェン

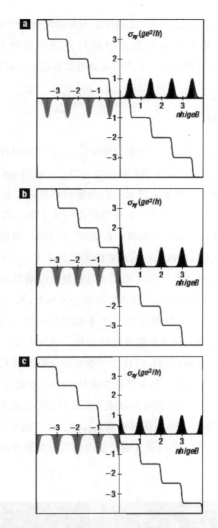

図1 (a)Ⅲ-Ⅴ族2次元電子ガス系で発現する量子ホール効果,(b)2層グラフェン,
(c)単層グラフェンで発現する量子ホール効果の概念図
横軸は磁場,縦軸はホール伝導度に相当し,電子とホールのランダウ準位もそれぞれ示されている[3]。

位相のためにグラフェンで発現する整数量子ホール効果はⅢ-Ⅴ族化合物半導体などで発現するそれとは異なった振る舞いを示し[3],図1に示されるようにランダウ準位$N=0$の部分にグラフェンの特異性が現れており,実験的には室温に至るまでこの整数量子ホール効果が観測されている他[4],分数量子ホール効果も低温で観測されている[5]。

一方の"real-spin"であるが,グラフェンを初めとする分子材料へのスピン注入と注入スピンの操作は近年大きな流行の兆しを見せている。これは分子材料が主に炭素・水素という軽元素からなるため spin-orbit interaction が小さく材料中のスピン緩和が生じにくいことが期待され

245

ていることによる。spin-orbit interaction は純粋に相対論的効果であり、質量 m の粒子に対する Dirac Hamiltonian に電磁場を導入した上で非対角項を対角化するための Unitary 変換（Foldy-Wouthuysen 変換）を複数回行って非相対論近似を取ると導出でき，

$$H_{S.O.} = \frac{ie}{8m^2} \sigma \cdot rotE - \frac{e}{4m^2} \sigma \cdot E \times k \tag{3}$$

という形を取る（E は電場，e は電荷，i は虚数単位）。ここで球対称ポテンシャル（水素原子のようなポテンシャル）を仮定すると第1項が0になるので，結局 spin-orbit Hamiltonian は質量の4乗に比例することが分かり，軽元素ほどその効果が小さいことが理解できる。さらにグラフェンでは99％の原子が ^{12}C という核スピンを持たない原子から構成されるために理論上さらにスピン緩和が強く抑制される。以上の動機から2007年以降，複数の研究グループが多層及び単層グラフェンへのスピン注入に挑戦し，室温でのスピン注入・スピン輸送，さらに純スピン流（電荷の流れを伴わないスピンの流れ）の生成による磁気抵抗効果の発現に成功している[6,7]。以下に筆者らが行ったグラフェンへのスピン注入の詳細を述べたい。

グラフェンスピンバルブ素子の作製は以下の手順で行った。まず購入したHOPG基板やSuper Graphite 基板にスコッチテープを貼り付けた後，剥離する。剥離したスコッチテープを事前にマーカーを作製したSi基板に押し付けてグラフェンを基板上に吸着させる。マーカーを頼りに図2のように非磁性（Au/Cr）および磁性電極（Co）を電子ビームリソグラフィー法と真空蒸着法により形成する。ここで磁性電極は磁化反転のために必要な磁場が異なるようにあらかじめ構造差をつけている。スピン依存伝導の測定には，よく知られている局所2端子法による測定と非局所4端子法[8]を用いた。非局所4端子法とは電流が非等方的に流れる一方で純スピン

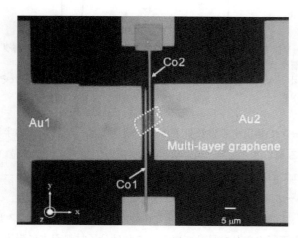

図2 グラフェンスピンバルブ素子の光学顕微鏡写真
多層グラフェンを用いた場合の例。

第4章　グラフェン

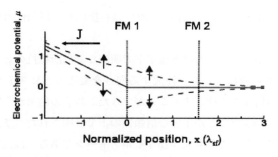

図3　非局所4端子法を用いた測定におけるアップスピンとダウンスピンの電気化学ポテンシャルの位置依存性
FM 1はCo 1, FM 2はCo 2に対応する。電流JはCo 1から注入し図の左の方向に流しているのでスピンは左から右に流れることになる。

流は等方的に流れることを利用しており，電流が流れるパスと電圧を測定するパスを分離した測定手法である。電流（＝多数スピン，今はアップスピンとする）はCo 1からグラフェンに注入され左側の非磁性電極Au 1に流れていくので，スピンは逆にAu 1からCo 1に電気化学ポテンシャルの傾きに従って流れることになる。Co 1より右側には電流は流れないが，強磁性金属とグラフェンの界面で多数スピンが蓄積し，その蓄積された多数スピンが電流は流れない右側の領域に拡散していく。グラフェンは非磁性であるのでスピンバランスを保つために（多数スピンを補償するために），同時に左向きに少数スピン（ダウンスピンとする）が拡散してくる。つまり電荷の流れである電流は存在しないがスピンの流れであるスピン流は存在する，という状況を作り出すことができるわけである。ここで，Co 2のスピンの向きを磁場で制御することで，Co 2とその右側にある非磁性電極（Au 2とする）との間の領域におけるアップ・ダウンいずれかのスピンの拡散に起因するスピン流の電気化学ポテンシャル差を測定することができる。ここで，Co 2のスピンの向きを磁場で制御することで，Co 2とその右側にある非磁性電極（Au 2）との間の領域におけるアップ・ダウンいずれかのスピンの拡散に起因するスピン流の電気化学ポテンシャル差を測定することができる。まず，Co 1, Co 2のスピン状態が共にアップであるとしよう。Co 1から右に拡散するスピンはアップであり，Co 2とAu 2の間のアップスピンのスピン流ポテンシャル差が観測される。次に，磁場を挿引することでCo 1のスピン状態を反転させると注入スピンがダウンとなる。一方，Co 2のスピン状態はアップのままなので，注入されたダウンスピンを補償するためにグラフェン中を左向きに流れるアップスピンのスピン流ポテンシャルを観測することになり，観測するスピン流ポテンシャルに変化が生じる（理想的には非局所抵抗の符号が反転する）。さらに磁場を印加し，Co 2電極のスピンを今度はダウンにそろえるとCo 2は右向きに流れるダウンスピンのスピン流ポテンシャルを観測するので非局所抵抗の値は最初のアップスピンで平行配置となっていた時の値にもどる。つまり，このように非局所抵抗にヒステリシスが表れることが非磁性材料，今の場合はグラフェンにスピンが注入されたことを示す。この実験手法の優れた点はスピン注入以外の原因による信号（例えば異方性磁気抵抗効果，

局所ホール効果など）による偽の（spurious）な信号を排除し，信頼性の非常に高い結果を得ることができる点である。

実験結果を図4に示すが，室温における測定下で明瞭な非局所抵抗のヒステリシスが観測されていることがわかる。ちなみにスピンを注入する向きを変えるとヒステリシスが上に凸に変化し，この点からも結果の信頼性を確認することができた。以上の結果から室温におけるグラフェンへのスピン注入が実現できたことが十分な信頼性の下で証明された。また分子中を流れるスピン流を室温で初めて計測できたことも大きなマイルストーンである。最近では局所測定においても室温で0.02％程度のスピン注入による磁気抵抗効果を世界で初めて観測することに成功し[9]，また多層グラフェンに室温で注入されたスピンの緩和時間が120 ps，スピン緩和長が1.6 μm であることも Hanle 型スピン歳差運動の測定結果を以下のスピン拡散の方程式でフィッティングすることでから明らかになった[9]。

$$\frac{V_{non-local}}{I_{inject}} = \frac{P^2}{\sigma A/D} \int_0^\infty \frac{1}{\sqrt{4\pi Dt}} \exp\left(-\frac{L^2}{4Dt}\right) \cos(\omega_L t) \exp\left(-\frac{t}{\tau_{sf}}\right) dt \tag{4}$$

ここで左辺はスピン注入による非局所抵抗を示し，t は時間，τ_{sf} はスピン緩和時間，D は拡散定数，L は Co 1-Co 2 間の距離，λ_{sf} はスピン緩和時間，P はスピン偏極率，ω_L はラーモア周波数，σ はグラフェンの伝導度，A はチャネルの厚さである。図5が実際の Hanle 型スピン歳差運動の測定結果であるが，このようなスピン信号の明瞭な振動はグラフェンに注入されたスピンが，グラフェンに面直方向の外部磁場によって歳差運動をしていることが意味しており，磁化平行配置（↑↑）と反平行配置（↑↓）の信号が交わる点でちょうど注入スピンが $\pi/2$ 回転した

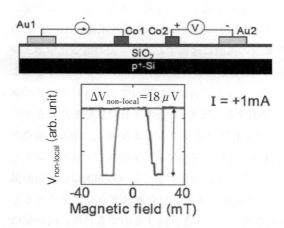

図4　グラフェンへの室温における注入スピン信号の例
上段は測定回路図。

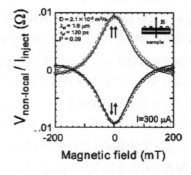

図5　グラフェンに注入されたスピンの Hanle 型スピン歳差運動の測定例

外部磁場をグラフェンに面直に印加することで，当初面内方向だったスピンを面直方向に立てる。注入スピンは立つ過程で歳差運動を開始し，140 mT 程度の外部磁場を印加したときにちょうどスピンは $\pi/2$ 回転して Co 2 に到達している。

第4章　グラフェン

ことを示している。このように，①局所測定による磁気抵抗効果，②非局所測定による純スピン流の生成，③Hanle型スピン歳差運動の測定，の3つの測定が全て同じ材料で観測できて初めてその材料に確実にスピン注入できた，と結論できる。その点ではグラフェンは分子系で唯一この3条件を筆者らの研究により満たすことを証明された材料であり，他の分子材料でもこのような精密な評価なしにスピン注入を結論するのは早計に過ぎることを強調しておきたい。

　さてスピン緩和についてであるが，実験的に求められたスピン緩和長はいずれの研究機関においてもおよそ同じ値，すなわち1-2μmである[7]。この数字は確かに比較的長く分子系への期待を裏切るものではないが，これが材料の持つ真のポテンシャルというわけではないと考えられる。即ち表面への吸着物による散乱効果，材料中の欠陥などまだまだスピン位相を緩和させる機構は多く存在すると考えている。理論的にはグラフェン中では拡散伝導ではなく弾道伝導が実現できるはずで，そうなればspin-orbit interactionが非常に小さいことと相俟ってスピン緩和はほとんど生じないはずである。まだグラフェンにおけるスピン輸送の物性研究は端緒についたばかりであり，今後のプロセスの改良などで良好なスピンコヒーレンスは十分得られると考えている。

　良好なスピンコヒーレンス以外にもう1つ興味が集まる物性としてグラフェンチャネルに注入されたスピンのスピン偏極率が高バイアス電圧領域に至るまで一定である，という筆者のグループが発見したユニークな物性がある[8,10]。従来の金属系スピン素子の場合，バイアス電圧を印加すると磁気抵抗比が単調に減少していくことが応用上の1つの課題となっている（+1Vを印加すると磁気抵抗比はおよそ半減する）。これは注入されたスピンのスピン偏極率がマグノンやフォノンの散乱により減少するからである，と理解されているようである。一方，グラフェンの場合，単層・多層を問わず最大で+2.7V程度まで注入スピンのスピン偏極率は変わらない[8]。類似の現象はシリコンでも観測されているが[11]，この現象はスピントランジスタ応用を考えた場合，デバイスの設計マージンが広く取れるという大きな応用上の利点を意味しているため特に応用面で重要な特性と言うことができよう。そのスピントランジスタへの展開についてはまだ初期的段階ではあるが，スピン信号のゲート電圧による変調にも室温で成功しており，今後の発展が期待される[7,12]。

　以上で述べたようにグラフェンを用いたスピントロニクスはまだ創生期であるが，これ以外にも金属系では実現できなかったスピンのドリフト伝導性の発現[13]や異方的なスピン緩和の報告[14]など他にも様々な興味深い物性が報告されており今後の発展が大いに期待されている。またこの研究を突破口に他の分子材料へのスピン注入・スピン輸送物性の研究もさらに発展していくことも同様に期待されている。ナノカーボン材料で言えばカーボンナノチューブでは1例だけ低温での非局所磁気抵抗の報告があるものの[15]，再現性やHanle型スピン歳差運動の報告も含めて更なる研究が待たれており，今後積極的な研究の推進が待たれていることを付記しておきたい。

249

ナノカーボンの応用と実用化

謝辞

　本研究は大阪大学大学院基礎工学研究科において，システム創成専攻・白石研究室と物質創成専攻・鈴木義茂研究室との共同研究で行われた。鈴木研究室の鈴木教授・新庄輝也客員教授・野内亮博士（現東北大WPI助教）・野崎隆行博士・高野琢博士（現SPring-8）・大石恵さん（現大日本印刷㈱）・三苫伸彦君（現東北大大学院博士課程），また白石研究室における共同研究者である仕幸英治特任准教授・村本和也君（大学院修士課程）・亀野誠君（学部4回生）に心から感謝する。Super Graphite はカネカ㈱の村上睦昭博士よりご提供いただいたことにも深甚なる謝意を表したい。

文　　献

1) J. D. Bjorken and S. D. Drell, "Relativistic Quantum Mechanics" (McGraw-Hill, 1998)

2) M. V. Berry, *Proc. R. Soc. Lond.*, **A392**, 45 (1984)

3) K. S. Novoselov, E. McCann, S. V. Morozov, V. I. Fal' ko, M. I. Katsnelson, U. Zeitler, D. Jiang, F. Schedin and A. K. Geim, *Nature Phys.*, **2**, 177 (2006).

4) K. S. Novoselov, A. K. Geim, S. V. Morozov, D. Jiang, M. I. Katsnelson, I. V. Grigorieva, S. V. Dubonos and A. A. Firsov, *Nature*, **438**, 197 (2005). Y. Zhang, Y-W. Tan, H. L. Stormer and P. Kim, *Nature*, **438**, 201 (2005)

5) X. Du, I. Skachko, F. Duerr, A. Luican and E. Y. Andrei, *Nature*, **462**, 192 (2009). K. I. Bolotin, F. Ghahari, M. D. Shulman, H. L. Stormer and P. Kim, *Nature*, **462**, 196 (2009)

6) M. Ohishi, M. Shiraishi, R. Nouchi, T. Nozaki, T. Shinjo and Y. Suzuki, *Jpn. J. Appl. Phys.*, **46**, L605 (2007)

7) N. Tombros, C. Jozsa, M. Popinciuc, H. T. Jonkman, B. J. van Wees, *Nature*, **448**, 571 (2007)

8) F. J. Jedema, H. B. Heersche, A. T. Filip, A. A. J. Baselmans and B. J. van Wees, *Nature*, **416**, 713 (2002)

9) M. Shiraishi, M. Ohishi, R. Nouchi, T. Nozaki, T. Shinjo and Y. Suzuki, *Adv. Func. Mat*, **19**, 3711 (2009)

10) M. Shiraishi, K. Muramoto, N. Mitoma, T. Nozaki, T. Shinjo and Y. Suzuki, *Appl. Phys. Express*, **2**, 123004 (2009)

11) M. Shiraishi, Y. Honda, E .Shikoh, T. Shinjo, Y. Suzuki, T. Sasaki, T. Oikawa, K. Noguchi and T. Suzuki, arXiv:1103.0355

12) M. Shiraishi *et al.*, "Graphene : The New Frontier" (World Scientific Publishing), in press

13) C. Jozsa, M. Popinciuc, N. Tombros, H. T. Jonkman and B. J. van Wees, *Phys. Rev. Lett.*, **100**, 236603 (2008)

14) N. Tombros, S. Tanabe, A. Veligura, C. Jorza, M. Popinciuc, H. T. Jonkman and B. J. van Wees, *Phys. Rev. Lett.*, **101**, 46601 (2008)

15) N. Tombros, S. J. van der Molen and B. J. van Wees, *Phys. Rev. B.*, **73**, 233403 (2006)

第5章　ナノカーボン材料の安全性

1　ナノカーボンの社会受容：総論

阿多誠文*

1.1　はじめに

　日本のナノテクノロジーの研究開発が，科学技術政策に基づいて戦略的に進められるように
なってから，この3月末でちょうど10年が過ぎた。21世紀の元年の2001年4月から本格的な
投資が始まった，新興の科学技術であるナノテクノロジーの研究開発には，20世紀末までの様々
な科学技術の研究開発と大きく異なった点があった。コア技術の研究開発の初期の段階から，そ
の技術が社会に及ぼす様々な影響を検討し，研究開発の現場にフィードバックする研究開発の方
法論が提唱され試みられたことである。今日そのような研究開発の課題は，一般に社会受容の課
題と呼ばれている。

　そのような科学技術と社会の新しい関係を考える，言い換えるなら社会受容の課題を盛り込ん
だ研究開発の方法論が試みられたことは画期的ではあったが，日本のナノテクノロジーの研究開
発においては，社会受容というとナノ材料の環境や健康へ影響，すなわちリスクを主要な課題と
して議論が展開してきたように思う。その背景として，ナノテクノロジーの社会受容の課題が国
際的に大きく展開し始めたころ，日本のナノ材料のリスクに対応する取り組みが欧米に大きく遅
れを取っていたことが挙げられる。確かにナノ材料のリスクの課題は社会受容の重要な課題では
あるが，リスクの課題はナノテクノロジーの社会受容の課題のすべてではない。新興のテクノロ
ジーを社会に応用展開する際に必要な，そのリスク管理や工業標準化をはじめ，関連法規の整備，
知的財産や人材育成，アウトリーチ活動や科学コミュニケーションに至るまで，社会受容の課題
は極めて多様である。コア技術の研究開発以外のすべての課題が社会受容の課題である，と言っ
ても過言ではない。

　この章ではナノカーボン材料の安全性の問題や管理の課題が主要なテーマとして取り上げら
れ，リスク管理や標準化について詳細な状況が説明される。それらの各論に先立ち，この総論で
は日本のナノテクノロジーの研究開発の歴史的背景を振り返りながら，我々が取り組んできたナ
ノテクノロジーの社会受容の課題の本質的な意義について，もう一度できるだけ大所高所の視点
から考えてみようと思う。21世紀の始まりと同時に展開した新興のナノテクノロジーの研究開
発においてはじめて試みられた，コア技術の研究開発と社会受容の課題とを平行して進める研究
開発の方法論が，今後のさらに新興の科学技術の研究開発に良い前例として活かされ，科学技術
政策とイノベーション政策が協奏的に新しい科学技術を育て，それが真に持続可能な我々の未来

---

*　Masafumi Ata　㈱産業技術総合研究所　ナノシステム研究部門　ナノテクノロジー戦略室

社会の実現のために役立つよう，第4期科学技術基本計画への期待も含めて俯瞰する。

　ただ現実に目を向ければ，今後ナノ材料の製造者や取扱者に対して自らその安全性を証明する義務が求められるようになることから，たとえば簡便な試験法の開発やそれを進める試験評価の枠組み作りなど，産業界にとっては危急の課題も多く存在する。とりわけ具体的な応用がグローバルに展開しつつあるナノカーボン材料については，世界的な関心事となっている。これまでも繰り返し述べてきたとおり，ナノ材料の安全性の問題はそのまま様々な環境規制に反映され，環境規制は国際交易における非関税障壁になる場合もある。ナノ材料の安全性の問題は直接的にナノテクノロジーのビジネスの場に反映され，ビジネスルールそのものとなる。したがってこの課題は，日本の国際競争力を左右するきわめて重要な課題であることも肝に銘じておかなければならない点である。

1.2　日本のナノテクノロジー研究開発の背景

　今日我々の生活は，高度に発達した情報通信技術に支えられている。ケータイ端末からインターネットに情報網が繋がり，リアルタイムで世界中に流れていく。ネットで配信される情報網が政治体制まで換えつつある。生活は格段に便利になってきた。たとえばお金を介することなく，電子決済で生活に必要なものを調達でき，公的交通機関を利用できる。そのような社会を可能にしたのは，真空管1個を装着する広さに，真空管と同じ働きをする100万個ものナノサイズのトランジスタを作り込む材料の科学とプロセスの技術である。そのようなものをナノサイズまで小さく作り込む科学技術のもつ大きな可能性は，既に1950年代末頃から様々な言葉で表現されていた[1]。

　言葉としては既に1970年代に出現したものの，そのような科学技術が一般にナノテクノロジーと呼ばれるようになるのは，ナノレベルの構造を観測できる透過電子顕微鏡や，物質表面の原子の配列を直接観察する解析技術が発達してきた1980年代に入ってからである。1990年代になると，原子・分子レベルの観測だけではなく，原子・分子レベルの構造を作製・加工する技術が発達してきた。それまで夢の科学技術であったナノテクノロジーが一段と現実味を増してくることで，ナノテクノロジーが今後大きな社会経済的インパクトをもたらすと期待されるようになり，次の21世紀の少なくとも前半において最も重要な科学技術であるとの認識が一般的になってきた。1995年11月，日本の科学技術の振興に関する施策の総合的かつ計画的な推進のための法律「科学技術基本法」が制定され，2001年1月にその実行を使命として内閣府に総合科学技術会議が発足した。日本のナノテクノロジーは，2001年の4月に施行された以降5年間の第2期科学技術基本計画から，戦略的研究開発投資が開始された。20世紀元年であり，日本のナノテクノロジー元年でもある。

　もともと日本は，二酸化チタン光触媒[2]のような，材料の科学技術に強みを有してきた。材料の科学技術では，これまでにない様々な機能を誘導するために，ナノサイズ化やその分散といった技術が重要な検討課題であった。さらに1990年代になり，カーボンナノチューブ（CNT）[3]の

252

第5章　ナノカーボン材料の安全性

研究開発が始まると，材料の科学技術とナノテクノロジーは互いに切り離すことができないと認識されるようになってきた。このような背景から，第2期科学技術基本計画では，ナノテクノロジーは材料の科学技術とともに，「ナノテクノロジー・材料分野」と一つの研究開発分野として定義され，以降5年間の戦略的研究開発投資が行われることになった。2006年4月から以降5年間の第3期科学技術基本計画でも戦略的優先課題の指定を受け，日本ではこれまで都合10年にわたる戦略的研究開発投資が続けられてきた。

　材料の科学技術の他にもう一つ，日本にはナノテクノロジーの発展を支えた強みがあった。それは，戦後日本の産業の発展を支え，日本型産業構造のなかで伝統的に培われてきた「ものづくり」，あるいは「ものづくりシステム」と呼ばれる精密・微細加工技術を基礎とする技術的な強みである。そもそも論になるが，「nanotechnology」という言葉は，1974年に日本で開催された国際生産技術会議において，故・谷口紀男博士がその講演 "On the Basic Concept of Nano-Technology" ではじめて用い，定義した言葉である[4]。この講演のなかで示された，機械的加工の精度の向上がもたらす超精密加工技術の到達点としてのナノテクノロジーは，日本のものづくりシステムと密接に関連して産まれた科学技術の体系であり，それは今日トップダウンのナノテクノロジーと呼ばれている。

　このトップダウンの手法によるナノの世界へのアプローチとは逆に，もともとナノからサブナノのオーダーである分子や原子を，特定の場所に集積して新しい機能を引き出す科学技術が，ボトムアップのナノテクノロジーである。この方法論は，1986年にノーベル物理学賞を受賞した，G. Binnig 氏と H. Rohrer 氏の走査トンネル電子顕微鏡（STM）の発明[5]に負うところが大きい。STM は後に走査プローブ顕微鏡（SPM）へと展開し，SPM の探針で原子1個を摘み目的の位置に置く原子レベルのナノ加工技術の実現へと展開する。両氏の功績がナノテクノロジー発展のマイルストーンとして評価されるのは，ナノの構造を意図的に作り出すボトムアップのナノテクノロジーの操作に道を拓いたことによる。今日ナノテクノロジーの真の価値は，トップダウンとボトムアップの技術の融合した数十 nm のオーダーで展開すると考えられている。

1.3　ナノテクノロジーと科学的不確実性

　天体の動きから日常生活のなかで我々が目にするほぼ全ての物理現象の記述には，ニュートン力学が威力を発揮する。ただ，我々の知識が光学顕微鏡でも見ることができないナノの世界に広がってくると，超微細な世界で起きる特異な物理現象を理解し記述するための新しい "Discipline" が必要になった。例えば上述のトンネル電子の移送現象のような，ナノ領域の世界の特異な物理現象の理解に大きく貢献してきたのが，1920年代に出来上がった量子力学である。物質はナノサイズの超微細構造までその粒径を小さくすると，バルクの状態とは異なり，離散的な電子エネルギーを示すようになる。1962年に金属の超微粒子の磁化率の観察で発見された久保効果[6]と呼ばれるこの現象が量子効果の本質であり，ナノテクノロジーの黎明期の重要な発見である。

　ただ，バルク物質をナノサイズにまで超微細化することで現れる久保効果のような量子効果

253

は，すべての物質に共通に，ある特定のサイズを境にして明確に観測される物理現象ではなく，安全性の問題と関連して議論が続いている[4]。それ故に実際には，量子サイズ効果をもってナノあるいはナノサイズを厳密に定義することにも不確実性が伴う。さらに，ナノテクノロジーの基礎となっている量子力学にも，Heisenberg's uncertainty と呼ばれる不確定性がある。これは実験的な誤差ではなく，時間とエネルギーの間にある原理的な不確定性である。それ故に，量子力学は A. Einstein 氏が「神はサイコロをふらない」として拒んだ確率的な表現を必要とした。このようにナノテクノロジーは，量子力学を拠所とし小さい世界が秘めた大きな可能性を引き出す科学技術であると同時に，様々な科学的な不確かさを併せ持った科学技術でもある。

21 世紀に入り，欧米や日本で科学技術政策に基づいた戦略的な研究開発投資が進められるようになると，ナノテクノロジーに係わる様々な科学的不確実性のなかでも，とりわけナノ材料の環境やヒトの健康・安全性に対する影響に多大な関心が払われるようになってきた。この課題は，Environmental, Health and Safety を略して，一般にナノ材料の EHS の課題と呼ばれている。ナノテクノロジーの研究開発プログラムの中で，この EHS の課題への取り組みが展開した背景には，その契機となった二つの懸念があった。

一つは，ナノ材料そのものの科学的な確実性である。ナノサイズであるが故にその物理化学的特異性だけでなく，ナノサイズの粒子の環境やヒトの健康や安全性への影響がバルク材料とは全く異なるのではないか，という懸念である。もう一つは，遺伝子組み換え作物のように，巨額の研究開発資源の投入を行っても，ナノテクノロジーが社会の信頼を得ることができず，社会に受けいれられない事態になれば，それまでの研究開発投資が無駄になる，という政策サイドの研究開発投資の効率に関する懸念である。このような背景から，ナノテクノロジーのもつ様々な科学的不確実性のなかでも，EHS の課題はナノテクノロジーのコア技術の研究開発と並行して進めなければならない重要な課題と認識されるようになった。

ナノ材料の EHS の課題の本質は，バルク材料とは大きく異なるナノ材料特有の物理的・化学的特性に起因する。一般に粒子は，そのサイズが 1/10 になると表面積は約 10 倍に増え，個数は約 1000 倍に増える。たとえば，ゴマ粒ほどの直径 1mm の 1 個の粒子を，直径 10nm の粒子にまで超微細化すると，その表面積は 100,000 倍に，個数は 1000,0000,0000,0000 個にもなる。ナノサイズ化された超微粒子は，バルクの状態には観測されない特異な凝集現象を示すようになる。このような特異な挙動を示すナノサイズの超微粒子は，バルクの粒子とは異なる環境や健康への影響を与えるのかどうか，ナノテクノロジーの応用展開に先駆けて解明しなければならない極めて重要な課題である。

ただ，科学的不確かさは，科学者にとっては知的探求の動機にもなる。ナノ材料の EHS の課題も含めて，まだ科学的に明らかにされていない様々な不確かさを有するナノテクノロジーは，科学者の知的探究心を擽らずにはいない科学技術である。そのような新興の科学技術であるナノテクノロジーの研究開発には，科学技術の研究開発側から社会への一方的な応用展開とは異なる研究開発の方法論が導入された。コア技術の研究開発と並行して，その技術が社会に与えるイン

第5章　ナノカーボン材料の安全性

パクト，すなわち社会的影響を科学的に検証し，その結果をコア技術の研究開発にフィードバックするという研究開発の方法論であるアメリカは国家ナノテクノロジー戦略を発足させた2000年9月には，この課題に関する議論を開始している[8]。ナノテクノロジーの社会的影響のなかでも，とりわけ重要で緊急の取り組みが求められたのが，ナノ材料のEHSの課題であった。

　日本でこのようなナノテクノロジーの研究開発の方法論が本格的に議論されはじめたのは，2004年以降であり，科学技術政策のなかで明確にナノ材料のリスク管理やナノテクノロジー国際標準化の課題への取り組みが示されたのは，2006年4月に施行された第3期科学技術基本計画からである。とりわけその初期の段階から，ナノカーボン材料には大きな関心が払われた。ナノテクノロジーではじめて試みられた，技術が社会に与える様々な影響を検討しながら進める新しい研究開発の方法論，すなわち社会受容の取り組みがうまく機能するかどうかが，ナノテクノロジーに続く今後の新興の科学技術の責任ある研究開発のあり方や方法論に大きな影響を与えることになる。単にナノ材料のリスクの課題にとどまらず，今後の科学技術の研究開発に多大な影響を与える課題であることを充分に認識して進める必要がある。

1.4　ナノテクノロジー研究開発の現状

　ここでは，10年間の戦略的研究開発投資を続けてきた現在，日本のナノテクノロジーがどのような状況にあるのかを俯瞰する。その目的のために，国内の全ての新聞と雑誌に掲載されたナノテクノロジー関連記事の年推移の統計データを，ナノテクノロジーの研究開発に対して日本の社会がどの程度の関心を示しているのかを示す客観的な指標として採用する。図1に，日本の国内メディアに掲載されたナノテクノロジー関連の記事の年推移を示す。統計グラフから明らかなように，科学技術政策に基づくナノテクノロジーへの戦略的研究開発投資が始まった2001年まで，国内マスメディアはほとんどナノテクノロジーという言葉を取り上げていない。ただこれは，それ以前に日本にナノテクノロジーの萌芽的研究開発がなかったということではない。たとえば当時の工業技術院は，産業科学技術研究開発制度の一環として，1992年から10年間にわたり新エネルギー・産業技術総合開発機構（NEDO）の委託により原子・分子極限操作技術の研究開発プロジェクトである技術研究組合オングストロームテクノロジー研究機構を展開している。

　当時の日本は1990年のバブル経済の崩壊後，失われた10年と称される経済の停滞期に入り，ナノテクノロジーに対する期待は高まってはいなかったが，日本のナノテクノロジーは着実に萌芽的研究開発を進めていた。1990年代の日本においては，ナノテクノロジーよりもオングストロームテクノロジーやアトムテクノロジーという言葉がより頻繁に用いられた。ただ，"アトムテクノロジー"を検索キーワードとして図1と同じ統計処理をしても，最も多く取り上げられた1996年でさえその件数は29件にとどまっている。オングストロームテクノロジーは，1993年の12件が最高である。またナノテクノロジーという言葉が広く用いられるようになってきた2001年以降，アトムテクノロジーやオングストロームテクノロジーという用語は国内メディアにほとんど出てこなくなっている。したがって，図1に示した統計は，アトムテクノロジーやオングス

255

ナノカーボンの応用と実用化

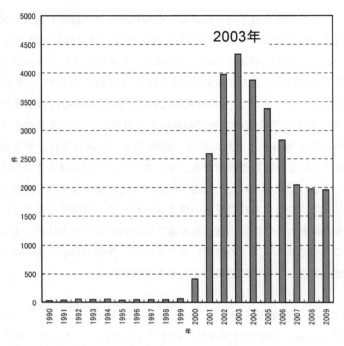

図1　国内メディアによるナノテクノロジー関連報道件数の推移
(Nikkei Telecon により検索)

トロームテクノロジーを含めた日本のナノテクノロジー研究開発全般に対するメディアの注目度をおおむね正しく反映しているといえる。

　図から明らかなように，2001年度から科学技術政策に基づいた戦略的な研究開発投資が開始されると同時に，日本ではナノテクノロジーへの関心が急速に増していった。わずか2年後の2003年には，ナノテクノロジーへの期待はその極みに達している。上述したとおり，我々はこの統計で縦軸をナノテクノロジーに対する社会の関心と見なしており，これはDavid M. Berube氏が示した典型的なhype曲線の縦軸「Visibility」[9]と同義とみなせる。日本ではNano-Hypeと呼べる状態が，戦略的研究開発投資が開始されたわずか2年後の2003年に出現しているのである。

　この2003年頃のHypeの状態においては，ナノテクノロジーの将来価値への大きな期待はあるものの，研究開発の成果や応用の実態はほとんどない。実態が伴わないなかでの過剰な期待を理由に，一部の研究開発推進を進める科学者や政策担当者を非難する言動もある。確かにNano-Hypeはナノテクノロジーの将来価値への過剰な期待が研究開発の実態を上回る状況ではあるのだが，その一方でそれまでの日本で培われてきた萌芽的研究を背景として，ナノテクノロジーに対する研究開発投資を大きく増進させることには役だったはずである。またそれまで日本ではあまり広がっていなかったナノテクノロジーに対する認知や認識を広め，もっと知りたいという知

第5章　ナノカーボン材料の安全性

的欲求を喚起したことも事実である。このような社会の要求に応えるために，北海道大学の科学技術コミュニケーター養成ユニット，科学と社会との橋渡し役を担う東京大学の科学技術インタープリター養成コース，さらには早稲田大学の科学技術ジャーナリスト養成プログラム等が開設され，人材育成がすすめられた。また，我々が把握しているだけでも，2010年には年間2000回以上のサイエンスカフェが日本各地で開かれるようになっている。このようなサイエンスコミュニケーションの展開は，ナノテクノロジーのような新興の科学技術のパブリックエンゲージメントの活動の契機にもなった。Nano-Hypeと呼ばれる状況が，振興の科学技術と社会との間に様々なプラスの効果をもたらしたことも忘れてはならない点である。

　Hypeがピークに達した2003年直後の2004年から2007年にかけて，実態の伴わない過剰な期待が急速に醒めていくnegative-hypeの状況が顕著に現れてくる。依然として政府のナノテクノロジー・材料分野への研究開発投資が伸びるなか，メディアがナノテクノロジーを取り上げる頻度は急速に少なくなり，社会の関心は冷めていった。過剰な期待が冷静さを取り戻していくNegative-hypeは必然的に起きる。ただ，一点だけ注目しておかなければならないことは，negative-hypeがいつ止むのか，いつ底を打つのかである。

　図1から明らかなように，2004年以降2007年までメディアの関心は急速に下降しているものの，2008年から2009年にかけて明らかにNegative-hypeは底を打っている。Fennらの解析[10]に従うなら，今後ゆっくりとではあるが，ナノテクノロジーが，グリーンと総称されるエネルギー・環境技術や，ライフサイエンスといった技術領域の共通基盤技術として，その実用化を支えていくことになる。Negative-hypeが底を打った2010年は，ちょうどその転換点にあるといえる。10年におよぶナノテクノロジー研究開発の成果を応用・実用化に結びつけるイノベーションプロセスを確実に進めていくには，中長期的な視点で一貫した科学技術政策に基づいて，ナノテクノロジーの基礎的な研究開発を一層充実させ，継続的に推し進めていくことが必須である。

1.5　ナノEHSに関する取り組み

　10年に及ぶ科学技術政策に基づいたナノテクノロジーの戦略的研究開発投資の成果を，応用・実用化へ確実につなげていくための重要な課題のひとつが，ナノ材料のEHSの課題への取り組みである。ナノ材料のEHSの課題への取り組みが日本でどのように展開してきたのか，ここで整理しておく。

　我々は2005年度に，文部科学省科学技術振興調整費プロジェクト「ナノテクノロジーの社会受容促進に関する調査研究」を実施した。このプロジェクトには，産総研のほかに，文部科学省所管の物質・材料研究機構，環境省所管の国立環境研究所，厚生労働省内局の国立医薬品食品衛生研究所などの公的研究機関，大学の研究者，ジャーナリスト，NGOなどが参画した。このプロジェクトは一年間のワーキングに基づいて，ナノのEHSに関する取り組みを日本でも直ちに開始すべきとの政策提言[11]をまとめた。ナノテクノロジー・材料分野への戦略的研究開発投資が続けられるなか，この政策提言は2006年4月に施行された第3期科学技術基本計画とナノテク

ナノカーボンの応用と実用化

ノロジー・材料分野戦略に反映され，関係省庁が取り組むべきナノテクノロジーの社会的側面，パブリックエンゲージメントに関する具体的な課題が明記された。政策方針が明示されたことから，2006年度からナノ材料のリスク評価に関する大型プロジェクトや，ナノテクノロジーの国際標準化の活動も大きく展開した。

この政策方針を実行するために，内閣府総合科学技術会議は，2006年からの第3期科学技術基本計画のなかの重要な研究開発課題を選定し，関係各省庁間の連絡を密にして研究開発課題への取り組みを強化すると共に，各省庁間で取り組みのオーバーラップを防ぐことを目的に，府省連携施策の取り組みを展開した。ナノテクノロジーの社会受容の課題はナノテクノロジーの研究開発と並行して進めていくとの基本姿勢から，2007年7月から2010年3月末まで，科学技術連携施策群「ナノテクノロジーの研究開発推進と社会受容に関する基盤開発」が進められた。この府省連携プログラムでは，その補完のために，文部科学省科学技術振興調整費プロジェクトがすすめられた。この補完的課題の活動を担ったのが，東京大学，産総研，物質・材料研究機構の協力で進められたプロジェクト「社会受容に向けたナノ材料開発支援知識基盤」である。

そのプロジェクトを含め，ナノテクノロジーのEHSに関する政府の具体的な取り組みは，少なくとも2007年から2009年度での3年間は，内閣府総合科学技術会議の学技術連携施策群の関連の課題としてすすめられた。その3年間の関係省庁の取り組みを，図2に示す。文部科学省，厚生労働省，農林水産省，経済産業省，環境省の各省が，所管の公的研究機関の支援や，新たに委員会を発足させるなどして，包括的なナノテクノロジーのEHSに関連する取り組みを展開した。

表1に，内閣府総合科学技術会議が府省連携施策を行った2007年から2009年にかけて，これら関係省庁がナノテクノロジーのEHSの課題に対して使用した予算額を示す。文部科学省は所管研究機関である物質・材料研究機構が進めたナノ材料のリスク評価に資する材料評価技術の開発を支援した。厚生労働省は安衛研と国衛研が進めたナノ材料のヒト健康影響の包括的な研究を支援，経済産業省はリスクを含めたナノ材料の評価手法の開発を進めた。表に示したとおり，この3年間にナノ材料のEHSに関する研究のために用いられた正味の国家予算は4,148百万円である。この額は，3年間にナノテクノロジー・材料分野へ投資された研究開発予算総額のおおよそ1.7%に相当する。

このようなナノテクノロジーのEHSに関する取り組みは，経済協力開発機構（OECD）の工業ナノ材料部会（WPMN）におけるナノ材料の管理策策定のための試験評価活動や，国際標準化機構（ISO）のナノテクノロジーに関する第229技術委員会（TC229）がすすめるナノ材料の安全性評価に関する標準化作業にリンクしている。このOECDの活動とISOの活動は互いにリエゾン関係を結んでいるが，OECDの活動は加盟国の政府の枠組みで進められるのに対して，ISOの活動は基本的には受益者のボランタリーな活動である。

OECDの活動には化審法に責任をもつ厚生労働省，経済産業省，環境省の3つの省が直接貢献している。OECD/WPMNのプロジェクトのなかで最も重要な活動が，第3プロジェクト「代

第5章　ナノカーボン材料の安全性

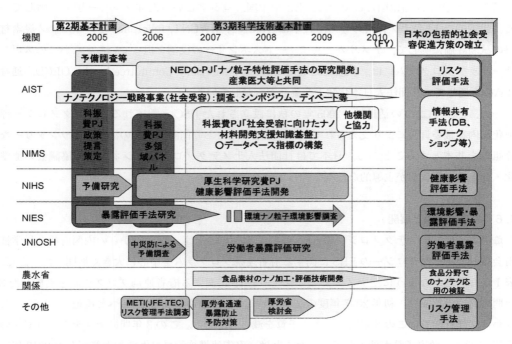

図2　2007-09年に進められた科学技術連携施策群「ナノテクノロジーの研究開発推進と社会受容に関する基盤開発」関連の取り組み
（石津さおり（現経済産業省化学物質管理課）による）

表1　科学技術連携施策群「ナノテクノロジーの研究開発推進と社会受容に関する基盤開発」関連施策と予算　（百万円）

省庁	政策，要約	2007年度	2008年度	2009年度	計
文部科学	ナノマテリアルの社会受容のための基盤技術の開発	722	469	139	1,330
厚生労働	ナノマテリアルのヒト健康影響評価手法に関する総合研究	307	451	336	1,095
農林水産	食品素材のナノスケール加工及び評価技術の開発	204	153	150	507
経済産業	ナノ粒子の特性評価手法開発	436	356	395	1,187
環境	ナノ粒子環境影響調査	0	11	18	29
	総計	1,669	1,440	1,038	4,148
ナノテクノロジー・材料分野国家予算に占める割合		2.1%	1.7%	1.2%	1.7%

表的ナノ粒子の試験実施」であり，通常「スポンサーシッププログラム」と呼ばれている[12]。この活動には OECD 加盟国だけでなく，EU や中国，ロシアといった非メンバー国も参画している。代表的な 14 のナノ材料のうち，日本は SWCNT，MWCNT，fullerenes といったナノ炭素材料の試験評価に関して，アメリカと共にリードスポンサーの役割を担っている。なおこのスポンサーシッププログラムには，Business and Industry Advisory Committee to the OECD，通称 BIAC を通して，社団法人日本化学工業協会が貢献している。

一方，ISO/TC229 の活動は，2005 年の秋に設立された JISC と呼ばれるナノテクノロジー標準化国内審議委員会により支えられている。上述したとおり国際標準化の活動はボランタリーな枠組みを基本とすることから，日本では社団法人ナノテクノロジービジネス推進協議会の標準化・社会受容委員会が主導的な役割を担っている。

1.6　今後の課題と展開

このように，ナノテクノロジーの EHS に関する取り組みは，2007 年からの内閣府総合科学技術会議がナノテクノロジーの EHS に関する府省連携プログラムを中心に大きく展開した。ただ，表 1 から明らかなように，ナノテクノロジーの EHS に関する府省連携プログラムを実施した 3 年間の間の予算額は，初年 2007 年度の 2.1％から，最終 2009 年度の 1.2％へと後退している。とりわけ文部科学省はこの 3 年間に大きく予算を減らしている。この 3 年間にナノテクノロジーの EHS に関する政府予算が低下していったことは，府省連携施策プログラムが終了した 2010 年以降のナノテクノロジーの EHS に関する取り組みに大きな影響を与えている。実際に図 2 に示したとおり，ナノテクノロジーの EHS に関連する取り組みは，2010 年にはさほど活発に行われてはいない。

ナノテクノロジー EHS への関係各省庁の連携した取り組みが発展しなかった背景には，いくつかの要因がある。日本にはナノ材料を製造する企業が多く存在することから，ナノ材料のリスク評価はその管理策策定のための危急の課題である。ところが日本には毒性学者の数が少なく，このこともナノ材料のリスク評価が，大きな展開を見せなかった要因のひとつとしてあげられる。上述したとおり，日本では 2005 年以降，いくつかの大学がサイエンスコミュニケーションのための人材育成講座を開設した。また今日年間 2000 回ほど開催されるサイエンスカフェも，各地の大学を中心に展開されている。このように，サイエンスコミュニケータ，あるいはインタープリタと呼ばれる人材育成は中長期的な視点で計画的に進められてきた。しかしながら，元々欧米に比べてその数が少なかった毒性学者の人材育成プログラムは遅々として進んでいない。人材育成が実際に社会に還元されるためには少なくとも 10 年の歳月が必要であることから，毒性学者の人材育成は中長期的な戦略課題である。日本はナノ材料を含めたナノテクノロジーの研究開発を積極的に進めてきたものの，ナノテクノロジーの EHS の活動を担う専門家が極端に少ない客観的事実を正しく認識し，その認識に基づく人材育成プログラムの策定は急務と言える。

第 5 章　ナノカーボン材料の安全性

　このような問題の根本的なところを掘り下げていくと，中長期的視点での科学技術政策の一貫性の問題を避けて通れない。今後日本は成長戦略の柱としてグリーンイノベーションとライフサイエンスイノベーションを推進し，ナノテクノロジーはそれらのイノベーションプロセスに不可欠の基盤科学技術としてその真価を発揮することになる。図 1 で，日本のナノテクノロジーは今まさに Nano-Hype の底を打ったとの認識を示したが，このことは決して，ナノテクノロジーの研究開発の収束や，研究開発投資の撤収を示唆するものではない。

　これまでの 10 年間は研究開発の課題であったナノテクノロジーが，今後我々の社会の持続的な発展を支える新しい環境・エネルギーやライフサイエンス領域の新興技術の基盤となって真の応用・実用化へ向かう，質的な変化を遂げるための転換点にある。実用・応用のフェイズに移行するための転換点は，ナノテクノロジーの基礎的な探索研究の収束を示唆するものではない。持続可能な社会を支える新しい技術が断続的に創出されるためには，さらにいっそう基礎探索のための研究インフラストラクチュアの充実と資源の投入を図っていく必要がある。

1.7　PEN が担う社会との双方向コミュニケーション

　今後，ナノマテリアルのリスクマネジメントは，既存の品質マネジメント規格 ISO 9001 や環境マネジメント規格 ISO 14001 と切り離せない。さらに，今後包括的な取り組みが展開するエネルギーマネッジメント規格 ISO50001 や，経営の社会的責任規格 ISO 26000 とも互いに切り離せない課題となってくる。ただ，ナノマテリアルのリスク評価が進められ管理策が出来上がり，それが国際標準化の活動とリンクしてナノテクノロジーを基盤とする様々な技術領域のテクノロジーマネジメントが出来上がるまでには，まだ相当の時間を要するであろう。

　そのような状況の中でナノテクノロジーを基盤とする新しい技術の社会への展開を図っていくためにも，より広いステークホルダの枠組みで社会とのコミュニケーションを図り，技術を創出する側と技術を利用する側の相互の信頼関係を醸成していくテクノロジーガバナンスの取り組みが重要となってくる。そのような社会との双方向コミュニケーションを基本とするテクノロジーガバナンスの取り組みが実際にうまく機能していくためには，科学技術政策もより多くの民意を反映した公共性の高いものでなければならない。

　我々は，社会との双方向コミュニケーションための情報配信を進めている。この情報誌 PEN では，最先端の科学技術情報に加え，科学技術政策の動向，環境規制等の動向，サイエンスコミュニケーションの取り組み等が包括的に体系化されている。新しい技術を社会に普及していくことを基本ミッションとする産業技術総合研究所の社会的責任の活動の一環として，今後もこの情報配信活動を展開する。

　2010 年末には欧州議会で，長い多層 CNT とナノ銀の電気・電子機器への使用を全面的に禁止する RoHS 指令の改正案が議論されていた。CNT を用いるナノデバイスの研究開発を根底から揺るがすだけでなく，ナノ銀も含めてプリンテッドエレクトロニクスの研究開発等にも極めて深刻な影響を与えると判断し，欧州議会の審議の過程を PEN で逐次レポートした。日本でも㈳ナ

ノテクノロジービジネス推進協議会等の産業界が，欧州議会の委員会へ反対意見を送付するなど，様々な対応が諮られ，今回はこの修正案は取り下げられることになった。このような社会と情報を共有する活動が社会に及ぼす影響や役割の大きさを改めて実感し，確かな手応えを感じた事案だった。

　現在 PEN の 1 次配信は 1000 件に達しつつある。ナノテクノロジービジネス推進協議会等の民間企業団体，フラーレン・ナノチューブ学会等の学協会，各地のナノテクノロジー関連コンソーシアム，公的研究機関，企業，マスコミ等，様々な機関や組織で 2 次配信されている。個人の申し込みも多い。

　下記産総研ナノシステム部門の PEN 編集室まで，お名前，ご所属，メールアドレスを送信していただければ，毎月一回電子データで配信される。購読は無料である。

nano-pen@m.aist.go.jp

1.8　おわりに

　4 月 1 日より 2011 会計年度がはじまり，管首相を議長とする内閣府の総合科学技術会議が策定した 2016 年度までの 5 年間の第 4 期科学技術基本計画が施行される予定であった。21 世紀に入って 10 年が過ぎた今日，科学技術を取り巻く状況は激変と言ってもよいほど大きく様変わりしてきているし，その変化はさらに加速してきている。2001 年はじめの科学技術基本計画の改訂に際して，その実行を目的に内閣府に設置された総合科学技術会議の機能や役割も，今日の科学技術を取り巻く状況への迅速な対応が求められており，大幅な直しが必須とされている。10 年後 20 年後の日本のあるべき姿やビジョンを示しながら，新しく科学技術基本計画として日本の科学技術政策を仕切り直すためには，科学技術政策の公共性をどのようにして高めていくのか，科学技術戦略とイノベーション戦略を互いにどのように位置づけていくのかといった，これまで充分に議論されてこなかった新しい課題を正面から捉え，科学技術基本法そのものを現状に合わせて大胆に見直していく必要があるように思う。

　第 4 期科学技術基本計画では，これまでのように「ナノテクノロジー・材料」といった研究開発分野への戦略的研究開発投資ではなく，グリーン・イノベーション，ライフ・イノベーションといった実際の社会の課題を解決していく姿勢が明確に示されている。このような地球規模の人類全体の存亡にかかわる課題への取り組みを前面に押し出した科学技術政策を基本に地球温暖化やエネルギー，水，食料といった地球的規模の課題への対応を図り，科学によるグランドチャレンジを経済の活性化に結び付けていく必要がある。グリーン・イノベーションやライフ・イノベーションを支える基盤科学技術としてのナノテクノロジーの研究開発の重要性はますます大きくなり，継続的に支援していく必要がある。決して「もうナノテクノロジーは終わりで，これからはグリーン・イノベーションでライフ・イノベーションの時代だ」といったようなことではないはずである。

　上述したように，日本のナノテクノロジーの研究開発は特にその初期の 2003 年頃に過剰なま

第5章　ナノカーボン材料の安全性

での盛り上がりを見せた。今後の科学技術基本計画において，今度は逆にナノテクノロジーの研究開発があまりにも軽視されることになれば，その落差はこれまでの研究開発成果の応用・実用化への発展的継承を妨げ，結果的にこれまでの研究開発に投入された多大な資源の損失になりかねない。繰り返しになるが，イノベーションの実現には，中長期的視点で一貫性のある科学技術政策が必要である。

　国際的競争力を反映する様々な指標が，今日の日本の深刻な経済状況を的確に示している。また，経済だけでなく科学技術でも米中2強時代に入ってきたように，日本を取り巻く国際情勢は大きく変わりつつあり，その変化はさらに加速している。そういった矢先の3月11日，きわめて甚大な自然災害が日本を襲った。グローバルイシューへの対応どころか，自然の脅威の前で我々が築きあげてきた科学技術や，それに支えられてきた社会がいかに脆弱であるかを改めて思い知らされることになった。まだ全体像さえ把握できず対応も緒に就いたばかりの段階で，この大震災を日本再興に向けた再出発のスタートラインになどと軽々に言えない。ただ，この大きな困難を総力で乗り越えていくためにも，学際は基礎的な科学の探求を，民間は持続可能な社会を実現するための技術の開発を，政策担当者は政策の公共性の向上や科学技術政策とイノベーション政策の新しい関係の構築を，といった本分をしっかりと果たしていくことが，それぞれの責務ではないかと思う。

謝辞

　本内容の一部は，2005年度ならびに2007～2009年度，文部科学省科学技術振興調整費の支援による。著者は，2007～2009年度，内閣府総合科学技術会議，科学技術連携施策群「ナノテクノロジーの研究開発と社会受容促進に関する基盤開発」に謝意を表す。

文　　　献

1) Feynman, R., 1959. "There's Plenty of Room at the Bottom" Lecture at an American Physical Society meeting at Caltech on December 29
2) Fujishima, A., & Honda, K., "Electrochemical photolysis of water at a semiconductor electrode", *Nature*, **238** (5358), 37-38 (1972)
3) Iijima, S., "Helical microtubules of graphitic carbon". *Nature*, **354**, 56-58 (1991)
4) Taniguchi, N., "On the Basic Concept of Nano-Technology" Proceedings of Intl. Conf. Prod. London, Part II British Society of Precision Engineering (1974)
5) Binning, G., Rohrer, H., Gerber, C., & Weibel, E., "Surface studies by scanning tunneling microscopy" *Phys. Rev. Lett.*, **49** (1), 57-61 (1982)
6) Kubo, R., "Electronic Properties of Metallic Fine Particles. I, *J. Phys. Soc. Jpn.* **17**, 975-

ナノカーボンの応用と実用化

986 (1962)

7) Auffan M., Rose, J., Bottero, J. -Y., Lowry, G. V., Jolivet, J. P., and Wiesner, M. R., "Towards a definition of inorganic nanoparticles from an environmental, health and safety perspective", *Nature Nanotechnology*, **4**, 634-639 (2009)

8) Roco, M. C., & Bainbridge, W. S., "Societal Implications of Nanoscience and Nanotechnology", Kluwer Academic Publishers (2001)

9) Berube, M. B., & Roco, M. C. (FRW), "Nano-Hype：The truth behind the nanotechnology buzz" Prometheus Books (2005)

10) Fenn, J., & Raskino, M., "Mastering Hype Cycle, How to Choose the Right Innovation at the Right Time, Harvard Business Press, 2008.

11) Ata, M., *et. al.*, 2006. Summery and Policy Recommendation from the Research Project "Facilitation of Public Acceptance of Nanotechnology", English document is available at：http://unit.aist.go.jp/nri/nano-plan/index.html

12) OECD, 2007. "Sponsorship programme for the testing of manufactured nanomaterials" Brochure on Safety of Manufactured nanomaterials and Publications in the Series on the Safety of Manufactured Nanomaterials are available at：
http://www.oecd.org/document/47/0,3343,en_2649_37015404_41197295_1_1_1_1,00.html

2　ナノカーボンの細胞毒性・発癌性

永井裕崇[*1]，豊國伸哉[*2]

2.1　ナノカーボンの種類とその安全性について

　炭素の同素体は実に多岐に渡る。従来からグラファイト，ダイアモンド，アモルファスカーボンといったものが知られてきたが，近年ナノカーボンと称される物質が次々に発見・合成され，その優れた物理化学的特性から様々な応用への可能性が期待されている。ナノカーボンにはグラフェンやフラーレン，そしてカーボンナノチューブがあり，それぞれ異なった形状，機械強度，熱伝導性，電気伝導性を持つ一方で，様々な生物学的影響を有することが明らかになりつつある。本項においては，ナノカーボンの優れた性質と応用可能性についてではなく，その裏面に位置する「毒性」に焦点を絞って概説したい。

　ナノカーボンの毒性を考えた時に，人間が曝露される経路は主に呼吸器系である。従って気管，肺や胸膜における炎症並びに発癌が第一に考慮すべきリスクである。特に吸入してから慢性的に炎症が続くのか，あるいは一過性なのかは非常に重要な問題であり，慢性炎症であるならそれに続く発癌が最も重要な懸念事項となる。ナノカーボンにおいて発癌性が危惧されているのは現状では主に多層カーボンナノチューブであり，グラフェンやフラーレン，単層カーボンナノチューブには現在のところ，発癌性は認められていない。従って本節においては主に多層カーボンナノチューブについて，特に発癌性に焦点を当てて詳述したい。

　カーボンナノチューブはグラフェンシートが筒状になった構造物であり，重なり合うグラフェンシートの枚数によって単層，二層，多層カーボンナノチューブと呼称される。1991年に飯島澄男博士が発見し，その構造を電子顕微鏡によって解明した事から日本発の新素材として注目を集めている。上述した様に，私たちはその生体影響・毒性リスクに着目しているが，その理由は多層カーボンナノチューブとアスベストの間に類似性が指摘されているからである。両繊維はいずれも長い繊維長と高いアスペクト比（繊維の長さと直径の比率）を有し，さらに生体の分解・排除機構に対して高い耐久・抵抗性を有する。また皮肉な事に，優れた物理化学的性質を持つという点も同じである。アスベストはその発癌性のために大きな社会的問題を世界的に引き起こしているが，カーボンナノチューブは同じ轍を踏まないようにしなければならない。日本発の素材としてカーボンナノチューブが輝かしい未来を歩むためには，物理化学的に優れた特徴と同時に，リスクの所在が明らかにされ，安心して安全に社会で使用される必要がある。

2.2　アスベスト問題とその発癌メカニズム

　多層カーボンナノチューブの発癌性は，アスベストと比較して論じられる事が多い。従って，まずはアスベストが引き起こした社会的な問題を紹介し，さらにアスベストによる発癌メカニズ

　＊1　Hirotaka Nagai　名古屋大学　大学院医学系研究科　生体反応病理学
　＊2　Shinya Toyokuni　名古屋大学　大学院医学系研究科　生体反応病理学　教授

ムについて現在の知見を紹介する。

　アスベストは高い耐久性，耐熱性を持ち，そして安価であるため世界的に使用されてきた繊維である[1,2]。日本においては第二次世界大戦後から高頻度に使用されるようになり，80年代から発癌性は明らかになっていたが2006年にすべてのアスベストが使用禁止になるまでおよそ1,000万トン以上が使用された。悪性中皮腫の発生はアスベスト輸入量と相関するため，今後日本の患者数は増え続け，2025年をピークとし，2040年までにおよそ10万人の方が死亡すると試算されている。特に社会的に取り沙汰された問題としては，クボタショックが挙げられる[3]。これは，アスベストを取り扱っていた兵庫県尼崎市のクボタ旧神崎工場において，79名もの工場労働者が肺癌や中皮腫で死亡し，更には直接の勤務者では無かった5名の周辺住民も中皮腫に罹患しているとする報道である。この報道以降アスベスト関連の訴訟は急増する事になったが，工場の内部だけでなく周辺住民にも被害が及んでしまった事[4]は特筆すべき事柄である。

　アスベストと悪性中皮腫・肺癌との関連性が明らかになってきた世界的・歴史的背景については，他の総説を参照されたい[5]。アスベストによる発癌メカニズムは未だ詳細な部分は分かっていないが，現在では慢性炎症を素地とした上で，中皮細胞や肺胞上皮細胞が繊維によって直接的に傷害される事により生じると考えられている[6]。

　炎症は生体にとっての異物（細菌やアスベスト等）や傷害された細胞により引き起こされる一連の生体反応の総称であり，異物・感染排除や組織再構築を担っている。炎症に中心的な役割を果たすのはマクロファージや好中球といった貪食細胞であり，これらの細胞は侵入してきた異物や細胞の残骸を"認識して食べる"事によって生体を守っている。通常貪食された異物は活性酸素や消化酵素などで分解されるが，アスベストやカーボンナノチューブといった極めて安定性の高い素材はこうした貪食細胞により分解される事が無い。その結果炎症を起こす源が取り除かれないので，マクロファージはサイトカイン，ケモカインなどの情報伝達物質を分泌する事で仲間のマクロファージを呼び，活性酸素を撒き散らし，また消化出来ないマクロファージは次のマクロファージを呼び，という連鎖が続いていく事になるのである。このような状態は慢性炎症と呼ばれ，サイトカインや活性酸素がマクロファージ以外にも様々な細胞に作用するために，アスベストによる発癌だけでなく，発癌一般の素地としての機構が現在注目されている[7]。

　アスベストによるマクロファージ活性化の程度並びに炎症の程度は，アスベスト発癌において非常に重要である。その理由は，長い繊維（15〜20μm以上）ほど強くマクロファージを活性化し，炎症並びに癌を誘発しやすいと考えられているからである[8]。このメカニズムとして注目されているのはfrustrated phagocytosisという概念であり，これはマクロファージが長い繊維を貪食し切ることが出来ず，恒常的に活性化している状態を指す（図1）。貪食し切れない繊維はマクロファージが運ぶ事によって局所外あるいは生体外に排除される事が無く，体内に貯留してしまう[8]。従って生体内での高い安定性と繊維の長さが，慢性炎症の引き金となる。この性質は多層カーボンナノチューブも備えており，実際，ラット腹腔内に長いカーボンナノチューブを投与することでfrustrated phagocytosisが起きる事[9]，並びに場合によっては悪性中皮腫が誘発

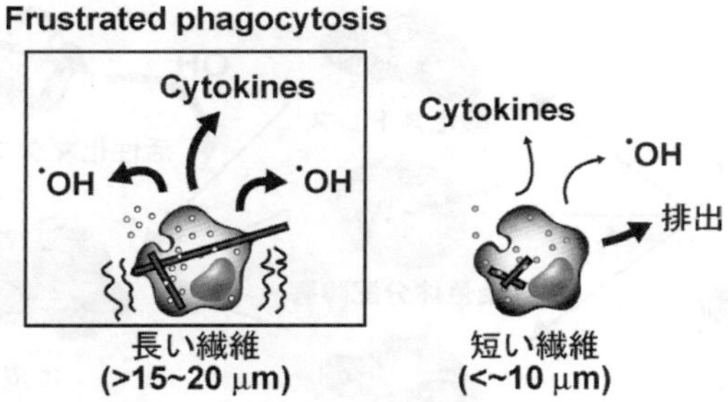

第5章　ナノカーボン材料の安全性

Frustrated phagocytosis

Cytokines

Cytokines

·OH　　　·OH

·OH

排出

長い繊維
(>15~20 μm)

短い繊維
(<~10 μm)

図1　長い繊維による Frustrated phagocytosis

される事が報告されている[10,11]。以上のことから，カーボンナノチューブがアスベストと同様に発癌性を持つ可能性が示唆される。しかし現在のところ，慢性炎症並びにマクロファージの活性化だけで発癌が説明出来るわけではなく，従って次に述べる中皮細胞や肺胞上皮細胞の直接的傷害もまた，発癌過程の考慮に入れる必要性がある。

　繊維による直接的傷害について説明するためには，癌細胞がどのような細胞であるか知っておかなくてはならない。癌とは細胞周期の制御が働かなくなってしまった細胞集団である。基本的には1個の細胞由来（モノクローナル）と考えられている。細胞が分裂を行い，2個になってから再び分裂を行うまでの一定時間を細胞周期といい，通常細胞は，組織構築を崩さぬように適切な時期に分裂を行って新しい細胞を生み出し，古い細胞を捨て去る事を繰り返している。細胞は分裂すべき時期かどうかを見極めるために，細胞表面や核内の受容体（レセプター）を通して常に外界の状況をモニタリングしており，外界から増殖因子がやってくると受容体が活性化し，分裂のための準備を始めるのである。細胞が異常に分裂しないように細胞周期は様々な制御を受けており，その制御因子には大別して増殖促進因子（アクセル）と増殖抑制因子（ブレーキ）が存在する。癌細胞においては一般にアクセルを踏みすぎブレーキが壊れた状態になっており，外界の様々な刺激とは無関係に異常に分裂が亢進している。アクセルとブレーキが故障する原因は癌によって様々であるが，DNAに様々な変異（置換，欠失，挿入）が導入される事が一般的な原因である。アスベスト発癌の過程で，変異が導入される原因については次の仮説が提出されている。①アスベストに含有される鉄が活性酸素を産生し，DNAを傷害するという酸化ストレス仮説。②アスベストが細胞分裂時に染色体と絡まる事によってDNAに物理的に傷害を与えるという染色体分配障害仮説。③アスベストが表面上に発癌物質や細胞内の分子を吸着することによって細胞の状態を撹乱するという分子吸着仮説。これらの仮説はいずれも，アスベスト繊維が直接的に中皮細胞や上皮細胞と相互作用することに焦点を当てており，この3つに上述の慢性炎症を加えて4つの病態過程が複雑に絡み合っているのがアスベストによる発癌過程であると考えられている[5,6]（図2）。

　上記の発癌過程を鑑みると，「炎症」と中皮細胞や肺胞上皮細胞の「細胞傷害」の二点が重要

ナノカーボンの応用と実用化

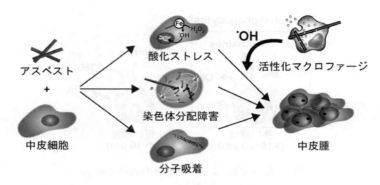

図2 アスベスト誘発発癌機構の仮説

である事が分かる．炎症にはマクロファージに対する細胞毒性が重要である事から，マクロファージ，中皮／上皮細胞の3種の細胞に与えるナノチューブの細胞毒性を中心に解説したい．

2.3 カーボンナノチューブの毒性評価の難しさについて

　細胞毒性についての最近の知見を紹介する前に，カーボンナノチューブを用いた毒性研究の難しさについて述べたい．カーボンナノチューブは筒状の構造物であるが，その長さ，直径，アスペクト比，構造欠陥，表面積，混入金属，凝集度，結晶度は合成手順によって著しく異なり，また合成したロットによっても変わってしまう．従って，毒性を考える上において実に様々なパラメーターを考慮しなければならない．事実，上記に挙げた全ての性質が毒性に関わると考えられているが，現在の毒性学研究においては多種多様なカーボンナノチューブが実験に使用されているために，その結果の解釈が非常に難しくなっている．

　高い疎水性を持つカーボンナノチューブを細胞実験に使う際には，事前に分散処理を行う必要性があるが，その手順も実験者によって全く異なる．純粋な水には分散しないため，タンパク質[9]やDNA，カルボキシメチルセルロース（CMC）[11]，ジメチルスルホキシド（DMSO）[12]，エタノール[13]や界面活性剤等[10]を含む分散液を使用する報告や，細胞培養液に懸濁させる報告[14〜20]がある．細胞培養液は細胞に与えるartificialな影響が最も少ないと考えられるが，実験においては種々の細胞を用いる場合があり，それぞれの細胞に特有な培養液を使用するために利便性は低くなってしまう．また，分散液にカーボンナノチューブを懸濁させた後にも超音波処理，遠心，滅菌，加熱，破砕など様々な行程を行う場合があり，一律ではない．さらに，準備したカーボンナノチューブ分散液を投与する細胞とその投与方法・評価方法も様々であることにも注意したい．

　従って，毒性評価をするための標準品の開発や，標準評価法の開発が望まれる状態ではあるが，一体どのような材料・手法が標準的と呼べるのかまだ合意に至っていない状態である．逆に言えば，様々な材料・手法を用いて様々な知見が集積されれば，そのような標準的評価法の整備も進むものと考えられる．

第 5 章　ナノカーボン材料の安全性

2. 4　カーボンナノチューブの細胞毒性について：マクロファージを中心に

　毒性評価には多くの困難が存在するが，いくつか鍵となる知見は集積している。上述したように，マクロファージや中皮／上皮細胞についての毒性を中心に解説する。細胞は種類に応じて性質が大きく異なるため別個に扱い，まず炎症に重要な役割を持つマクロファージについて，ナノチューブのどのような特性が重要であるか概説する。

　ナノチューブには様々なパラメーターが存在するが，その中で特に重要なのは長さである。アスベストと同様に長さが 15〜20 μm を超える繊維はマクロファージの frustrated phagocytosis を起こす事が報告されている[8, 9, 21〜23]。しかし，長さがマクロファージ活性化に必要十分であるというわけではなく，Sato らは，短い（〜1 μm）ナノチューブでも同様に炎症惹起性サイトカインの TNFα や IL-1β の産生が起こる事を報告している[13]。彼らは 220nm と 825nm の長さのナノチューブを用いており，それらの間にマクロファージ活性化能の差は無かったことから，必ずしも長ければ長いほど毒性が高くなるのではなく，ある一定の閾値を超えるとマクロファージの活性化が増強される可能性がある。

　次に混入金属について考える。ナノチューブはその合成過程において金属触媒（鉄など）を用いるため，合成されたナノチューブに鉄が含まれている事が知られている。鉄は生体に必須な元素ではあるが，細胞が常時産生している微量の過酸化水素と反応し，生体で最も反応性の高い活性酸素であるヒドロキシラジカルを産生する。ヒドロキシラジカルは DNA 傷害を起こすため，ナノチューブの毒性においても鉄が重要であるとの報告が存在する[19]。酸処理によってナノチューブ中の混入金属を除く事が出来るため[24, 25]，酸処理前・後のナノチューブを用いた研究が，幾つか報告されている。Kagan らは，ナノチューブ中の混入金属は細胞内の酸化還元状態を酸化状態に傾ける事を報告し[26]，Pulskamp らは，ナノチューブ中の混入金属によって細胞内で活性酸素が産生される事を報告した[19]。しかし Pulskamp らが用いた複数の多層ナノチューブのうち混入金属が検出され無い繊維（NT-2）でもマクロファージ内の活性酸素産生は見られた事から，混入金属以外の要素も関わっていると考えられる。Haniu らは同一の多層ナノチューブを，1800 度や 2800 度に加熱することによって混入金属を除去[27]し，マクロファージへの毒性が混入金属依存性に変化することを示したが，鉄が殆ど検出されないナノチューブ（2800 度加熱処理後）でもマクロファージ毒性があった[28]。また，これらの研究はいずれも酸処理や熱処理によってナノチューブ中の混入金属を除いているが，構造欠陥等のパラメーターもそれらの処理によって同時に変化していることに注意したい。生体における機構は不明であるが，構造欠陥は活性酸素を抑制することや，生体分子と相互作用しやすくし急性炎症の増長することが示唆されている[29, 30]。

　以上のようにナノチューブがマクロファージの傷害や活性化に寄与するという報告がある一方で，細胞毒性や活性化能は認められないとする報告もある。Palomaki らは単層ナノチューブ，多層ナノチューブ共にマクロファージや樹状細胞（抗原提示細胞として知られる免疫細胞）に対して細胞毒性は認められたが，TNFα や IL-1β などの主要なサイトカイン産生は認められな

269

ナノカーボンの応用と実用化

かったと報告している[18]。Pulskamp らの実験では，細胞内活性酸素の産生が確認されたが，細胞毒性については認められなかった[19]。これらの相反する報告の理由は，使用するナノチューブの種類，実験条件や評価方法の違いに帰する部分が大きいと考えられる。実際，上記の細胞毒性や活性化能が認められなかったとする論文においては，ナノチューブがどのような状態で貪食されているかについて記述は明確ではないため，細胞とナノチューブの相互作用は分からない。

　マクロファージは貪食細胞であるため，多くの実験においてナノチューブが細胞に取り込まれる事が報告されている。取り込まれる現象については，エネルギーを使う能動的経路とエネルギーを使わない受動的経路が関与していると報告されている。能動的経路は細胞膜上の分子がナノチューブと相互作用することにより，細胞がナノチューブを認識して取り込む経路の事であり，現在のところマクロファージ表面の膜タンパク質である MARCO がナノチューブと親和性があることが指摘されている[21]。受動的経路というのは，ナノチューブが拡散現象によって細胞内に入る経路の事であり，後述するようにシミュレーションや電子顕微鏡によってナノチューブが細胞膜を通り抜ける現象が示唆されている。しかし，ナノチューブや細胞の種類または実験手法がどのようにこれらの経路に影響を与えるのかについては殆ど分かっていない。

　以上の報告より，長く，混入金属を含んだ繊維がマクロファージに貪食されると，マクロファージは傷害され，活性化することで炎症を引き起こすという機構が示唆される。

2.5　カーボンナノチューブの細胞毒性について：上皮細胞／中皮細胞を中心に

　中皮細胞・上皮細胞は貪食細胞では無いため，ナノチューブが細胞内に入るかどうかという観点で相反する報告が複数ある。細胞内へのナノチューブの侵入は，図2に示した通りナノチューブによる発癌性に大きく寄与する事象であり，どのようなナノチューブがどのように入るのかという点は非常に重要な問題である。ここでは，ナノチューブの大きさや化学修飾，細胞内での位置関係を中心に論じたい。

　細胞内侵入に能動的経路と受動的経路が存在するのはあらゆる細胞で共通である。まず，能動的経路について考える。能動的経路にはエンドサイトーシスが考えられており，エンドサイトーシスは細胞がエネルギーを使って，積極的に外来分子を細胞内に取り込む機構である。ここで，小さい単層／多層ナノチューブと大きい多層ナノチューブは別々に論じられる必要がある。その理由は，あらゆる細胞が持つエンドサイトーシスという膜輸送の機構が直径 $1\mu m$ の膜小胞に担われているからであり，この輸送が有効かどうかは，輸送される対象の大きさに依存する。つまり小さいナノチューブはこの膜小胞に覆われるが，大きいナノチューブは入りきらない。実際，単層ナノチューブが細胞内に入る機構としてエンドサイトーシスが関わっている事が報告されており[31]，多層ナノチューブが細胞内小胞内に存在する報告もあるが[16,32]，いずれのナノチューブも長さが $1\mu m$ 以下であることに注意したい。従って，小さいがために小胞輸送が可能であった可能性がある。エンドサイトーシスによるナノチューブの取り込みは，それがどの程度のサイズや形状まで適用可能か，未だ良く分かっていない。実際，Tabet らは凝集した多層ナノチューブ

270

第5章　ナノカーボン材料の安全性

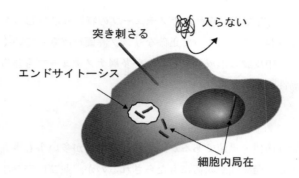

図3　細胞にナノチューブが入る機構

（直径 12 nm，長さ 0.1-13 μm）は細胞に取り込まれなかったと報告した[33]。実際に発癌性が指摘されるような数 μm 並びに数十 μm の大きさのナノチューブがどのように細胞内に入るのか，さらに入った後の細胞内局在については今後の研究が待たれる（図3）。

エンドサイトーシス以外のナノチューブの細胞内侵入経路については，ナノチューブが細胞の脂質二重膜と相互作用することによってエネルギー非依存的に細胞内に入る可能性が示唆されている。これは修飾された単層・多層ナノチューブで主に報告されている[34~38]。Lu らは修飾されたナノチューブと細胞膜の両親媒性，分子の熱運動並びに細胞膜リン脂質の横方向拡散（lateral diffusion）によって細胞内に入ったのではないかと考察し[36]，Lacerda らは Nanoneedle hypothesis としてナノチューブが膜に突き刺さって入る現象を説明し，また同機構によるジーンデリバリー・ドラッグデリバリーの可能性について論じている[37]。Lopez らは分子動態シミュレーションによってこの機構を考察している[38]。これらの脂質相互作用を介したナノチューブの細胞内侵入は，主に修飾されたナノチューブについて論じられているため，非修飾かつサイズの大きなナノチューブがどのように細胞内に入るかは分かっていない。

Monteiro-Riviere や Witzmann らは，多層ナノチューブを角化上皮細胞に投与すると，上皮細胞内の小胞や細胞質内に多層ナノチューブが入り，炎症性サイトカインである IL-8 や TNFα，IL-1β などの産生が見られ，細胞の生存率も低下したと報告している[16,20]。Muller らは乳癌細胞にナノチューブを投与し，細胞死や変異原性を示す小核形成を報告している[17]。Rotoli らは気道の上皮細胞を用いて，多層ナノチューブが細胞間接着を妨げる事を見出し，ナノチューブ曝露と同時に感染原（ウィルスなど）が存在すると影響が高まる可能性を論じている[39]。肺癌の細胞を用いて検討した報告は複数あり，いずれも細胞毒性がある所見を示している。ナノチューブは，活性酸素の産生と細胞毒性[12]，活性酸素非依存性の DNA 傷害[14]，長さ非依存性かつ金属酸化物よりも強い毒性[32]，そして細胞の代謝活性の低下などを引き起こす事が報告されている[33]。活性酸素の産生や遺伝毒性がある事を示す報告は他にもある[15,40]。このように様々な報告がナノチューブの毒性を論じているが，実際に重要なのは生体を用いた評価である。強調しなければならないのはナノチューブによる中皮腫形成が，動物モデルで確認されているという

ナノカーボンの応用と実用化

点である[10,11]。これらの研究で用いられたナノチューブの特性評価をしっかりと行い，それと細胞培養における知見を重ねることによって正確なリスク評価を確立していく必要がある。実際，細胞毒性が認められても中皮腫の形成が見られない多層ナノチューブも報告されているため[41]，細胞毒性があれば発癌性があると言うわけではない。

2.6 おわりに

　細胞培養系での評価は簡便・迅速であるが，矛盾した結果が多い事も事実である。今後集積していく更なる知見により，発癌性が如何にもたらされるのか，並びに安全なナノカーボンの様々な物理的化学的な示標が明らかになっていくと考えられる。いずれのナノカーボンでも大量に投与すれば細胞や動物が変調を来すのは道理であり，従ってナノチューブの毒性を考えるにあたっても，単層・多層ナノチューブのどちらの毒性が高いという話では無く，多層ナノチューブであれば環境曝露経路（気道や肺，中皮並びに表皮等），単層ナノチューブであればそれに加えて医療応用時の影響についても考え，曝露経路を意識した毒性評価が必要であろう。実際，環境中にはディーゼル排気ガスやタバコなど，健康に悪影響を与える分子はナノチューブ以外にも数多く含まれている。ナノチューブがそれら他の分子と比べて「特別に」恐ろしいものであるとする確定的な証拠は未だ得られていない。特に危惧されているのはアスベストと同様に悪性中皮腫や肺癌のリスクであるため，発癌メカニズムの解明とその知見を応用した安全なナノ物質の合成が今後の課題になっていくだろう。

　また，紙面の都合上省略したが，炎症と発癌以外にもナノ物質ならではの毒性が指摘されている。ナノ物質はその大きさのために従来の環境有害物質とは異なる生体内動態を示す事が知られており，鼻腔内から嗅神経を通って中枢神経系へ到達したり[42,43]，妊娠マウスに投与すると胎児に移行したりする現象[44]が報告されている。従って神経毒性や次世代への毒性にも十分注意を払う必要があるだろう。

文　　献

1) Roggli VL, *et al.*, "Pathology of Asbestos-associated Diseases", Springer Verlag, New York (2004)
2) Dadson RF *et al.*, "Asbestos : Risk Assessment, Epidemiology, and Health Effects", CRC Press, Taylor & Francis Group, Boca Raton (2006)
3) クボタ工場，石綿原因？　26年間で79人死亡　2005/6/29 読売新聞
4) アスベストでクボタに相談，工場周辺住民34人が死亡　2005/7/12 読売新聞
5) Toyokuni, S., *Nagoya J. Med. Sci.*, **71**, 1 (2009)
6) Nagai, H. *et al.*, *Arch. Biochem. Biophys.*, **502**, 1 (2010)

第5章　ナノカーボン材料の安全性

7) Grivennikov, S. I. *et al., Cell*, **140**, 883 (2010)

8) Donaldson, K. *et al., Part. Fibre Toxicol.*, **7**, 5 (2010)

9) Poland, C. A. *et al., Nat. Nanotech.*, **3**, 423 (2008)

10) Takagi, A. *et al., J. Toxicol. Sci.*, **33**, 105 (2008)

11) Sakamoto, Y. *et al., J. Toxicol. Sci.*, **34**, 65 (2009)

12) Garza, K. M. *et al., Int. J. Nanomed.*, **3**, 83 (2008)

13) Sato, Y. *et al., Mol. BioSyst.*, **1**, 176 (2005)

14) Karlsson, H. L. *et al., Chem. Res. Toxicol.*, **21**, 1726 (2008)

15) Lindberg, H. K. *et al., Toxicol. Lett.*, **186**, 166 (2009)

16) Monteiro-Riviere, N. A. *et al., Toxicol. Lett.*, **155**, 377 (2005)

17) Muller, J. *et al., Carcinogenesis*, **29**, 427 (2008)

18) Palomaki, J. *et al., Toxicology*, **267**, 125 (2009)

19) Pulskamp, K. *et al., Toxicol. Lett.*, **168**, 58 (2007)

20) Witzmann, F. A. *et al., Nanomedicine*, **2**, 158 (2006)

21) Hirano, S. *et al., Toxicol. Appl. Pharmacol.*, **232**, 244 (2008)

22) Brown, D. M. *et al., Carbon*, **45**, 1743 (2007)

23) Cheng, C. *et al., Biomaterials*, **30**, 4152 (2009)

24) Hu, H. *et al., J. Phys. Chem. B*, **107**, 13838 (2003)

25) Strong, K. L. *et al., Carbon*, **41**, 1477 (2003)

26) Kagan, V. E. *et al., Toxicol. Lett.*, **165**, 88 (2006)

27) Bougrine, A. *et al., Carbon*, **39**, 685 (2001)

28) Haniu, H. *et al., Toxicol. Appl. Pharmacol.*, **242**, 256 (2009)

29) Fenoglio, I. *et al., Chem. Res. Toxicol.*, **21**, 1690 (2008)

30) Muller, J. *et al., Chem. Res. Toxicol.*, **21**, 1698 (2008)

31) Kam, N. W. *et al., Angew. Chem. Int. Ed. Engl.*, **45**, 577 (2006)

32) Simon-Deckers, A. *et al., Toxicology*, **253**, 137 (2008)

33) Tabet, L. *et al., J. Toxicol. Environ. Health A*, **72**, 60 (2009)

34) Pantarotto, D. *et al., Chem. Commun.*, **1**, 16 (2004)

35) Bianco, A. *et al., Curr. Opin. Chem. Biol.*, **9**, 674 (2005)

36) Lu, Q. *et al., Nano Lett.*, **4**, 2473 (2004)

37) Lacerda, L. *et al., Nano Today*, **2**, 38 (2007)

38) Lopez, C. F. *et al., Proc. Natl. Acad. Sci. U. S. A.*, **101**, 4431 (2004)

39) Rotoli, B. M. *et al., Toxicol. Lett.*, **178**, 95 (2008)

40) Ravichandran, P. *et al., J. Biochem. Mol. Toxicol.*, **23**, 333 (2009)

41) Muller, J. *et al., Toxicol. Sci.*, **110**, 442 (2009)

42) Elder, A. *et al., Environ. Health Perspect.*, **114**, 1172 (2006)

43) Oberdorster, Z. *et al., Inhal. Toxicol.*, **16**, 437 (2004)

44) Takeda, K. *et al., J. Health Sci.*, **55**, 95 (2009)

273

3　生体影響評価

市原　学[*]

3.1　はじめに

　フラーレン，ナノチューブの安全性については一定の研究が進んでいるが，グラフェンの安全性については，まだ十分な研究がなされていない。ここでは，フラーレン，ナノチューブの安全性に焦点をあて，解説する。安全性を知るということは，その反対語であるリスクを知る，ということである。どのような物質であっても，それに大量に曝露されれば，人体に悪影響を生ずる。したがって，二分法で当該の物質が有害か無害か，を言うことは，意味が少ないと言える。私たちが知りたいのは，曝露量と有害性との関係であり，また，私たちがどのような作業をすることによってどの程度の曝露量を受け，それがどのような有害性につながりうるのか，定量的な関係性である。

　リスク評価は，ハザード評価と曝露評価によって構成される。ハザードが高くても，曝露量が少なければリスクは少なく，ハザードが低くても，曝露量が多ければリスクは高い。炭素系ナノ素材の医療応用についても研究が進められている。医療応用では積極的にナノ素材を体内に導入することが考えられ，目的とする効果と，リスクとの両方を勘案して応用法を選択していくことになる。ここでは医療応用を前提とした安全性の研究には触れず，炭素系ナノ素材を直接取り扱う労働現場でのヒト健康に対する影響の評価について述べる。労働現場における曝露は，一般環境における曝露レベルよりも高いことが予想されるため，ここでの安全性評価をすることが優先的な課題である。さらに，労働現場における安全基準の設定をもとに，一般環境における衛生基準の設定も可能になるものと考えられる。

3.2　フラーレンの安全性評価

　フラーレンは，炭素のみからなるオリジナルなフラーレンと，さまざまな誘導体化を受けたものがある。誘導体化を受けることにより，表面の化学的性質が相当に違っていると考えられる。したがって，当然のことながら，誘導体化の有無あるいは，種類によって，体内動態，生体との相互作用にも違いが生じると考えられる。

①　体内動態

　放射性ラベルした 14C フラーレン誘導体（トリメチレンメタン）をラット，マウスに経口投与した実験では，大部分の 97％は 48 時間以内に糞便中に排泄された[1]。痕跡量は尿中に見出され，腸壁を通過することが示唆された。Baker らによると，吸入曝露後，ラットの血液中にフラーレンは検出できなかった[2]。同等の重量濃度のフラーレン（C60，55nm，$2.22mg/m^3$）とミクロンサイズの粒子（$0.93\mu m$，$2.35mg/m^3$）とを比較すると，肺への沈着率は前者が 14.1％，後者が 9.3％と，フラーレンのほうが大きかった。半減期は，前者が 26 日，後者が 29 日で同等であっ

---

　[*]　Gaku Ichihara　名古屋大学　大学院医学系研究科　環境労働衛生学　准教授

第5章　ナノカーボン材料の安全性

た。

　Shinohara（2009）らは，C60 の吸入曝露および気管内投与により，肺以外の臓器への C60 の移行が見られなかったと報告している[3]。離乳したての豚を使用した In vivo および In vitro 実験でフラーレンが角質層の深くまで到達し，その程度が溶剤によって影響を受けることが明らかとなっている。トルエン，シクロヘキサン，クロロフォルムに分散させると C60 がすみやかに角質層に吸収されるのに対し，ミネラルオイルに分散させた場合には C60 はほとんど吸収されない。スクアレンに分散させた C60 の皮膚透過性を Bronaugh の拡散チャンバーを用いて調べた研究[4]では，2.23，22.3ppm の低濃度では，上皮，真皮ともに移行しないが，223ppm の高濃度では上皮に移行し，真皮には移行しなかった。NEDO プロジェクトによると，気管内投与（3.3mg/kg）または吸入曝露（0.12mg/m^3）後，脳（肺濃度の 0.17%）や他の臓器は無視可能なレベルの移行しかなかった[3]。肺においては，フラーレンは肺胞マクロファージによって貪食される[5,6]。電子顕微鏡観察では，貪食されたフラーレンが細かく分散された顆粒となり，細胞小器官や核には移行していなかった[7]。ラットへ腹腔投与した水溶性ポリアルキルスルホン酸化フラーレン（500，750，1000mg/kg）は血流を介して移行し，肝臓，腎臓，脾臓に蓄積した[8]。

　14C ラベルされたフラーレンを静脈注射すると，速やかに血液から取り除かれ，主に肝臓に蓄積した[9]。トリメチレンメタン誘導フラーレン（200-500mg/kg）を静脈注射すると，肝臓，腎臓，肺，脾臓，心臓，脳に移行した[1]。放射性ラベルした 125-I-ナノ C60 を静脈注射すると，肝臓，脾臓に移行したが，甲状腺，胃，肺，腸での蓄積は少なかった[10]。トリメチレンメタン誘導体化フラーレンを静脈注射すると，その排泄は極めて遅い[1]。注射後 160 時間で，わずか 5.4% のフラーレンが糞中に排泄され，他は体内に残る。尿中排泄もほとんどない。ポリアルキルスルホン酸化されたフラーレンは速やかに尿中排泄される[8]。これらの尿中排泄は，水溶性かどうかで決まってくると考えられる。

　以上より，吸入，経皮，経口曝露など，生理的な曝露ルートでは，フラーレンの体内への吸収はおそらく限定的と考えられる。フラーレンは肺，腸などの沈着部位に残る傾向があるが，肺胞マクロファージ，繊毛運動，糞尿を通して排泄される。皮膚吸収は無いか，きわめて限定的であるものの，フラーレンの官能基，分散溶剤，皮膚の状態が皮膚浸透に影響する点には注意が必要である。

②　ハザード評価

　2000mg/kg のフラーレン（C60 と C70 の混合）に経口曝露させたラットを 14 日間観察した実験では，致死的でなく，行動学的な兆候あるいは体重への影響は観察されなかった。2500mg/kg のポリアルキルスルホン酸化フラーレンの単回経口投与による急性毒性は観察されなかった[11]。F344 ラットを，C60　2.22mg/m^3（ナノ粒子，55nm）と 2.35mg/m^3（ミクロン粒子，093μm）に一日 3 時間，10 日曝露した実験で，気管支肺胞洗浄液中の蛋白濃度は，フラーレン曝露群で上昇した。肝臓，心臓には病理組織学的変化が見られなかった。肺における細胞浸潤は見られなかったが，C60 はマクロファージによって吸収されていた[2]。Wistar ラットを，0.12mg/m^3 のフ

ラーレン（4.1×104 粒子数 /cm³，96nm 径，表面積 0.92m²/g），一日 6 時間，週 5 日，4 週間曝
露した実験で，曝露期間中と引き続く 3ヶ月の観察期間中の有意な炎症，組織傷害は観察されな
かった[5]。異物性肉芽腫も観察されなかった[5]。0.2，3mg/kg の C60（160nm）と水溶性フラー
レン C60（OH）24 をラットに気管内投与した実験では，ごくわずかな酸化ストレスが観察され
るのみで肺毒性が見られなかった[12]。また，マウスに一匹あたり 0.02-200 μg のフラーレンを投
与した実験において，20 μg 投与群では α-クオーツによる好中球炎症を抑制した。

この実験事実は，Fullerols（ポリヒドロキシル化フラーレン）が，活性酸素種による炎症を減
少させる能力により，防御的，抗炎症作用を有するかもしれないことを示している[13]。200 μg
の高い濃度では Fullerols は炎症促進反応を示した。Morimoto（2010）らは，Wistar 雄ラットに，
フラーレン（33nm）を動物あたり 0.1，0.2，1mg 気管内投与し，好中球浸潤とケモカイン，サ
イトカイン誘導性好中球走化性因子（CINC）の発現を調べた[7]。0.1mg，0.2mg 投与群では，気
管支肺胞洗浄液中の総細胞数，好中球数と CINC 発現の有意な増加はなかった。1mg 投与群で
は，一過性の好中球，CINC 発現増加が見られた。投与後 6ヶ月までの観察で，持続的な炎症は
観察されなかった。

これらの，フラーレンの低い毒性を示す実験に比べて，Park らの実験では，0.5，1，2mg/kg
の C60 をマウスに気管内投与し，炎症促進サイトカインの量依存的，有意な増加が観察されて
いる[14]。接触性光毒性試験では，25％の高純度フラーレン（C60 と C70 の混合）を GuineaPig
の皮膚に塗り，長波長 UV への照射を行ったが，皮膚反応は起きなかった[15]。Xia らによると，
フラーレンは，皮膚からの全身吸収はないものの，溶剤の種類によって角質層の深く貫通し，生
細胞上皮まではたどり着くことを明らかにした[6]。フラーレンの慢性影響を見た実験結果はまだ
報告されていない。

3.3 カーボンナノチューブの安全性評価
3.3.1 繊維形状に基づく生体影響の可能性

カーボンナノチューブはナノマテリアルに属するが，一つの Dimension がナノサイズではな
く，ミクロンレベルに至る。その形状は繊維状と呼ばれ，この形状に起因する性質を最大限に活
用することが新しい応用につながると考えられる。一方，このカーボンナノチューブの繊維形状
を見たとき，少なくない毒性学者は，石綿との異同について関心を持ったはずである。これまで
の毒性学は，低分子化学物質が，基本的には拡散の原理で生体内へ分布し，作用点，つまり生体
分子と相互作用を起こす場所，での反応が基本的には毒性作用を説明する，という極めてシンプ
ルな前提をもとに記述されていた。しかし，石綿毒性の作用機序の仮説には，そのような比較的
単純化された仮説ではなく，繊維状，長さなどの物理的な因子が毒性を説明する，という仮説が
提唱されていたのであった。

さて，カーボンナノチューブの安全性を評価しようとするとき，既存の物質で毒性とその作用
機序がある程度明らかになっている（あるいは，作用機序に関する有力な仮説が存在する）物質

第5章　ナノカーボン材料の安全性

との比較，対照が問題となってくる。たとえば石綿は既存の物質であり，ヒトで中皮腫を発生することが疫学的に明らかになっている。一方，石綿が中皮腫を発生させるメカニズムについては，十分にわかっていないものの，いくつかの仮説が提出されている。

とりわけ，繊維と中皮との間の相互作用によって起こるできごとに注目されている。それは，中皮腫が中皮という特別な細胞を起源として起こることがわかっているからである。最も単純化された，繊維毒性の理論的枠組みというのは，繊維の構造と毒性との関係に関するものであり，ここでは，化学組成は基本的に関係ない，と考える理論である。ただし，化学組成が生物耐久性に関係する場合は，勿論，生物耐久性としてこの理論的枠組みに包含される。すなわち，長さ，細さ，生物耐久性という3つ要因が線維の基本的な毒性を決める，というものである。細さは，繊毛気道をこえた領域に沈着するかどうかを決定する。また，長さに関しては，Stanton は胸腔へのさまざまな繊維を注入した一連の実験により，$10\,\mu$m 以上の耐久性の高い繊維が発がん性と関係していると結論づけた[16]。この他，長いアモサイト（石綿の一種）に吸入曝露したラットには腫瘍と線維化が生じたが，短くしたアモサイトに吸入曝露したラットにはそのような変化がなかったとする実験[17]，長いクロシドライトのマウスへの投与では胸膜における線維化[18]と増殖反応[19]が見られたが，短いクロシドライトではそのような反応が見られなかったとする実験もある。また，腹腔投与実験によって，長い繊維による毒性[20]，炎症[21]，肉芽腫生成反応[22]が著明であり，短い繊維に比べてそれらの反応が強いことが明らかにされている。

In vitro においても，炎症誘発性，遺伝子毒性が，長い繊維のほうが短い繊維より強いことが示されている[23~27]。長い繊維であっても生物耐久性が低い場合は，消化を受け，短い繊維に割れる可能性があり，その場合は，クリアランスが短くなる。一般的に $20\,\mu$m 以上の長い繊維はマクロファージによる処理が容易でないため，そのクリアランスは長いと考えられている[28]。

エジンバラグループ[29]は，短く，からまった多層カーボンナノチューブと，長い多層カーボンナノチューブをマウス C57BL/6 の腹腔に投与し，前者において長い石綿繊維と同様または大きな炎症，線維化反応が見られたことを報告している。一方，短い石綿繊維あるいは，短くからまった多層カーボンナノチューブでは，炎症反応は見られなかった，というものである。これは，古典的な繊維毒性パラダイムを支持するものである，といわれている。国立食品医薬品衛生研究所の Takagi らのグループが，p53 ノックアウトマウスの腹腔に多層カーボンナノチューブを注入し，中皮腫を観察したという論文を発表した[30]。これに対しては，英国エジンバラグループ[31]および，日米グループ[32]から Letter to Editor という形で疑問が呈された。そこでは，投与量が極端に多いこと，また，大きな凝集体が観察されたことが問題にされた。エジンバラグループからは，肺においてマクロファージが貪食可能な部位には到達しえない 100 ミクロンという大きな多層カーボンナノチューブの凝集体が存在し，この大きな凝集体に対して Frustrated Phagocytosis が起こったと考えられる。したがって，この研究は繊維の長さの影響をテストしたことになっていない，との指摘がされた。一方，こうした批判にも関わらず，Takagi らの研究が，あるタイプの多層カーボンナノチューブが中皮腫を引き起こす可能性を指摘したとの評価

277

ナノカーボンの応用と実用化

も存在する[33]。Donaldson らは，腹腔投与法は，胸膜における繊維の影響を見るための代替法であり，30 年以上の以前に開発された方法であるとしている[34]。腹腔は，胸腔のような繊維の排泄メカニズムをもっていないと考えられているものの，実際は，横隔膜をとおして傍胸腺リンパ節に移行すると考えられている。横隔膜には，10μ 以下の Stoma（小孔）があり，それによって，腹腔がリンパ細管とつながっている。先に紹介した Donaldson の研究は，この解剖的な構造の理解を基にして，横隔膜における炎症反応に対する，繊維の長さの影響を示した研究であった。この横隔膜を用いた研究は，既に石綿において，Kaneら[35]が行っており，長い石綿繊維は，横隔膜の中皮で，炎症，増殖，肉芽腫形成を誘導するが，短い石綿繊維は同様の反応を起こさない，というものである。ただし，投与量が多い場合には，短い繊維の場合でも，小孔をブロックし繊維が遅滞するため，炎症を引き起こす。この Kane らの実験結果は，エジンバラグループが指摘した Takagi らの実験での投与量の大きさ，凝集体の大きさに対しての懸念の根拠となり得る。Nagai，Toyokuni は，線維の炎症，癌誘導作用の力を評価するために，繊維をげっ歯類の体腔に注射することも適切であると考えている[36]。しかし，一方で，この結果は必ずしも，吸入曝露における結果と相関しないことも指摘している。これは，注入研究が，繊維の肺胞への沈着，呼吸上皮細胞の貫通，リンパ，血管系など他の場所への転移などの，中皮腫発生において全て重要なステップを省いているからである。

3.3.2　繊維形状と体内動態との関係

　肺は胸膜につつまれている。胸膜は肺という臓器の側の臓側胸膜と，胸壁の側の壁側胸膜から成っている。二つの胸膜の間には狭い空間があり，そこには胸水とよばれる液体が存在する。胸膜中皮腫は，壁側胸膜から発生することがわかっている。したがって，問題となる繊維状物質の壁側胸膜における濃度が，中皮腫発生との関連を調べる上で決定的である。実際に，肺内の石綿繊維濃度と，壁側胸膜における石綿濃度とは関係がないことがわかっている。一定以下の径を有する繊維状物質は，繊維気道をこえて，肺実質に入り，胸膜腔に到達する。胸膜腔に到達する詳細なルートはまだ十分にわかっていない。胸膜腔から，壁側胸膜の Stoma とよばれる孔を通って通常の粒子や短い繊維は，壁側胸膜の外側のリンパ管に移行する。この時，壁側胸膜の外側において，粒子は BlackSpot そして，短い繊維は胸膜プラークという構造物を形成する。一方，長い繊維は，Stoma の入り口で孔を通ることができず，ここで Frustrated Phagocytosis が起こり，結果として中皮腫を発生させるという仮説が，Donaldson K らにより提唱されている[34]。

3.3.3　生体影響を決めるより広範な要因

　比較的単純化された繊維毒性仮説に対し，より広範な要因についても考慮すべきであるという見解もある。Nagai，Toyokuni[36]は石綿に誘導される中皮腫発生のメカニズムとして4つの主要な仮説があると提示している。①酸化ストレス理論：石綿繊維に存在する鉄が，フリーラディカル発生を触媒し，それが発癌につながる。Nagai，Toyokuni は，繊維がなくとも鉄 Saccharate が腹腔中皮腫を引き起こし，そこでは，ヒトの中皮腫で観察されたのと同様の CDKN2A/2B ホモ接合体欠損という遺伝子変化を引き起こしたという実験事実から，中皮発癌における染色体異

278

常誘発性としての酸化ストレスの関与を指摘している。②染色体からまり理論：石綿繊維が，細胞分裂のときに，染色体を損傷する。③吸収理論：タバコの煙の構成成分や内在分子を含む特定の分子に高い親和性を，石綿表面が有している。石綿小体形成のメカニズムの基礎であり，石綿小体は周囲の組織に酸化ストレスを引き起こすかもしれない。④慢性炎症理論：持続的なマクロファージ活性化が，発癌のプロモーションだけでなく，イニシエーションにも役割を果たす。マクロファージは，発癌と複雑に関連している慢性炎症に関係する主要な炎症細胞である。炎症は，病原物質や傷害を受けた細胞に対する生物学的反応であり，そこでは，好中球，マクロファージ，線維芽細胞，血管内皮細胞が相互に作用しあっている。繊維状物質による異物発癌において，慢性炎症は重要な役割をもつ。この種の炎症は，マクロファージからのサイトカインとオキシダントの持続的な放出によって特徴づけられる。炎症誘発サイトカインは，上皮，中皮の細胞内シグナル伝達を変化させる。他方，オキシダントは，直接に DNA を損傷し，発癌の最初のプロセスにつながる。

3.3.4　Golden Standard としての吸入曝露実験によるハザード評価

　一方，吸入曝露法による実験が日本 NEDO プロジェクト，米国国立労働衛生研究所（NIOSH），Bayer 社などによって行われている。吸入曝露法はヒトが実際に経験する曝露に近く，またその結果は，労働現場，一般環境における許容濃度，基準値を決定する上で最も有力な根拠となる。ただし，この吸入曝露においても，動物種の選択によって違いが起こることが知られている。吸入曝露による動物実験では，ラットは肺がんのモデルとしては用いることができるが，中皮腫のモデルとして適当でないことが知られ，ハムスターが中皮腫のモデルとして適当であるとされている。さらに，ヒトとげっ歯類には，呼吸器系の種差がある。空気流量，換気率，肺重量，表面積を考えると，究極的な繊維吸着率は，ラットよりヒトのほうが低いと考えられている[36]。げっ歯類は，鼻呼吸しかできず，鼻の構造が複雑であり，良いフィルターとして働いている。短く，細い繊維がヒトの肺より，ラットの肺に沈着しやすい。したがって，げっ歯類の毒性データをヒトに適用する場合には十分な注意が必要である[36]。カーボンナノチューブが気中においても凝集体を形成している。NEDO プロジェクトにおいては，液中分散をしたカーボンナノチューブを乾かすことで，気中分散性を高めた吸入曝露を行っている。一方，カーボンナノチューブは，労働現場で既に凝集しているわけであるから，そのままの形の曝露でよい，との考えのもと米国国立労働安全衛生研究所（NIOSH）の Vincet　Castranova 博士は，比較的コンパクトな曝露装置を開発し，吸入曝露試験を行なっている。

3.3.5　代替法としての気管内投与法，咽頭吸引法，鼻腔投与法

　NEDO プロジェクトでは，吸入曝露法と気管内投与法との関連付けをし，気管内投与法から，相対的なハザードを明らかにすることが提案されている。また，気管内投与と類似の方法として，咽頭吸引法，鼻腔投与法がある。米国 NIOSH は，吸入曝露試験を実施する前に，咽頭吸引法という試験で，マウスを用いたカーボンナノチューブ投与実験を行なっている[37]。カーボンナノチューブを適当な分散剤で分散させた液を気管に投与する方法である。いわゆるゾンデを用いた

気管内投与法の変法である。マウスを麻酔し，上顎の前歯に紐をかけて，マウスをつるした状態にする。マウスは大きな口をあけて，ぶらさがっていることになる。舌をピンセットでつまみ引き出し，咽頭部に，50μLほどの分散した液をピペットでのせる。マウスが麻酔から覚醒するとき，マウスは大きく息を吸い込む。この時に，分散液が気管内に入る。この方法のメリットは，気管内投与の際，とりわけ小さいマウスにおいては，高度な技術が必要であるのに対し，この方法では特別な技術が必要でないことである。したがって，誰でも一定の結果が得られる。また，ゾンデを挿入したときにあり得る，気管への傷害などを防ぐことができる。これは，外部からの強い介入をしないという意味で，より自然に近く，ソフトな方法であるとも言える。一方，短所は，投与液の一定程度が胃にも入る点であり，同時に消化管からの曝露もしてしまうことである。また，胃へ失われた量があることから，気管への正確な投与量がわからない，という指摘もある。これとよく似た方法として鼻腔投与という方法もある。

　米国NIOSHは，さらに分散剤に工夫を行なった。まず，彼らは，肺胞洗浄液を用いて，分散を行なった。吸入曝露で気管，肺に入ったカーボンナノチューブは肺胞の界面活性剤によって分散される，と考えられることから，これらの，もともと肺に存在する界面活性剤を用いて分散を最初に試みたのである。その後，市販の試薬を用いて肺胞洗浄液の成分と類似した分散液を作成することに成功している[38]。人工的な界面活性剤を用いたとき，界面活性剤による毒性も懸念されるため，その問題をNIOSHは避けたのである。もちろん，界面活性剤を対照群に入れておくことによって，界面活性剤による毒性影響をキャンセルできる，という考え方もあるが，ナノマテリアルの効果と界面活性剤の効果は，相加的ではなく，相乗的であると予想されるため，界面活性剤だけを投与した対照群が本当に対照群として有効なのかどうか，という疑問もある。NIOSHは，上記の咽頭吸引法によって，基本的な肺の病理，炎症などの指標をもちいて，毒性評価を最初に行なった。それ以降，吸入曝露を行い，定性的には，咽頭曝露と吸入曝露との一致性を確認している。

3.3.6　カーボンナノチューブの多様性と安全性評価

　カーボンナノチューブは製法によって，その物理化学的性質が極めて多様であることが知られている。したがって，あるカーボンナノチューブの毒性試験結果を，他の種類のカーボンナノチューブに当てはめることができないと，言われている。どのように設計したら，より安全なマテリアルを作れるか，その指針を提出することが，毒性学の目的の一つでもある。しかし，一方で，石綿の毒性メカニズムはまだ完全にはわかっていない。こうした作用機序に関する研究を，新しいナノマテリアルの開発と同時に行なっていかなければならないところに，この研究の難しさがある。ナノマテリアルの開発者の観点の中に，応用する上での特性評価だけでなく，安全性の上での特性評価も取り込む必要が出てくる。そのために，マテリアルサイエンティストとトキシコロジストとの共同が必要である。

第5章　ナノカーボン材料の安全性

3.4　おわりに

ナノ素材安全性研究は，ナノサイエンスに対して，ネガティブなものと考えるべきではない。ナノ素材安全性研究の基盤となる，ナノ素材と生体との相互作用の科学的理解は，新しいナノ素材の生物，医学応用にもつながるものとしてとらえる必要がある。

本項の一部に，コロナ社　「カーボンナノチューブ・グラフェンハンドブック」　ナノカーボンの安全性と重複している箇所があることをお断りいたします。

文　　献

1) Yamago S, Tokuyama H, Nakamura E, Kikuchi K, Kananishi S, Sueki K, *et al.*, In vivo biological behavior of a water-miscible fullerene：14C labeling, absorption, distribution, excretion and acute toxicity. *Chem Biol,* **2** (6), 385-9 (1995)

2) Baker GL, Gupta A, Clark ML, Valenzuela BR, Staska LM, Harbo SJ, *et al.*, Inhalation toxicity and lung toxicokinetics of C60 fullerene nanoparticles and microparticles. *Toxicol Sci,* **101** (1), 122-31 (2008)

3) Shinohara N, Gamo M, Nakanishi J. Risk assessment of manufactured nanomaterials-fullerene (C60)-NEDO project "Research and Development of Nanoparticle Characterizations Methods" Interim Report issued October 16, 2009; 2009.

4) Kato S, Aoshima H, Saitoh Y, Miwa N. Biological safety of Lipo-Fullerene composed of squalane and fullerene-C60 upon mutagenesis, phototoxicity, and permeability into the human skin tissue. *Basic Clin Pharmacol Toxicol,* **104**, 483-487 (2009)

5) Fujita K, Morimoto Y, Ogami A, Myojyo T, Tanaka I, Shimada M, *et al.*, Gene expression profiles in rat lung after inhalation exposure to C60 fullerene particles. *Toxicology,* **258** (1), 47-55 (2009)

6) Xia XR, Monteiro-Riviere NA, Riviere JE. Skin penetration and kinetics of pristine fullerenes (C60) topically exposed in industrial organic solvents. *Toxicol Appl Pharmacol,* **242** (1), 29-37 (2010)

7) Morimoto Y, Hirohashi M, Ogami A, Oyabu T, Myojo T, Nishi K, *et al.*, Inflammogenic effect of well-characterized fullerenes in inhalation and intratracheal instillation studies. *Part Fibre Toxicol,* 7, 4 (2010)

8) Chen HH, Yu C, Ueng TH, Chen S, Chen BJ, Huang KJ, *et al.*, Acute and subacute toxicity study of water-soluble polyalkylsulfonated C60 in rats. *Toxicol Pathol,* **26**, 143-151 (1998)

9) Bullard-Dillard R, Creek KE, Scrivens WA, Harbo SJ, Pierce JT, Dill JA. Tissue sites of uptake of 14C labelled C60. *Bioorg Chem,* **24**, 376-385 (1996)

10) Nikolic N, Vranjes-Ethuric S, Jankovic D, Ethokic D, Mirkovic M, Bibic N, *et al.*, Preparation and biodistribution of radiolabeled fullerene C60 nanocrystals. *Nanotechnology,* 20 (2009)

281

11) Mori T, Takada H, Ito S, Matsubayashi K, Miwa N, Sawaguchi T. Preclinical studies on safety of fullerene upon acute oral administration and evaluation for no mutagenesis. *Toxicology*, **225** (1), 48-54 (2006)

12) Sayes CM, Marchione AA, Reed KL, Warheit DB. Comparative pulmonary toxicity assessments of C60 water suspensions in rats: few differences in fullerene toxicity in vivo in contrast to in vitro profiles. *Nano Lett*, **7** (8), 2399-406 (2007)

13) Roursgaard M, Poulsen SS, Kepley CL, Hammer M, Nielsen GD, Larsen ST. Polyhydroxylated C60 fullerene (fullerenol) attenuates neutrophilic lung inflammation in mice. *Basic Clin Pharmacol Toxicol*, **103** (4), 386-8 (2008)

14) Park EJ, Kim H, Kim Y, Yi J, Choi K, Park K. Carbon fullerenes (C60s) can induce inflammatory responses in the lung of mice. *Toxicol Appl Pharmacol*, **244** (2), 226-33 (2010)

15) Aoshima H, Saitoh Y, Ito S, Yamana S, Miwa N. Safety evaluation of highly purified fullerenes (HPFs) : based on screening of eye and skin damage. *J Toxicol Sci.*, **34**, 555-562 (2009)

16) Stanton MF, editor. Some etiological considerations of fibre carcinogenesis. Lyon : WHO IARC; 1973.

17) Davis JM, Addison J, Bolton RE, Donaldson K, Jones AD, Smith T. The pathogenicity of long versus short fibre samples of amosite asbestos administered to rats by inhalation and intraperitoneal injection. *Br J Exp Pathol*, **67** (3), 415-30 (1986)

18) Adamson IY, Bakowska J, Bowden DH. Mesothelial cell proliferation after instillation of long or short asbestos fibers into mouse lung. *Am J Pathol*, **142** (4), 1209-16 (1993)

19) Adamson IY, Bakowska J, Bowden DH. Mesothelial cell proliferation: a nonspecific response to lung injury associated with fibrosis. *Am J Respir Cell Mol Biol*, **10** (3), 253-8 (1994)

20) Goodglick LA, Kane AB. Cytotoxicity of long and short crocidolite asbestos fibers in vitro and in vivo. *Cancer Res*, **50** (16), 5153-63 (1990)

21) Donaldson K, Brown GM, Brown DM, Bolton RE, Davis JM. Inflammation generating potential of long and short fibre amosite asbestos samples. *Br J Ind Med*, **46** (4), 271-6 (1989)

22) Moalli PA, MacDonald JL, Goodglick LA, Kane AB. Acute injury and regeneration of the mesothelium in response to asbestos fibers. *Am J Pathol*, **128** (3), 426-45 (1987)

23) Donaldson K, Golyasnya N. Cytogenetic and pathogenic effects of long and short amosite asbestos. *J Pathol*, **177** (3), 303-7 (1995)

24) Donaldson K, Li XY, Dogra S, Miller BG, Brown GM. Asbestos-stimulated tumour necrosis factor release from alveolar macrophages depends on fibre length and opsonization. *J Pathol*, **168** (2), 243-8 (1992)

25) Hill IM, Beswick PH, Donaldson K. Differential release of superoxide anions by macrophages treated with long and short fibre amosite asbestos is a consequence of differential affinity for opsonin. *Occup Environ Med*, **52** (2), 92-6 (1995)

第5章　ナノカーボン材料の安全性

26) Jensen CG, Watson M. Inhibition of cytokinesis by asbestos and synthetic fibres. *Cell Biol Int*, **23** (12), 829-40 (1999)

27) Ye J, Shi X, Jones W, Rojanasakul Y, Cheng N, Schwegler-Berry D, *et al.*, Critical role of glass fiber length in TNF-alpha production and transcription factor activation in macrophages. *Am J Physiol*, **276** (3 Pt 1), L426-34 (1999)

28) Searl A, Buchanan D, Cullen RT, Jones AD, Miller BG, Soutar CA. Biopersistence and durability of nine mineral fibre types in rat lungs over 12 months. *Ann Occup Hyg*, **43** (3), 143-53 (1999)

29) Poland CA, Duffin R, Kinloch I, Maynard A, Wallace WA, Seaton A, *et al.*, Carbon nanotubes introduced into the abdominal cavity of mice show asbestos-like pathogenicity in a pilot study. *Nat Nanotechnol*, **3** (7), 423-8 (2008)

30) Takagi A, Hirose A, Nishimura T, Fukumori N, Ogata A, Ohashi N, *et al.*, Induction of mesothelioma in p53+/- mouse by intraperitoneal application of multi-wall carbon nanotube. *J Toxicol Sci*, **33** (1), 105-16 (2008)

31) Donaldson K, Stone V, Seaton A, Tran L, Aitken R, Poland C. Re : Induction of mesothelioma in p53+/- mouse by intraperitoneal application of multi-wall carbon nanotube. *J Toxicol Sci*, **33** (3), 385 (2008); author reply 386-8.

32) Ichihara G, Castranova V, Tanioka A, Miyazawa K. Re : Induction of mesothelioma in p53+/- mouse by intraperitoneal application of multi-wall carbon nanotube. *J Toxicol Sci*, **33** (3), 381-2 (2008); author reply 382-4.

33) Kostarelos K. The long and short of carbon nanotube toxicity. *Nat Biotechnol*, **26** (7), 774-6 (2008)

34) Donaldson K, Murphy FA, Duffin R, Poland CA. Asbestos, carbon nanotubes and the pleural mesothelium: a review of the hypothesis regarding the role of long fibre retention in the parietal pleura, inflammation and mesothelioma. *Part Fibre Toxicol*, **7**, 5 (2010)

35) Kane AB, Macdonald JL, Moalli PA. Acute injury and regeneration of mesothelial cells produced by crocidolite asbestos fibers. *American Review Of Respiratory Disease*, **133**, A198 (1986)

36) Nagai H, Toyokuni S. Biopersistent fiber-induced inflammation and carcinogenesis: lessons learned from asbestos toward safety of fibrous nanomaterials. *Arch Biochem Biophys*, **502** (1), 1-7 (2010)

37) Porter DW, Hubbs AF, Mercer RR, Wu N, Wolfarth MG, Sriram K, *et al.*, Mouse pulmonary dose- and time course-responses induced by exposure to multi-walled carbon nanotubes. *Toxicology*, **269** (2-3), 136-47 (2010)

38) Porter D, Sriram K, Wolfarth M, Jefferson A, Schwegler-Berry D, andrew M, *et al.*, A biocompatible medium for nanoparticle dispersion. *Nanotoxicology*, **2**, 144-154 (2008)

4 工業標準化と国際的な動向[1)]

柳下皓男[*]

4.1 はじめに

カーボンナノチューブ（CNT），フラーレンに代表される新素材「ナノ材料」やナノテクノロジーを活用した製品，あるいは「ナノ○○○」と銘打った商品が市場に出回ってきている[2,3)]。

その一方で，ナノ材料が人体や環境に及ぼす影響や社会への影響も未だ不透明である。特定のナノ粒子が生物反応に関与するのか，不純物の影響なのか，あるいはナノサイズになると物質を問わず影響を与えるのかなど，リスク評価にとって基本的な，また明確なデータは未だ得られていない状況にある。そもそも，ナノスケール，ナノ粒子，ナノ材料などの用語の定義や，その計測方法も国際的にコンセンサスが取られていないため，産業界，規制当局，NGO などステークホルダー間に齟齬も生じている。これを解決するための手段の一つとして，「用語の定義」，「分析計測評価方法」などの共通化，すなわち国際標準化が急がれている。

このようにナノテクノロジーの産業化とリスク評価に対して標準化の貢献が強く期待されたことが引き金となって，「ナノテクノロジー標準化活動」が世界的な標準化機関である国際標準化機関（ISO）や国際電気標準会議（IEC）を始め，国家レベル，業界団体レベルにおいて，現在，急速な勢いで進められている。

2005 年秋から審議がスタートした ISO におけるナノテクノロジー標準化作業は，数年間の討議や激論を経て，漸くその一部が国際規格として成立し出版され始めてきた。「ナノスケール」，「ナノ粒子」，「ナノチューブ」等の用語やカーボンナノチューブ（CNT）の計測評価方法に関する規格が姿を現してきた。

本項では ISO の活動状況，とりわけカーボンナノチューブ，フラーレンの分野に関連する標準化動向を中心に紹介する。

4.2 ナノテクノロジー国際標準化協議を英国が提唱

2005 年 1 月に，英国は世界に先駆けてナノテクノロジーの国際標準を議論するための技術委員会（Technical Committee：TC）設立を ISO に提案した。この提案は，前年 2004 年に英国王立協会（Royal Society）と英国技術者連盟（Royal Academy of Engineering）が連名で作成したレポート「ナノサイエンスとナノテクノロジー：期待と不確実性」（"Nanoscience and Nano-technologies：Opportunities and Uncertainties"）[4)]を受けた英国政府の対応[5)]の一つである。

2005 年 5 月末に 229 番目の技術委員会として，TC229-Nanotechnologies が発足した。幹事国には提案国の英国が指名され，この委員会の議長を英国から選出することも承認された。発足当初は，積極的参加国（Participating countries：P-メンバー国；規格案賛否の投票権を有する）

---

[*] 　Teruo Yagishita　JFE テクノリサーチ㈱　ビジネスコンサルティング本部　調査研究第一部　主任研究員

第 5 章　ナノカーボン材料の安全性

として 21 カ国，オブザーバー国（Observing countries：O-メンバー国）として 7 カ国の計 28 カ国の参加であったが，2011 年 3 月末時点では，P-メンバー 34 カ国，O-メンバー 11 カ国の合計 45 カ国[6]へと増加しており，各国のナノテクノロジーへの注目度を如実に示している。

4.3　TC229 の体制と業務範囲

第 1 回総会は 2005 年 11 月にロンドンで開催され，下記三つのワーキンググループ（WG）と各 WG の座長（convenor）国が決定した。

WG1：用語・命名法（Terminology and Nomenclature）　　　カナダ
WG2：計測・評価（Measurement and Characterization）　　　日本
WG3：健康 安全 環境（Health, Safety and Environmental Aspects of Nanotechnologies）
　　　　　　　　　　　　　　　　　　　　　　　　　　　　　　米国

この三つの WG の設置については，ロンドン会議前に幹事国の英国から各国に配布された TC229 戦略方針声明書で提案されていた。工業標準作成の機関でありながら「健康 安全 環境」 WG の設置を求めたのは，ナノテクノロジーの社会受容を重視する英国の強い思いが入っていたためである。さらに，TC229 の業務範囲（スコープ：scope）が下記のように承認された。

以下の一方もしくは両方を含むナノテクノロジー分野における標準化

1．大きさに依存する現象の開始が一般的に新しい応用を可能にするような，一次元あるいは複数の次元において，通常 100 ナノメートル以下ではあるが，これに限定しない，ナノスケールの物質と過程の理解と制御

2．個別の原子，分子，バルク物質の性質とは異なるナノスケール物質の性質を活かした，より高度な材料，装置，システムを創造するための，ナノスケール物質の性質の利用。具体的業務として，以下についての標準の開発を含む：

　　用語と命名法，標準物質の規定を含む測定法および計器の使用，試験方法論，モデル化とシミュレーション，科学的根拠に基づいた健康，安全性，および環境面での実践。

また，三つの WG のタイトルとスコープは，それぞれ下記のように決まった。

⑴　WG1

　タイトル：用語と命名法

　スコープ：コミュニケーションを容易にし，共通の理解を促進するため，ナノテクノロジー分野における一義的で一貫した用語および命名法を定義し確立する。

⑵　WG2

　タイトル：計測とキャラクタリゼーション

　スコープ：ナノテクノロジーの計測とキャラクタリゼーションおよび試験方法の基準を，計測法および標準物質の必要性を考慮に入れつつ開発する。

⑶　WG3

　タイトル：健康，安全，環境

スコープ：ナノテクノロジーの健康，安全性，および環境の分野において，科学的根拠をベースとした基準を開発する。

特に，「健康，安全，環境に係わる行動」については，WG3座長国の米国から科学的根拠に基づくという言葉を付記して提案された。これに対して標準化はすべて科学的な合理性に基づくので不要という反論があったが，環境安全問題に関しては時として感情的，非科学的な議論があるので，あえてこの言葉を付記すべきという日本を始めとする国々の支持を得て受入れられた。

ISO には約 250 の TC が存在するが，TC229 のように，安全・環境に関する規格作成を行う WG を持つ TC は極めて少ない。新興科学技術であるナノテクノロジー故の宿命とも考えられる。

一方，2006 年 9 月に国際電気標準会議（IEC）の中に「ナノテクノロジーの電子・電気応用」を検討する技術委員会 TC113 が設置され，この中でも用語 WG，計測方法 WG ができたことを受けて，TC229 の体制は IEC/TC113 との一部合同会合という形態を取ることになり，TC229 と TC113 の WG1 と WG2 はそれぞれ JWG1，JWG2 と名称改変を行った。

さらに，5 章で記述するように，中国からのナノ材料規格作成提案を受けて 2008 年 2 月に第 4 番目の WG である，WG4（Material Specifications：材料規格）が設置された。WG4 のスコープは次の通りである。

　『工業ナノ材料に関する組成，性質および特性を規定する。ただし，ISO および IEC の他の技術委員会との重複範囲は除外する。

　　注記：その規格は原材料および中間材料の購入者，販売者および規制当局の間の情報連絡

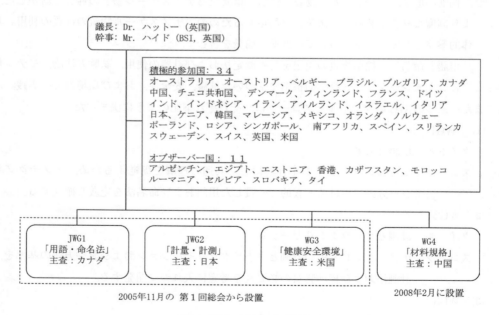

図1　ISO/TC229 の体制図

第5章　ナノカーボン材料の安全性

を促進する。』

TC229 の現体制図を図1に掲げる（2011年3月末現在）。

4.4　日本におけるナノテクノロジー国際標準化の取組み

ISO/TC229 の設立に伴いこれに対応する国内委員会として，日本工業標準調査会（JISC：経産省に設置された審議会）のもとに「ナノテクノロジー標準化国内審議委員会」（事務局：産業技術総合研究所国際標準推進部）が 2005 年 8 月に設立された。本委員会は，TC229 の 4 つの WG に対応した 4 分科会から構成され，現在活発に活動している。この委員会は産官学からの委員で構成され，ナノテクノロジー関連産業界からも多くの委員が参加している。

4.5　TC229 におけるナノカーボン関連審議の状況

各 WG で審議され各国の合意を受け出版された規格，並びに現在熱い議論が戦わされている規格原案のうち，ナノカーボンに関するトピックスを以下に記す。

4.5.1　JWG1［用語・命名法］

⑴　ナノチューブ，ナノ粒子，ナノマテリアル関連用語の定義が決定

「ナノチューブ（Nanotube）」，「ナノ粒子（nanoparticle）」，「ナノスケール（nanoscale）」等 12 の用語が確定し，ISO/TS27687：2008 Nanotechnologies-Terminology and definitions for nano-objects-Nanoparticle, nanofibre and nanoplate として，2008 年 8 月に出版された[7]*a)。ここで初めて，ナノスケールとは「約 1～100nm の範囲のサイズ」と定義付けられた。「約」とついているのは，上限，下限値の設定に厳密な物理的・化学的根拠はないためである。また，下限値（約 1 nm）を設定した目的は，下限値がない場合「単一原子及び小原子団が，ナノ物体又はナノ構造の要素と呼ばれる可能性」があり，これを防ぐことにある。

一～三次元の外寸がナノスケールの物体を，それぞれ "nanoplate"，"nanofibre*b)"，および "nanoparticle" と称し，それらの総称を "nano-object" と称することが国際的に合意された。カーボンナノチューブはナノファイバの中の中空ナノファイバと分類されている。従来，ナノ粒子という概念にナノファイバ，ナノチューブも含めている場合があったが，この規格では明確に区別された。

ISO/TS27687 を日本語に翻訳する作業がナノテクノロジー標準化国内審議委員会委員を中心に行われ，日本工業標準調査会計測計量技術専門委員会の審議を経て，2010 年 3 月 23 日付けで公示された。公表された規格番号・名称は JIS TS Z0027『ナノテクノロジー ― ナノ物体（ナノ

---

*a)　ナノテクノロジーに関する用語規格は，電気・電子技術分野の国際標準機関である国際電気標準会議（IEC）と共通の 80004 シリーズとすることになった。これに伴い TS 27687 は改訂版の出版時に TS 80004-2 に改番される予定である。

*b)　ISO 文書における単語綴りは，英国式表記とすることが定められている。

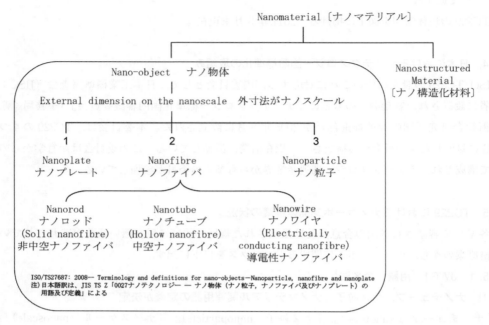

図2 Nanomaterial, Nano-object 用語の階層構造

粒子，ナノファイバ及びナノプレート）の用語及び定義』であり，この中で"nano-object"は「ナノ物体」と翻訳されている．一方，内部や表面にナノスケールの構造を持つ物質を"nanostructured material"と称することの議論も TC229 で進められているこれらの用語の階層構造を翻訳日本語用語と併せて図2に示す．

なお，フラーレンは，分子ではあるものの，外形寸法が約 1 nm の球形なのでナノ粒子とされる．一方グラフェンについては，その厚みが原子一層でナノスケールより小さいため，ナノプレートの定義にあてはまらない．

さらに，ナノテクノロジー共通の中核的用語の定義も決まり，2010年11月に下記の規格として出版された．

ISO/TS 80004-1 Nanotechnologies-Vocabulary-Part 1 : Core terms

この中で，最重要視されていた"nanomaterial"の定義は次のように決まった．

material with any external dimension in the nanoscale or having internal or surface structure in the nanoscale（いずれかの外寸がナノスケール，または内部あるいは表面にナノスケールの構造を有する材料（仮訳，以下同様））

Note 1 : This generic term is inclusive of nano-object and nanostructured material（注1：この一般名はナノ物体およびナノ構造化材料を含む）

この規格では，併せて nanotechnology, nanoscience, engineered nanomaterial, manufactured nanomaterial など良く用いられる用語の定義も決定された。このうち，多方面で既に使用されており，似通っているため混乱のあった下記2つの用語の定義も決着した。

【engineered nanomaterial】

nanomaterial designed for a specific purpose or function（特定の目的あるいは機能のためにデザインされたナノ材料）

【manufactured nanomaterial】

nanomaterial intentionally produced for commercial purpose to have specific properties or specific composition（特定の性質あるいは成分を持つ，商業目的で意図的に生産されたナノ材料）

米国では既に上記を明確に区別しているとのことで，製造物の規制の場合は，manufactured nanomaterial が用いられ，ナノ材料の特性を議論するときは，engineered nanomaterial が使用されることになる。

一方，ナノ構造化材料（nanostructured material）については，内部や表面にナノスケールの構造がある材料に関する定義を取り扱うため，より広い材料が対象になり，審議の最中にある。

今回，ナノテクノロジーの中核用語が漸く定義された。しかし，「ナノスケール」や「ナノ材料」の用語定義については，「約」という漠然とした表現や，実態としてのナノ粒子に存在する「粒子径分布」に関する記述がないため，「規制」の観点からはさらに詳しい定義が必要であるという議論が欧州委員会（European Commission）から出てきている。欧州委員会は 2010 年 10 月 21 日，『用語「ナノマテリアル」の定義に関する欧州委員会勧告案』を公表し，同年 11 月 19 日を期限にコメント募集を行った[8]。勧告案は，12 項目の前文と 4 条の本文から成り，この中でナノマテリアルの定義は第 2 条第 1 項に，以下のとおり，三つの条件のいずれかに該当するものと規定されている。

【EC 提案の Nanomaterial の定義】

(1) 外寸が 1 次元以上で，サイズが 1nm～100nm の範囲で，個数分布が 1% 以上の粒子から構成される

(2) サイズが 1nm～100nm の範囲の 1 または 2 次元の形状を内部又は表面構造として持つ

(3) $60m^2/cm^3$ 以上の体積比表面積を持つ

これに対して，欧・米・日本の化学工業界の連合体である International Council of Chemical Associations（ICCA）を始め産業界からは，一般商品に対する基準としては，非常に厳しい（原則禁止のような）規制的な数値との反論も出ている。例えば，ICCA は，EC 案の(1)に対する cutoff 値として，

(a) 10 wt% 以上のナノ物体を含む，あるいは

(b) 50 wt% 以上のナノ物体の凝集体（aggregates/ agglomerates）

のいずれかをナノマテリアルの定義として提案している。

EC 勧告案の第 1 条では，この定義を EU の政策・法制で使用するとともに，加盟国の施行や

産業界の事業実施において使用するよう奨励するとし，第3条では，2012年までにパブリックコンサルテーションを実施し，第2条を見直すとしている。今後の行方を注視する必要がある。

(2) **カーボンナノチューブ（CNT），フラーレンの定義が決定**

日本が提案したナノカーボン（カーボンナノチューブ，フラーレン等の炭素原子から構成される新素材）に関する用語規格案が2010年4月に出版された。非英語圏の日本からの作成提案，およびそのリーダーを日本が務めることを各国が了解したのは，日本が誇る多数の著名なナノカーボン研究者とお家芸とも言える製造技術の高さが認められた証と思われる。この規格 ISO/TS 80004-3：2010：Nanotechnologies-Vocabulary-Part 3：Carbon nano-objects の中で，CNT，単層 CNT（SWCNT），多層 CNT（MWCNT）はそれぞれ以下のように定義されている。

【carbon nanotube】

nanotube composed of carbon（炭素からなるナノチューブ）

【SWCNT】

carbon nanotube consisting of a single cylindrical graphene layer（単一の円筒形グラフェン層から成るカーボンナノチューブ）

ここで，graphene は同規格において，single layer of carbon atoms with each atom bound to three neighbours in a honeycomb structure（各原子が3個の隣接原子に結合し，六角格子構造を作っている炭素原子の単層）と定義されている

【MWCNT】

carbon nanotube composed of nested, concentric or near-concentric graphene sheets with interlayer distances similar to those of graphite（グラファイトに近い層間距離をもち，入れ子になった同軸ないし準同軸のグラフェン層から成るカーボンナノチューブ）

現在，Carbon nano-objects 規格の翻訳 JIS 作成作業もナノテクノロジー標準化国内審議委員会委員を中心に進んでいる。

4.5.2 JWG2〔計量・計測〕

(1) **CNT の評価方法からスタート：日米の思いが激突**

この WG では，規格作成の方針としてスタート当初，下記の2つの意見が出された。

(a) ナノ材料に共通的・全般的な物性や特性を計測評価する方法を開発すべき，

(b) 計測評価する方法は，対象物質や試料調製方法によって異なることが多く，具体的物質を取り上げて進めるべき。

討議の結果，日本や米国が主張した後者が採用された。対象物質としては日本が convenor を獲得していることも考慮して，日本を代表するナノ材料の「カーボンナノチューブ」の評価方法から着手することを提案し，2006年6月に東京で開催された第2回総会から議論をスタートさせた。これに対して，特に SWCNT を将来の新デバイス基盤素材と位置づける米国が SWCNT に関する規格作成に強い意欲を表明し，更には韓国も名乗りを挙げたため協議の結果，表1に示すように，評価方法ごとに各国が分担あるいは共同して規格作成を行うことになった。日本は，

第 5 章　ナノカーボン材料の安全性

表 1　SWCNT 規格原案作成に関する分担国

カテゴリー	評価方法						
	SEM/EDX	TEM	ラマン分光法	紫外 — 可視—近赤外領域吸光光度法	近赤外領域発光分光法	熱重量分析法	昇温加熱分析 —GC/MS 法
形　態	米国	米国, 日本					
純　度						米国, 韓国	日本
直　径	米国	米国, 日本		日本			
金属型／半導体型識別, カイラリティ評価			米国		日本		

GC/MS（Gas Chromatography/Mass Spectrometry）：ガスクロマトグラフィ-質量分析法
DX（Energy Dispersive X-ray analysis）：エネルギー分散形 X 線分光分析法

表 1 のように単独分担 3 件，共同提案 1 件を獲得した。

　この分担獲得に当たっては，ナノテクノロジービジネス推進協議会（Nanotechnology Business Creation Initiative：NBCI）[9] 内に設けられた組織「ナノカーボン標準化委員会」〔国際的に著名な複数の大学教授，CNT・フラーレンメーカー各代表，行政関係者が参画〕が大きな支援を行った [10]。

　7 つの評価手法のうち，2011 年 3 月末現在で，いずれも日本がリーダーを務めた下記 2 件の規格が完成し出版されている。

・ISO/TS 10867：2010　Characterization of single-wall carbon nanotubes using near infrared photoluminescence spectroscopy
　（近赤外光領域発光スペクトルによる単層カーボンナノチューブの特性評価［仮訳]）
・ISO/TS 11251：2010　Characterization of volatile components in single-wall carbon nanotube samples using evolved gas analysis/gas chromatograph-mass spectrometry
　（昇温加熱分析 - ガスクロマトグラフィ — 質量分析法を用いた単層カーボンナノチューブに含有される揮発性物質の評価方法［仮訳]）
　一方，MWCNT については，日本から提案の
　Measurement methods for the characterization of multi-walled carbon nanotubes（MW-CNTs）〔多層カーボンナノチューブの特性評価のための測定法〕

が審議の最終段階に来ている。また，韓国企業 LG Chemical 提案の「樹脂に分散させる際の MWCNT の形状評価方法」，中国提案による「ICP-MS を用いた CNT 中の金属不純物分析方法」の審議も行われている。

4. 5. 3　WG3［健康 安全 環境］

　WG3 では銀ナノ粒子を除いて特定のナノ材料に限定した規格作成は行われておらず，ナノ材料全般についての，ヒトおよび環境への影響評価方法や有害性評価方法に関する規格や，取り扱い作業現場における作業者保護に関する規格等を作成している。また，有害性評価の際の基礎

データとなるナノ材料の物理化学的性質に関する測定評価方法の規格作成も進められている。

　WG3 の作業内容は，CNT，フラーレン，酸化チタン，銀ナノ粒子等の代表的なナノマテリアルの安全性評価試験等を進めている経済協力開発機構（Organisation for Economic Co-operation and Development；OECD）に設けられた「工業ナノ材料に関する作業部会（Working Party on Manufactured Nanomaterials：WPMN）」と密接な関係にあるため，ISO/TC229 が物化特性評価・リスク評価試験方法の規格化を分担するという形で連携関係にある[11]。

　なお，銀ナノ粒子に関しては，2007 年 1 月に韓国から銀ナノ粒子の，(a)発生装置と(b)吸入毒性試験法，に関する 2 つの規格原案が提案されたが，審議の進行に伴い「銀ナノ粒子および他の金属ナノ粒子」と内容を拡大して規格化が進められ，2010 年 12 月 2 日に出版された[12]。韓国提案の遠因は，2006 年秋に米国 EPA が銀ナノ粒子を使用した商品について安全性への危惧の念を表明したこと，およびこれら商品の主要製造国が韓国であるためと推測される。

4.5.4　WG4 ［材料規格］

(1)　中国が 2 つのナノ材料規格を提案

　2007 年 10 月，中国が提出した「ナノ酸化チタン」，「ナノ炭酸カルシウム」と題する提案の内容が，上述した 3 つの WG のスコープとは異なるため，この提案を審議するために WG4 を新設することと，その座長に提案国の中国が就任することが 2008 年 2 月に採択された。当初の中国提案のうち「ナノ酸化チタン」では，

　①　ナノ酸化チタンは，最大直径 100nm，比表面積は最低 $90m^2/g$，等の物理的，化学的な特性を持つべきという素材を規定する 12 の項目

　②　出荷・受入れの検査方法，表示するマークやラベルの規定

といった，まさに商取引に直結するもの ─ 素材メーカーの材料規格であり，購入者側からの購入仕様書 ─ であった。ナノ酸化チタンは，日本企業が世界最大級のシェアを持っているため，黙視していると中国指導の規格に日本企業が従わざるを得なくなる恐れが出た。また，「ナノ炭酸カルシウム」原案も，世界最大シェアを持つ日本企業から見た場合，業界の蓄積事実と大きく異なるものであった。このため，日本を始め利害関係の大きい国が中心となって，Business-to-Business に関わる項目は削除の方向に誘導し，純度や粒径の測定方法など基本的な物性，すなわち取り上げている材料が「ナノスケールの材料（ナノ材料）であるかどうかを判断するための特性およびその分析評価方法」に関わる項目のみを規格化する方向で略決着をみた。具体的には下記の表 2 に示す項目である。

　表 2 は酸化チタン規格原案のものであるが，炭酸カルシウムにも共通する。更には，今後提案が予想される，酸化亜鉛や他の金属酸化物にも共通する可能性は極めて高い。このまま，酸化チタン，炭酸カルシウム，あるいは酸化亜鉛と物質ごとに規格を作っていくのは効率が悪く，特に規格購入者の負担も増えるとの意見が，2009 年頃から日本を始めとする WG4 に参加する各国委員から出てきた。このため，2010 年 12 月上旬にマレーシアのクアラルンプールで開催された会合で，ナノ物質ごとの個別作成を続けるか，「ナノ金属酸化物」のように統合できる材料群ごと

第5章　ナノカーボン材料の安全性

表2　Core characteristics with corresponding measurement methods
（主要な特性とその測定法）

Characteristics（特性）	Unit（単位）	measurement methods（測定法）
Mass fraction of titanium dioxide（質量分率）	%（kg/kg）	ISO 591-1：2000
Crystal structure（結晶構造）		XRD
Average crystallite size[1]（平均結晶子径）	nm	XRD
Average primary particle size[1]（平均一次粒子径）	nm	TEM
Specific surface area（BET）（比表面積）	m^2/g	

Note：1）TEM method measures the particle size and XRD method measures the crystallite size, the test results of these two methods are usually inconsistent.（TEM法は粒子径を，XRD法は結晶子径を測定する。これらの測定結果は通常一致しない。）

に統合した規格を作成するかについて激しい討議が闘わされた。投票の結果，①中国提案の「ナノ酸化チタン」と「ナノ炭酸カルシウム」については，一先ず規格作成を進めることを了承する，②併せて，日本とドイツが統合原案を作成し「ナノ酸化チタン」と「ナノ炭酸カルシウム」規格の見直しが行われる3年後に置き換えを図る，という一種政治的な決着となった。

　なお，今後もナノ素材に関する提案が中国から提出される可能性は存在する。中国は5年ほど前からナノマテリアルの材料規格や計測評価方法に関する国内規格を着々と作成しており，2004年に下記4種類のナノ材料国家規格を出版している。この時期はISO/TC229が設置される約1年前であり，ナノテクノロジーに関する規格作成への取り組みが世界で最も早かったのが中国である。

　(a)　ナノニッケル粒子　　　　〔GB/T 19588-2004〕
　(b)　ナノ酸化亜鉛　　　　　　〔GB/T 19589-2004〕
　(c)　ナノ炭酸カルシウム　　　〔GB/T 19590-2004〕
　(d)　ナノ酸化チタン　　　　　〔GB/T 19591-2004〕（GB/Tは中国国家規格の分類記号）

　上記のうちの(c)と(d)を提出してきたものである。さらに，2009年にはMWCNT国家規格（材料規格）を出版した〔GB/T 24491-2009〕。中国は2008年5月にフランスのボルドーで開催された総会において，国家規格作成済みあるいは進行中のナノ材料について順次提案する意欲を表明しており，いずれMWCNT材料規格を提案してくる可能性がある。

　規格作成については，論文投稿と異なり技術内容の完成度よりも，先に提案した国が作成作業をリードできるため，今後日本としての対応や独自戦略の作成が必要である。

(2)　**ナノラベリング規格の動向**

(1)　2009年1月に英国から「ラベリング（表示）」に関する下記の提案が出された。

　"Guidance on labelling of manufactured nanoparticles and products containing manufactured nanoparticles"（工業ナノ粒子及び工業ナノ粒子含有製品についてラベルをする際のガイダンス）

なお，この提案は EU 地域の標準化機関 CEN の TC352 にも提案され，ウィーン協定により CEN/TC352 リードの基に審議が行われることになった。

(2) その大筋は，ナノ材料含有製品の成分表示に係わるもので，ナノ材料使用企業，一般消費者，規制当局や医師等，広く一般社会に対して，素材・部材・最終製品中へのナノ材料使用を表示し，利用選択や緊急時の判断情報を提供しようとするものである。本提案の目的は，次のように有意義なものである。

   (a) 新技術を市場に責任を持って投入するには，情報公開と透明性を保証する必要がある。この一環としてのラベリングは，消費者が詳しい情報に基づいて選択するのを支援し，健康と環境に対する影響を追跡および監視するのを容易にする。

   (b) 製造業者や納入業者などが外注，生産，供給，および廃棄チェーン全体にわたって，ナノ粒子の安全で責任ある使用を推進するのを奨励するものでもある（LCA の考え）。

(3) その一方で，下記のような疑念・懸念もある。

   (a) 企業の説明責任や商品に関する透明性が当然のように問われる昨今だが，他方，産業界にとっては技術内容やノウハウ開示に繋がりかねず，また，EU/RoHS で起きたサプライチェーン間での情報共有システムの構築のような企業負担増に繋がりかねない。

   (b) ラベリングが消費者に対して本質的なナノリスク回避効果をもつのか疑問。逆に，消費者がラベルの情報を元にリスク回避するだけの知識を持っていないことから，"nano" という情報が，得体の知れない「イメージ」を伴い，消費者をミスリードしてしまう可能性が大。

(4) 最終規格案に対する賛否投票結果が 2011 年 1 月 14 日に出され，賛成 10 反対 11，棄権 12 未投票 3 となり，否決された。一方，CEN/TC352 では賛成が過半数となり採択された。

(5) しかし，異例なことに CEN/TC352 においては，賛否投票時に出された反対理由を考慮することを前提とした再審議が決定し，ISO/TC229 では再考を促す投票が行われており，「ナノラベリング」化への流れは止められない状況にある。

以上，4 つの WG の活動状況を概観した。2011 年 3 月末現在までに 11 件の規格が決定し出版されている。なお，出版済み規格は下記に示す ISO/TC229 サイトに記載の一覧表[12]から所定の規格をクリックすることで，あるいは日本規格協会から購入できる。

4.6 おわりに

ナノテクノロジーは基盤技術といわれるように，関係する技術，分野が広い。用語の標準化をとっても作業プロジェクトが 10 を超えており，日本からの専門家が足らない状況にある。また，WG4 における規格案を始め，将来，産業界のビジネス展開に影響を及ぼす可能性の高い規格作成が続いている。アカデミア，産業界，特に素材メーカーと二次加工，最終消費財メーカーからの多岐にわたる多くの専門家の参加をお願いしたい。

TC229 のホームページ[6]から出版された規格数や審議中の規格原案の題名が辿っていける。時

第5章　ナノカーボン材料の安全性

折訪れてその進捗をチェックして頂ければ幸いである。

文　　献

1)　柳下皓男, 粉体技術, **3**(2), 46 (2011)
2)　http://www.nanotechproject.org/inventories/consumer/　　　　　〔2011.4.11 確認〕
3)　http://www.aist-riss.jp/db/nano/　　　　　　　　　　　　　　〔2011.4.11 確認〕
4)　http://www.nanotec.org.uk/finalReport.htm（報告書本体のウェブサイト）〔2011.4.11 確認〕
5)　http://royalsociety.org/UK-Government-response-to-RS/RAEng-nanotechnologies-report/　　　　　　　　　　　　　　　　　　　　　　　　　〔2011.4.11 確認〕
6)　http://www.iso.org/iso/standards_development/technical_committees/list_of_iso_technical_committees/iso_technical_committee.htm?commid=381983　〔2011.4.11 確認〕
7)　http://www.iso.org/iso/iso_catalogue/catalogue_tc/catalogue_detail.htm?csnumber=44278&commid=381983　　　　　　　　　　　　　　　　　〔2011.4.11 確認〕
8)　http://ec.europa.eu/environment/consultations/nanomaterials.htm　〔2011.4.11 確認〕
9)　http://www.nbci.jp/　　　　　　　　　　　　　　　　　　　〔2011.4.11 確認〕
10)　阿多誠文ほか, ナノテクノロジーの実用化に向けて, p.191, 技報堂出版 (2008)
11)　目崎令司, 大塚研一, 柳下皓男, ナノマテリアルの安全管理, p.153, オーム社 (2010)
12)　http://www.iso.org/iso/iso_catalogue/catalogue_tc/catalogue_tc_browse.htm?commid=381983&published=on&includesc=true

5 安全管理

大塚研一*

5.1 はじめに

本項において「安全管理」という表現を用いているが,絶対に安全であるという管理はあり得ず,正確には「リスク管理」と表現すべきである。敢えて「安全管理」としたのは,「リスク評価」より「安全性評価」という表現になじみがある現状で,ナノ材料が安全に開発され,応用されていくことを願う立場からである。ここでは,ナノカーボンの持つかもしれない「有害性(ハザード)」と「摂取または吸入する程度−曝露量」の積であるリスクの評価にもとづいて,リスクを最小にするための「管理」法について述べる。図1に,リスク評価/管理の手順を示した。ナノ材料を製造または加工する場合には,先ず有害性情報を収集する。ただ,現時点においては,後述するように,文献も限られ,学会においても,国際的にも合意が形成されている状況にはない。現在,OECD によって,有害性試験の科学的信頼性についての包括的な取組みが3年前から開始されている状況である。なかでも,最大の取組みであるスポンサーシッププログラムにおいて,代表的なナノ材料13物質について,データセットを揃え,あわせて試験方法の統一が進められている(我が国は,ナノカーボン3物質(フラーレン,SWCNT,MWCNT)のスポンサーを米国と共同して務めている)。有害性評価の参考になるデータがない場合,特にナノカーボンは製法により物理的・化学的性質が異なる場合が多いので,開発した材料について,自ら,あるいは他機関に依頼して有害性試験を行うことが望ましい。有害性評価に基づき,作業環境における管理濃度の目標が決められる。その値が既に提案されている場合もある。次に作業者がナノ材料に曝される可能性,すなわち呼気や皮膚から摂取する可能性を評価する。それには暴露可能性のあ

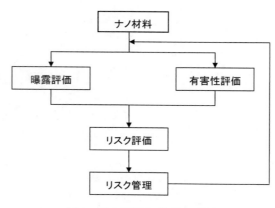

図1 リスク評価/管理の手順

---

* Kenichi Otsuka　JFE テクノリサーチ㈱　ビジネスコンサルティング本部　調査研究第一部　主幹研究員

第5章　ナノカーボン材料の安全性

る工程を洗い出し，そこで濃度を測定することが必要になる。その結果，濃度が管理濃度より大きいならば，低減対策を強化し，再度環境測定を行う。このサイクルは，有害性情報の更新，製造・加工プロセスの変更，生産量の増加等により，繰り返されなければならない。

5.2　ナノカーボンの有害性

　本書で扱われているナノカーボンは，フラーレン，カーボンナノチューブ（CNT），グラフェンである。これらの有害性についての現状の知見を簡潔にまとめる。

　C60を主とするフラーレンは，1個の単離した分子として存在することはほとんど無く，工業的に製造されたものは，ナノサイズである結晶の凝結体を形成し，さらにそれらの凝集体である。有害性実験を行うには，分散して細胞や実験動物に接触させるが，水に難溶であるため，溶媒を使うなどの工夫がなされたが，溶媒が原因で有害性があるとした結果を導いてしまった例などもあった。最近発表されたVicki Stone，Aitken，Tranらの著名な毒性学者達によるフラーレンに関する総説[1]においては，まだまだ研究の必要性はあるが，労働衛生上適切な対策が採られれば，吸入によるリスクは低いであろうと評価され，現在最も利用されているスキンクリームからの皮膚に対する有害性も低いとされている。わが国で実施されたNEDOプロジェクトにおいて，吸入実験が行われ[2]，その結果にもとづいて，作業環境における許容暴露濃度の目安値が，0.116mg/m^3（この場合は，無毒性量（NOAEL））と提案された[3]。

　CNTは当初，炭素材料であることから，有害性が大きいことは予想されず，毒性試験はほとんどなされていなかったが，2004年に米国で行われた研究[4,5]で，マウスやラットが死亡したことからその有害性の有無がにわかに注目を集めるようになった。それらの実験は，気管に直接，分散したCNTを注入するという手法（Intratracheal instillation）であり，しかも大量に投与したため，CNTで気道が詰まって窒息死したのであった。その後投与量を少なくし，分散法や投与法（咽頭吸引など）が工夫されかなりの実験が行われ，CNTの肺への投与は，投与量やCNTの性状によって，線維症や肉芽腫をともなう炎症を惹起するなどの知見が得られてきたが，2008年に，腹腔投与という方法で，CNTが，アスベストと同様に中皮腫を惹起する可能性があるというショッキングな実験[6,7]が報告され，世界的な反響を呼んだ。これに対しては，腹腔という暴露経路は通常考えられないという指摘がなされた。実際に起こっている暴露に近い，CNTを気相に分散して呼気から吸入させる方法（Inhalation）による動物実験が，漸くわが国を含めて行われ，その結果が報告され始めた。CNTの有害性研究と作業環境の暴露測定についての公開された文献に基づいて，リスク評価を行った総説[8]が発表された。著者は，フラーレンに関する総説[1]と同じである。それによれば，腹腔投与はもとより肺注入実験も，リスク評価に使用するべきではなく，ヒト健康への影響の評価は，吸入実験結果に基づくべきであるとしている。そして，引用されている最近の2例の吸入実験[9,10]からは，MWCNTは，肺に対して有害性があるが，無影響濃度があること，全身性の器官毒性はないと言えるとした。但し，この評価は，この実験で用いられた比較的短い（＜1μm）MWCNTについてであり，他の異なった径や長さを有する

297

ナノカーボンの応用と実用化

MWCNTや単層カーボンナノチューブ（SWCNT）についてあてはまることではないとしている。長いCNTについては，アスベストと同様のリスクがあるかどうかについて結論できる段階ではないとしている。また，CNT全体として，発癌性を含めた遺伝毒性や全身的な影響についても，データが不足しており，リスク評価や規制を議論できる状況ではなく，特に，労働環境，自然環境，消費者への暴露，毒性動力学（トキシコキネティクス），慢性暴露試験についての研究を行うことが重要であるとした。

　以上，現在関心を持たれているCNTの有害性は，短いMWCNTについては，アスベスト並の毒性は無いことが明らかになりつつあり，その他のCNTについての吸入実験の結果が待たれているところである。なお，NEDOプロジェクトの中間報告による，長さを5μm以下に粉砕したMWCNTの吸入実験に基づいた作業環境における許容暴露濃度の目安値は，$0.21mg/m^3$ である[3]。近々に，SWCNTを含めた最終結果に基づいた提案が改めてなされるので，産総研安全科学研究部門のホームページを参照されたい。米国労働衛生研究所（NIOSH）は，CNT全般についての推奨暴露限界として $0.007mg/m^3$ を提案している。だたし，この値は有害性評価に基づくものではなく，NIOSH法によるCNTの曝露測定の定量限界値をとったものである。

　グラフェンについては，いわゆるグラフェンシートが，2次元のナノマテリアルとされており，吸入暴露の可能性がある。製法によっては酸化グラフェンシートも同様である。それらの有害性試験の報告は，まだ数が少なく，細胞毒性にしても，有害性はほとんど無く，生体応用に適するとするもの[11]から，高濃度では細胞毒性や *in vivo* 慢性毒性があるとする報告[12]もある。グラフェンシートは，小規模の商業的な生産もまだであり，暴露測定や吸入試験ができる段階ではない。

5.3　ナノカーボンの暴露可能性

　作業環境のリスク評価のためには，図1に示したように，作業環境における当該ナノ粒子の濃度を測定する暴露評価が必要である。そのためには，測定したい場所における気中の粒子をサンプリングし，捕集した粒子がどんな物質で構成されているかという同定とその組成と重量又は体積濃度及び粒子の粒径とその分布が測定出来なければならない。特にナノカーボンについては，環境に既にディーゼル排気等に由来する環境ナノカーボン粒子が存在しているために定量的に測定することが難しい。ナノ領域が測定可能な粒径分布測定装置を用いても，その測定値の中で当該カーボンナノ粒子を区別することができない。サンプリングした粒子を電子顕微鏡（TEM）で観察すれば，粒度分布や粒子の凝集状態などが分かり，さらに分析機能が付加された電子顕微鏡であれば，物質の同定・組成分析が可能である。ある程度の量があれば，化学分析してもよい。労働安全衛生総合研究所の小野らは，CNTを区別して定量分析する方法を検討している[13]。MWCNTの熱分析の結果は，酸素存在下で，920℃において燃焼する大きなピークがある。それに対して，交通量の多い道路脇で採取した試料は，920℃でのピークは存在しない。この特性を利用して，分別定量を行うが，熱分析プロフィールはMWCNTの結晶性，サイズ，金属不純物の含有量等で異なってくるので，データの解析は慎重に行う必要があるとした。

298

第5章　ナノカーボン材料の安全性

　これまで発表されているフラーレン，CNTについての主な暴露測定の報告を表1に示した。これは，有害性評価で引用した文献1，8）が暴露評価についてもまとめているので，それから抜粋したものである。測定は少なく，製法，扱うプロセス，対策の有無などにより，広くばらついているが，リスク評価のために参照できる値はあるとしている。ナノ粒子の製造が閉鎖系の連続プロセスで行われている場合には，作業者がナノ粒子に暴露される機会はない。しかし，反応器内付着物の除去や清掃・メンテナンスのために反応器が解体される場合や回分式の反応器を使用している場合の集粉作業では，作業者がナノ粒子に暴露される機会が生ずる。ナノ粒子を加工

表1　作業場でのナノカーボンの暴露測定例

ナノカーボンの種類	プロセス／作業／測定場所	最大数濃度（個/cm^3）	質量濃度（μg/cm^3）	文献
C60, C70,高次フラーレン	フラーレン製造工場／回収，袋詰め，掃除機 場外大気	15,000（10-50nm） 7000（50-100nm） 3000（100-200nm） 25,000（10-50nm） 10,000（50-100nm） 5000（100-200nm）		14)
C60	金属内包フラーレン製造／合成反応器，秤量器付近 フラーレン加工工場（スポーツ用品）		0.004（10-50nm） 2（2000-10,000nm）* *推定最大濃度 1.2×10^{-8}（10-100nm） 2.5×10^{-3}（100-1000nm） 0.54（1000-10,000nm）	3)
未精製SWCNT（20-50nm）	エアロゾル発生実験／レーザアブレーション法 HiPCOプロセス		0.7, 9.9 36, 52, 53	15)
MWCNT（52-56nm径，1473-1760nm長）	実験室／混合／対策無し 暴露低減対策実施 秤量，スプレイ／対策無し 暴露低減対策実施	173-194 0.018-0.05 ND 0.008-2	210-435 ND（not detected） 37-193 ND-31	16)
MWCNT（10-20nm径）とアルミナまたは炭素繊維とのコンポジット	乾式切断 発生源 呼吸域	38,000（CNT-Al$_2$O$_3$） 29400（CNT-Carbon） 28,000（CNT-Al$_2$O$_3$） 15300（CNT-Carbon）	2.11（CNT-Al$_2$O$_3$） 8.38（CNT-Carbon） 0.80（CNT-Al$_2$O$_3$） 2.40（CNT-Carbon）	17)
MWCNT（20nm径，500nm長）	パルスレーザ堆積法とCVD法の研究開発実験室／成長室の開放／排気有り 排気無し	300（10-1000nm） 42,400（10-1000nm） 0.3（300-500nm） 0.4（500-1000nm）		18)
MWCNT	充填作業場／手充填 自動充填		2.39/0.39 0.29/0.08	19)

して，製品になるまでの工程においては，荷受け，開梱，秤量，装置への投入，移し替え，回収，装置の清掃・メンテナンスなどの操作において暴露可能性がある。

　ナノ粒子の暴露評価で世界的にリードしている NIOSH は，NEAT（ナノ粒子暴露評価技術）という方法を提案[20]している。比較的安価で，手持ちで運べる直読式の CPC（凝縮粒子計数器；10-1000nm の粒子個数濃度測定可能）と OPC（光学式パーティクルカウンターで，300-10000nm で 200～5000nm おきに個数濃度測定可能）を並行して使用し，同時にフィルターで粒子をサンプリングし，化学分析と電子顕微鏡観察を行うというものである。そしてその適用例[21]を紹介している。産総研の小倉ら[22]も同様な方法で作業場の測定を行っている。この方法で高価なナノ粒子粒径分布測定装置を使用せずに，暴露測定，暴露対策を実施できる。

　ナノカーボンを使用した製品は，その使用過程において，消費者や環境に暴露する可能性が通常の使用状態ではありえない形態での利用になっている。例えば，リチウム電池に使用している場合，金属ケースに封じ込められている。しかし，廃棄されることによる暴露可能性を考慮すると使用後は，回収することが求められる。ナノ粒子が樹脂中に混入されたいわゆるナノコンポジットについても，加工，廃棄を含めた暴露可能性についての研究が始められている。ナノ材料は，このようにライフサイクル全般にわたって管理されるべきである。

5.4　ナノカーボンの安全管理

　ナノ粒子のリスク管理についての一般論およびそれを具体的にしたベストプラクティスについては，成書[23]に譲り，ここでは，カーボンナノチューブについての管理方法を 2 例紹介する。有害性評価で述べたように，フラーレンの有害性は CNT に比べて低く，一般のグッドプラクティスを適用すればよく，グラフェンは未知であるので CNT に準ずればよいと考えるからである。

　PACTE（欧州 CNT 工業会）は，CNT 取扱のグッドプラクティス（CNT の製造と使用に関する行動規範）を以下のように定めている[24]（PACTE 参加企業は，Arkema, Bayer MaterialScience, Nanocyl である）。

① 　防護装置：製造設備は密閉化すべきで，出来ない場合は局所排気を採用する。作業場の清掃は，HEPA フィルターを装備した真空クリーナーやクロスを使用した湿式拭きによる。

② 　作業指示・教育：作業従事者には，事前教育と保護具着用の訓練を行う。注意深く書かれた作業指示書に基づいて，作業を実施する。

③ 　個人保護具：作業場の排気が十分でない場合は，個人保護具の着用が不可欠である。気中に分散した CNT からの保護には，全面型呼吸保護具で対応できる。経皮曝露を最小にするには，適性な保護衣と保護手袋を着用することが，現状ではベストである。

④ 　作業環境監視：現在，大気中の CNT に関する許容濃度はないので，濃度はバックグラウンドと同じレベルに保たれるべきである。作業していない状態でのバックグラウンドの測定で環境ナノ粒子を測定しておく。測定方法は確立されていないので，十分な注意が必要である。

⑤ 　作業者の健康調査：作業者の日常的な健康観察を行い，健康状態の変化が認められた時に

第 5 章　ナノカーボン材料の安全性

は，迅速に対応する。

このベストプラクティスは，2008 年のものであり，有害性評価，暴露評価とも不十分な状況で，作成されたものである。その後，参加企業で有害性評価[9, 10, 25]がなされたので，そこでは，それに基づいた作業環境許容濃度で管理が実施されていると思われる。

NEDO プロのリスク評価書（中間報告）[3]では，CNT のリスク管理について，以下のように述べられている。

① 　現状において，CNT を乾燥状態で直接取り扱う作業を長時間行う場合においては，少なくとも，局所排気装置等による曝露量低減が推奨される。合わせて，保護マスクの着用が望まれる。

② 　CNT の製造・使用現場の計測報告において，排出・暴露が起こりやすい工程は，回収，秤量，混合，容器移し替え，袋詰め，メンテナンスなどの，CNT を乾燥状態で扱う工程であり，これらの工程の際の，排出・暴露には注意する必要がある。

③ 　CNT の製造・使用現場の計測報告から，CNT はサブミクロンからミクロンサイズの凝集状態としての排出が主であると考えられる。そして発生源近傍では，粉じん濃度（重量濃度）の増加がみられている。現場における排出・暴露管理（発生源の特定，暴露対策の効率評価など）は，一般の粉じんと同じように，気中の粉じん濃度の測定が，多くのケースで有効であると考えられる。また，汎用のデジタル粉じん計や，サブミクロンからミクロンサイズを対象とした光散乱粒子計数器も，日常の管理に有効な計測方法であると考えられる。

　特に，微量の排出まで管理する必要がある場合や，粒子の特定（バックグラウンド粒子との識別）を行う場合には，気中粒子や床・壁面に付着した粒子を捕集して，電子顕微鏡で観察したり，炭素分析を行うという方法も考えられる。

作業環境は，許容暴露濃度があれば定量的に管理することが可能である。CNT の作業環境における許容暴露濃度は，NEDO プロジェクトで先に述べたように短い MWCNT については提案されているが，長い MWCNT や SWCNT についてはまだなので，待たれるところであり，その値の算出方法も含めて，国際的な合意が形成されることが望ましい。

5.5　おわりに

ナノカーボンを安全に管理するためには，有害性評価と暴露評価が必要であるが，現在，暴露評価は経済的にも可能な状況になってきているので，ますます，有害性評価を確定することが必要とされている。特に CNT に関しては，製造法によって異なる性状となるので，有害性も違ってくるため，それぞれに有害性評価がなされなければならない。ただし，健康影響に最も必要とされる吸入暴露実験は膨大な費用がかかり，製造企業毎に実施するのは難しく，この点が問題となっている。比較的簡便な実験による吸入暴露の信頼できる推定法の開発が待たれる。ただし，暴露対策は技術的には十分可能なので，5.4 項に紹介した方法などによって注意深く管理を行えば，「安全に」ナノカーボンを製造，利用することが可能である。

ナノカーボンの応用と実用化

文　　献

1) Aschberger K., V. Stone, R. J. Aitken, C. L. Tran *et al.*, *Regulatory Toxicology and Pharmacology*, **58**, p455-473 (2010)
2) Morimoto Y. *et al.*, *Particle and Fibre Toxicology*, **7**, No. 4, 4 (2010)
3) http://www. aist-riss. jp/main/modules/product/nano_rad. html
4) D. B. Warheit *et al.*, *Toxicological Sciences*, **77**, p117-125 (2004)
5) H. Wang *et al.*, *J. Nanosci. Nanotech.*, **4**, p1019 (2004)
6) Takagi A. *et al.*, *J. Toxicol. Sci.*, **33**, 1, p 105-116 (2008)
7) Poland C. A. *et al.*, *Nature Nanotechnology*, **3**, p423-428 Published online: 20 May 2008
8) Aschberger K., V. Stone, R. J. Aitken, C. L. Tran *et al.*, *Critical Reviews in Toxicology*, **40**, p759-790 (2010)
9) Ma-Hock L. *et al.*, *Toxicological Science*, **112**, p273-275 (2009)
10) J. Pauluhn, *Toxicological sciences*, **113**, No. 6, p226-242 (2010)
11) S-R. Ryoo *et al.*, *ACS Nano*, **4**, 11, p6587-6598 (2010)
12) K. Wang *et al.*, *Nanoscale Res. Lett.*, **6**, p8 (2011)
13) M. Ono-Ogasawara *et al.*, *Journal of Nanoparticle Research*, **11** (7), 1651-1659 (2009)
14) Y. Fujitani, T. Kobayashi, *et al.*, *J. Occup. & Environ. Hyg.*, **5**, 380-389 (2008)
15) Maynard A. D., Shvedova A. A. *et al.*, *J. Toxicol. Environ. Health, Part A.* **67**, p87-107 (2004)
16) J. H. Han *et al.*, *Inhalation Toxicology*, **20**, p741-749 (2008)
17) D. Bello *et al.*, *J. Nanoparticle Research*, **11**, p231-249 (2009)
18) M. Methner *et al.*, *J. Occup. & Environ. Hyg.*, **7**, p163-176 (2010)
19) M. Takaya *et al.*, *Sangyo Eisei Zasshi*, **52**, p182-188 (2010)
20) M. Methner *et al.*, *J. Occup. & Environ. Hyg.*, **7**, 127-132 (2010)
21) M. Methner *et al.*, *J. Occup. & Environ. Hyg.*, **7**, 163-176 (2010)
22) http://www.nanosafe.org/home/liblocal/docs/Nanosafe%202010/2010_poster%20 presentations/P1a-1_Ogura.pdf
23) 大塚研一, ナノマテリアルの安全管理, 第4章, オーム社 (2010)
24) http://www.cefic.org/Documents/Other/PACTE_Code%20of%20conduct.pdf
25) J. Pauluhn, *Regulatory Toxicology and Pharmacology*, **57**, 78-89 (2010)

ナノカーボンの応用と実用化

ーフラーレン・ナノチューブ・グラフェンを中心にー《普及版》(B1219)

2011 年 7 月 11 日　初　版　第 1 刷発行
2017 年 10 月 10 日　普及版　第 1 刷発行

監　修　篠原久典　　　　　　　　　　Printed in Japan
発行者　辻　賢司
発行所　株式会社シーエムシー出版
　　　　東京都千代田区神田錦町 1-17-1
　　　　電話 03(3293)7066
　　　　大阪市中央区内平野町 1-3-12
　　　　電話 06(4794)8234
　　　　http://www.cmcbooks.co.jp/

〔印刷　あさひ高速印刷株式会社〕　　　　© H.Shinohara, 2017

落丁・乱丁本はお取替えいたします。

本書の内容の一部あるいは全部を無断で複写（コピー）することは，法律
で認められた場合を除き，著作権および出版社の権利の侵害になります。

ISBN 978-4-7813-1212-5 C3043 ¥6000E